# ŒUVRES

# DE FERMAT

PUBLIÉES PAR LES SOINS DE

MM. PAUL TANNERY ET CHARLES HENRY

SOUS LES AUSPICES

DU MINISTÈRE DE L'INSTRUCTION PUBLIQUE.

---

## TOME QUATRIÈME.

**Compléments par M. Charles HENRY :**

Supplément à la Correspondance. Appendice. Notes et Tables.

PARIS,
GAUTHIER-VILLARS, IMPRIMEUR-LIBRAIRE
DU BUREAU DES LONGITUDES, DE L'ÉCOLE POLYTECHNIQUE,
Quai des Grands-Augustins, 55.

MCMXII

# ŒUVRES
# DE FERMAT.

40044 PARIS. — IMPRIMERIE GAUTHIER-VILLARS,

Quai des Grands-Augustins, 55.

# ŒUVRES

# DE FERMAT

PUBLIÉES PAR LES SOINS DE

MM. PAUL TANNERY ET CHARLES HENRY

SOUS LES AUSPICES

DU MINISTÈRE DE L'INSTRUCTION PUBLIQUE.

---

## TOME QUATRIÈME.

**Compléments par M. Charles HENRY :**

SUPPLÉMENT A LA CORRESPONDANCE. APPENDICE. NOTES ET TABLES.

PARIS,

GAUTHIER-VILLARS, IMPRIMEUR-LIBRAIRE

DU BUREAU DES LONGITUDES, DE L'ÉCOLE POLYTECHNIQUE,

Quai des Grands-Augustins, 55.

MCMXII

# TABLE DES MATIÈRES

## DU QUATRIÈME VOLUME.

IV. — Extrait de la correspondance de Cavalieri avec Mersenne.



V. — Extraits de la correspondance de Mersenne et de Torricelli.



VI. — Extraits des lettres de Torricelli à Carcavi.



VII. — Extraits de la correspondance de Descartes.

VIII. — Extraits de la correspondance de Huygens.



IX. — Extraits de la correspondance d'Ozanam avec le P. de Billy.



## NOTES MATHÉMATIQUES.

## ADDITIONS ET CORRECTIONS.



## TABLES DES MATIÈRES ET DES AUTEURS CITÉS DANS LES TOMES I A IV.



FIN DE LA TABLE DES MATIÈRES DU TOME QUATRIÈME.

# AVERTISSEMENT.

Le présent fascicule est le complément des trois volumes de l'édition de Fermat.

Il comprend cinq Parties :

1° *Supplément à la Correspondance de Fermat ;*

2° *Appendice*, renfermant des extraits de publications et de manuscrits divers concernant Fermat, textes émanant de ses contemporains ;

3° *Notes mathématiques*, dans lesquelles sont reproduits, résumés ou indiqués les travaux récents qui peuvent être considérés comme des commentaires plus ou moins heureux de l'œuvre scientifique de Fermat (pour ce catalogue, qui ne saurait avoir la prétention d'être complet et qui s'arrête, en principe, à 1910, nous avons fait de larges emprunts au *Jahrbuch über die Fortschritte der Mathematik*) ;

4° *Additions et corrections ;*

5° *Tables des matières et des auteurs cités dans les Tomes I à IV.*

Conformément aux décisions de la Commission de publication (1), nous avons réduit au minimum indispensable l'*Appendice* et, en particulier, l'annotation des Chapitres VII et VIII de l'*Appendice*, extraits de la Correspondance de Descartes et de la Correspondance de Huygens, dont les éditions hautement critiques sont entre les mains ou à la disposition de tous les spécialistes.

Nous avons aussi scrupuleusement que possible respecté l'ortho-

(1) M. Gaston Darboux, président; MM. Camille Jordan, C.-A. Laisant, Ch. Henry, membres. Membres décédés : MM. J.-A. Serret, Ed. Lucas, Joseph Bertrand, Paul Tannery.

graphe et la ponctuation des pièces $LXI_A$ du *Supplément à la Correspondance* et I, 3 de l'*Appendice*, les deux documents importants de ce fascicule, ainsi que des lettres administratives de Fermat; vu leur petit nombre, nous avons mis en bas de page les mauvaises leçons du manuscrit de la première.

Mme Paul Tannery nous a remis la copie des pièces $LXVIII_B$, $LXVIII_C$, $LXXI_A$, $LXXIII_A$ du *Supplément à la Correspondance* et des pièces II, III et IV de l'*Appendice :* ce sont les seuls documents intéressant l'édition de Fermat qu'elle ait trouvés, après de minutieuses recherches — dont elle nous permettra de la remercier ici — dans les papiers de notre regretté collaborateur. Nous n'avons fait que de légères additions ou modifications au travail de Paul Tannery et nous avons publié intégralement l'annotation de la pièce IV, qui était destinée, dans la pensée de son auteur, à un article de revue demeuré inachevé.

Mme Paul Tannery a eu aussi l'heureuse pensée de nous communiquer un exemplaire de l'édition de Fermat, sur lequel son mari avait transcrit en marge diverses corrections et additions. On trouvera dans les *Additions et Corrections* ces notes, complétées par nombre d'articles, en particulier par les intéressantes leçons de manuscrits de la Bibliothèque impériale de Vienne que nous avons fait collationner à la suite des annotations « Ms. Vindob. » que présentaient divers documents sur l'exemplaire de Paul Tannery.

Nous devons les plus vifs remercîments à M. le colonel Brocard qui, en dehors des contributions importantes qu'il a bien voulu apporter à ce fascicule, nous a aidé dans la correction des épreuves et de ses précieux conseils. M. le Professeur Antonio Favaro a eu l'obligeance de faire collationner à Florence les documents V et VI de l'*Appendice*, extraits de la Correspondance de Mersenne et de Torricelli et de lettres de Torricelli à Carcavi.

Ch. Henry.

# SUPPLÉMENT

À LA

# CORRESPONDANCE DE FERMAT.

# SUPPLÉMENT

A LA

# CORRESPONDANCE DE FERMAT.

## ANNÉE 1645.

### LXI$_A$.

### ROBERVAL A FERMAT.

1er AVRIL 1645.

*Proposition de M. de Roberval, qui sert à trouver les centres de gravité, envoyée à M. Fermat, le 1er avril 1645.*

(Bibl. Nat., Ms. lat. 7226, f° 54, f° 60 verso et f° 72.) (1).

Si de tant de poincts qu'on voudra donner de position on mène autant de lignes droictes parallèles entre elles vers un plan donné de position et que de ces points donnés on en appelle un le 1er, l'autre le 2e, l'autre le 3e, etc.; et les droictes parallèles soient appellées premières

(1) Cette pièce a été signalée par M. Ch. Henry (*Recherches sur les manuscrits de Fermat*, p. 36), c'est une copie assez défectueuse : probablement, le début en français a seul été envoyé à Fermat; la suite en latin, dont nous donnons ci-après le texte et la traduction, n'est qu'un choix fait par Arbogast (Bibl. Nat., N. Acq. françaises, n° 3280, f$^{os}$ 159-162), à titre d'éclaircissement de ce début, dans un morceau considérable sur les centres de gravité. Au fond, dans le début, Roberval traite une question, que l'on peut énoncer sous cette forme : « Étant donnés plusieurs points A, B, C, ..., K, L, auxquels on attribue des nombres $a$, $b$, $c$, ..., $k$, $l$; de ces points on mène des parallèles jusqu'à leur rencontre avec un plan $\Pi$; on désigne par $\alpha$, $\beta$, $\gamma$, ..., $\varkappa$, $\lambda$, les distances entre les points et le plan prises sur ces parallèles et affectées du signe + ou — suivant que les points sont d'un côté ou de l'autre du plan. Si l'on divise la droite AB par le point $B_1$ en deux parties telles

des secondes ([1]), la ligne qui part du 2e point sera appellée 2de des secondes ([2]), etc.

Soient aussy données de longueur autant de lignes droictes qu'il y a de poincts donnés, qui soient entendues estre rapportées chacune à chacun des poincts donnez, en sorte que l'une d'icelles soit dite première, une autre 2de, une autre, 3e, etc., et tout ce genre de lignes soient dictes premières ([3]) lignes desquelles la première sera dicte 1re des premières, la seconde sera dicte 2e des premières ([3]), la 3e sera dicte 3e des premières.

Puis soient joincts le 1er et le 2e point par une ligne droicte que j'appelle la balance qui soit divisée en deux parties ou bras, en sorte que le bras qui aboutit au 1er poinct soit au bras qui aboutit au 2e poinct comme la 2e des premières lignes est à la 1ère desdictes premières lignes; le point de la division soit appellé 1er centre.

Semblablement soient joincts le 1er centre et le 3e point d'une droicte que j'appelle 2e de balance qui soit divisée en deux bras tellement que celuy qui aboutit au 1er centre soit au bras qui aboutit au 3e point comme la 3e des premières lignes est à la somme de la 1ère et de la 2e desdictes premières lignes; le point de la division soit dit 2e centre.

De mesme soient joincts le 2e centre et le 4e point par la 3e balance qui sera divisée en deux bras en sorte que celuy qui aboutit au 2e centre

que $\frac{AB_1}{BB_1} = \frac{b}{a}$, la droite $B_1C$ par le point $C_1$ en deux parties telles que $\frac{C_1B_1}{C_1C} = \frac{c}{a+b}$, etc.; et si l'on continue cette opération jusqu'à ce qu'on arrive à un point O, tel que

$$\frac{OK_1}{OL} = \frac{l}{a+b+c+\ldots+k};$$

enfin, si l'on désigne par $\omega$ la distance algébrique du point O au plan prise sur une parallèle aux droites précédentes, on a la relation

$$(a+b+c+\ldots+k+l)\omega = \alpha a + \beta b + \ldots + \lambda l.$$

Quel que soit l'ordre dans lequel on a considéré les points A, B, C, ..., L, pourvu qu'on les considère tous et chacun une seule fois, le point O reste le même. » La question revient à déterminer les coordonnées du centre de gravité de différentes masses.

([1]) Ms : « premières ».

([2]) Ms : « premières ».

([3]) Ms : « secondes ».

soit à celuy qui aboutit au 4e point comme la 4e des premières lignes est à la somme des 1ère, 2e et 3e desdites premières lignes ; le point de division soit dit 3e centre.

De mesme façon soient joincts le 3e centre et le 5e poinct pour avoir la 4e balance, et en icelle le 4e centre qui divise la balance en deux bras réciproquement proportionnez à la 5e des premières et à la somme des 1ère, 2e, 3e et 4e desdictes premières lignes.

Et soit procédé de mesme jusqu'à ce qu'on soit parvenu au dernier point qui donnera la dernière balance et le dernier centre qui de mesme divisera la dernière balance en deux bras réciproquement proportionnez à la dernière des premières et à la somme desdictes premières lignes hormis la dernière. Dudit dernier centre soit menée vers le plan donné de position une droicte parallèle aux secondes (¹) lignes.

Je dis que le rectangle fait de cette dernière balance ou droicte menée du dernier centre sur la somme de toutes les premières (²) lignes est égal à la différence d'entre la somme des rectangles qui sont faicts de chacune des premières qui sont d'un costé du plan donné de position sur chacune des secondes (³) lignes correspondantes (comme seroient les rectangles de la première des 1ères sur la 1ère des 2es, plus le rectangle de la 2e (⁴) des premières <sur la 2e des secondes pourvu qu'ils> fussent d'un mesme costé dudit plan) et la somme des rectangles faicts de chacune des premières lignes qui sont de l'autre costé dudit plan sur chacune des 2es lignes correspondantes ; et la somme des rectangles du costé dudit dernier centre est plus grande que la somme des rectangles de l'autre costé.

D'où l'on infère que si le dernier centre est dans le plan donné de position alors le premier rectangle est égal à rien, et la somme des rectangles d'un costé dudit plan est égale à la somme des rectangles de l'autre costé.

Que si tous les poincts sont d'un costé, le susdit seul rectangle de

(¹) Ms : « premières ».
(²) Ms : « secondes ».
(³) Ms : « premières ».
(⁴) Ms : « 1ère ».

la droicte menée du dernier centre sur la somme des premières [1] est égal à la somme de tous les rectangles de chacune des premières sur chacune des 2[es] correspondantes.

De plus, de quelque ordre que soient pris ces poincts, on démonstrera que le dernier centre est tousjours le mesme.

TEXTE LATIN.

Unica enunciatio talis esset :

Omni casu differentia inter summam rectangulorum quæ fiunt a singulis prioribus in singulas secundas correlatas ex unâ parte plani dati et summam rectangulorum quæ fiunt ad alteras partes similiter factorum, est rectangulum comprehensum sub fulcro et summâ omnium priorum. Excessus autem est ex parte plani in quam cadit ultimum centrum, defectus ex alterâ parte.

Quod si ultimum centrum cadit in planum, tunc talis differentia nihil est, quia fulcrum est solum punctum, et æqualitas est inter summas prædictas ex utrâque parte plani. Quæ omnia patent.

PROPOSITIO 1ª.

*Centrum gravitatis semicirculi per doctrinam præcedentis theorematis.*

Semicirculi ACB (*fig.* 1) centrum gravitatis E, axem CD, ita dividit ut minor portio DE quæ est versus diametrum AB sit ad axem CD, ut axis CD ad tres quadrantes semicircumferentiæ ACB, nempe ad arcum 135 graduum.

Dividatur diameter AB in partes æquales indefinite AF, FG, GH, HD, DI, IK, KL et

TRADUCTION.

L'énoncé unique serait celui-ci :

Dans tous les cas, la différence entre la somme des rectangles qui sont faits de chacune des premières et de chacune des secondes correspondantes qui sont d'un côté du plan donné et la somme des rectangles qui sont faits de même façon des lignes qui sont de l'autre côté est le rectangle compris entre la balance et la somme de toutes les premières: L'excès se trouve du côté du plan où tombe le dernier centre, le défaut de l'autre côté.

Si le dernier centre tombe sur le plan même, la différence se réduit à rien, car la balance se réduit à un point et il y a égalité entre les sommes précitées de part et d'autre du plan. Toutes ces choses sont évidentes.

PROPOSITION Iʳᵉ.

*Centre de gravité d'un demi-cercle d'après la doctrine du théorème précédent.*

Le centre de gravité E d'un demi-cercle ACB coupe l'axe CD de telle façon que la plus petite partie DE, qui confine au diamètre AB, soit à l'axe CD comme CD est aux $\frac{3}{4}$ de la demi-circonférence ACB, c'est-à-dire à l'arc de 135°.

Soit divisé le diamètre AB en une infinité de parties égales, AF, FG, GH, HD,

(1) Ms : « secondes ».

ducantur totidem perpendiculares FM, GN, HO, DC, IP, KQ, LR. Manifestum est centrum gravitatis omnium perpendicularium FM, GN, etc., quod idem est cum centro gravitatis semicirculi, esse in lineâ mediâ CD, quia quadrans ADC similis est et æqualis quadranti BDC.

DI, IK, KL et soient menées autant de perpendiculaires FM, GN, HO, DC, IP, KQ, LR. Il est manifeste que le centre de gravité de toutes les perpendiculaires FM, GN, etc., qui est le même que le centre de gravité du demi-cercle, est sur la ligne médiane CD, parce que le quadrant ACB est semblable et égal au quadrant CBD.

Fig. 1.

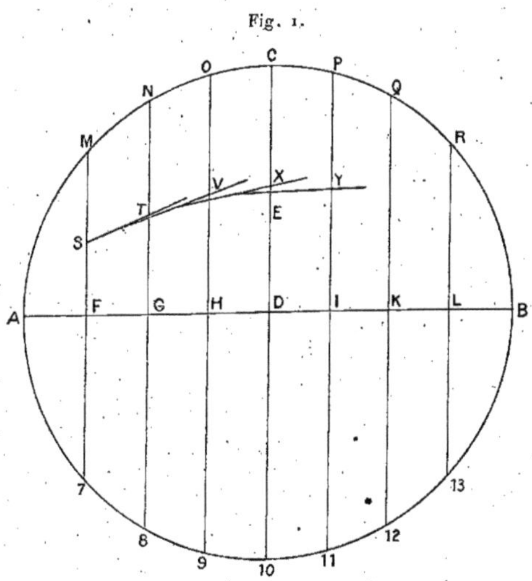


Jam centrum gravitatis rectæ FM est punctum medium S. Item centrum gravitatis 2æ lineæ GN est punctum medium T; iungatur ST et dividatur in puncto 2, et sit ut S2 ad 2T ita recta GN ad rectam FM; erit punctum 2 centrum gravitatis duarum rectarum FM, GN. Similiter centrum gravitatis ipsius HO est punctum medium V et iuncta libra 2V si dividatur in puncto 4 ità ut 2 4 sit ad 4V ut recta HO ad GN + FM, erit punctum 4 centrum gravitatis trium rectarum FM, GN, HO. Similiter si iungatur punctum 4 cum puncto X quod est

Or le centre de gravité de la droite FM est son milieu S. De même le centre de gravité de la seconde ligne GN est son milieu T. Joignons ST et divisons cette droite en 2, de telle sorte que S2 soit à 2T comme GN à FM. Le point 2 sera le centre de gravité des deux droites FM, GN. De même, le centre de gravité de HO est son milieu V et si l'on joint la balance 2V et qu'on la divise par le point 4 de telle façon que 2 4 soit à 4V comme HO à GN + FM, le point 4 sera le centre de gravité des trois droites FM, GN, HO. Joignons de même 4 à X qui est

centrum rectæ sequentis CD et dividatur libra 4X in puncto 5, ita ut 45 sit ad 5X, ut CD ad FM + GN + HO, erit 5 centrum gravitatis rectarum FM, GN, HO, CD. Si continuetur talis constructio in omnibus rectis FM, GN, HO, DC, IP, KQ, LR, etc., donec ad ultimam perveniatur, habebitur ultimum centrum, quod erit centrum omnium rectarum prædictarum FM, GN, etc., sive ipsius semicirculi ACB, quod erit in recta CD, ut initio dictum est.

Esto E ultimum centrum, ergo ED erit fulcrum per doctrinam superioris theorematis. Data enim sunt positione quælibet puncta S, T, V, X, Y, Z (quæ quidem omnia sunt in plano semicirculi ACB), datæ sunt item totidem lineæ rectæ singulis punctis correlatæ FM, GN, HO, DC, IP, KQ, LR, quæ sunt priores lineæ theorematis; datum est etiam et planum quale est quodcumque illud quod cum plano ACB faciet communem sectionem AB. Item a punctis datis ductæ sunt totidem lineæ SF, TG, VH, XD, etc., inter se parallelæ, quæ sunt 2[ae] lineæ; tum ductæ sunt libræ ad ultimam; item inventa centra omnia usque ad ultimum E; item fulcrum ED.

Ergo per theorema superius concludetur rectangulum ex DE fulcro in summam priorum linearum FM, GN, HO, CD, IP, KQ, LR, æquari summæ rectangulorum

$$MFS + NGT + OHV + CDX + PIY + QKZ + RLU.$$

Omnibus duplatis, rectangulum ex DE in M7 + N8 + O9, etc. æquatur

FM quadr. + GN quad. + HO quad. + etc.;

et, omnibus quadruplatis, rectangulum ex 4DE in M7 + N8 + O9, etc. æquatur

M7 quadr. + N8 quad. + O9 quad. + etc.

le milieu de la droite suivante CD et divisons la balance 4X au point 5 de telle sorte que 45 soit à 5X comme CD à FM + GN + HO, 5 sera le centre de gravité des droites FM, GN, HO, CD. Si l'on continue cette construction pour toutes les droites FM, GN, HO, DC, IP, KQ, LR, etc. jusqu'à la dernière, on obtiendra un dernier centre, qui sera le centre de toutes les droites précitées FM, GN, etc. ou du demi-cercle ACB lui-même. Ce point se trouvera sur la droite CD, comme il a été dit au début.

Soit E le dernier centre, donc ED la balance d'après le théorème précédent. On donne en effet un certain nombre de points S, T, V, X, Y, Z (qui sont tous dans le plan du demi-cercle ACB) et autant de lignes droites correspondantes FM, GN, HO, DC, IP, KQ, LR, qui sont les premières lignes du théorème précédent; on donne aussi un plan quelconque et le plan ACB aura avec lui la section commune AB; par les points donnés on mène autant de lignes SF, TG, VH, XD, etc. parallèles entre elles, qui sont les secondes lignes; puis on mène les balances de ces lignes, et l'on trouve tous les centres jusqu'au dernier E, et la balance ED.

On conclut donc par le théorème précédent que le rectangle de DE et de la somme des lignes FM, GN, HO, CD, IP, KQ, LR égale la somme des rectangles

$$MF \times FS + NG \times GT + OH \times HV + CD \times DX + PI \times IY + QK \times KZ + RL \times LU.$$

Doublant tout, le rectangle de DE et de M7 + N8 + O9, etc. égale

FM carré + GN carré + HO carré + etc.;

et, quadruplant le tout, le rectangle de 4DE et de M7 + N8 + O9, etc. égale

M7 carré + N8 carré + O9 carré + etc.

Sed omnia quadrata M 7 + N 8 + O 9 + etc. ad summam circulorum ex diametris

M 7 + N 8 + O 9 + etc.

sunt ut quadratum quodcunque ad circulum inscriptum. Sed omnes lineæ M7, N8, O9, etc. constituunt circulum ACB 10, per doctrinam indivisibilium, cui si detur altitudo 4 DE, constituetur cylindrus cujus basis est circulus ABC 10, altitudo vero 4 DE.

Similiter omnes circuli ex diametris M 7, N 8, O 9, etc. constituunt sphæram cujus diameter est AB.

Mais la somme des carrés M 7 + N 8 + O 9, etc. est à la somme des cercles ayant pour diamètres M 7 + N 8 + O 9, etc. comme un carré quelconque est au cercle inscrit. Or toutes les lignes M 7, N 8, O 9, etc. constituent le cercle ACB 10, d'après la doctrine des indivisibles, et si on lui donne la hauteur 4 DE on obtient un cylindre de base ABC 10 et de hauteur 4 DE.

De même tous les cercles ayant pour diamètres M 7, N 8, O 9, etc. constituent la sphère de diamètre AB.

Fig. 1.

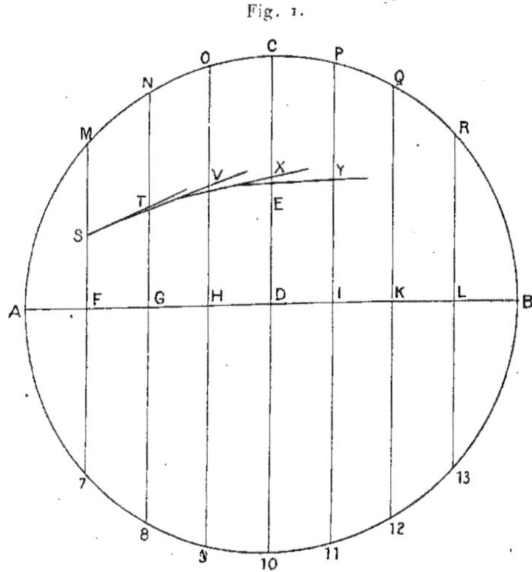


Igitur prædictus cylindrus ad prædictam sphæram ex AB est in ratione quadrati ad circulum inscriptum, sive ad cylindrum ex altitudine $\frac{4}{3}$ radii CD in basim circulum ACB 10. Ergo altitudo 4 DE ad altitudinem $\frac{4}{3}$ radii CD est in eadem ratione quadrati ad circulum inscriptum; sive sumptis sub quadruplis, primæ rationis DE ad $\frac{1}{3}$ CD.

Donc le cylindre susdit est à la sphère susdite ou au cylindre de hauteur $\frac{4}{3}$ CD et de base ACB 10 dans la raison du carré au cercle inscrit. Donc la hauteur 4 DE est à la hauteur $\frac{4}{3}$ CD dans la même raison du carré au cercle inscrit; et il en est de même, en divisant tout par 4, de la raison de DE à $\frac{1}{3}$ CD.

Ergo, sumptis triplis consequentium, erit DE a CD, ita quadratum AB ad triplum circuli inscripti. Sed triplum circuli ACB æquale est rectangulo ex AB in 3 quadrantem AC; ergo DE ad DC, ut quadratum ex AB ad rectangulum ex AB <et triplum> quadrantis AC (1), sive ut recta AB ad triplum quadrantis AC, sive sumptis dimidiis, ut DC ad $\frac{3}{4}$ semicircumferentiæ ACB quæ est 135 grad.

Quod erat demonstrandum.

Donc, en triplant les conséquents, DE est à CD comme le carré AB au triple du cercle inscrit. Mais le triple du cercle ACB est égal au rectangle de AB et de 3 fois le quadrant AC. Donc DE est à DC comme le carré de AB est au rectangle de AB et < du triple > de AC, ou comme AB au triple du quadrant AC, ou en divisant par deux, comme DC aux $\frac{3}{4}$ de la demi-circonférence ACB, c'est-à-dire à 135 degrés.

C. Q. F. D.

(1) Ms : « AB in quadrantem ».

# ANNÉE 1651.

## LXVIII$_A$.

## LE PÈRE MAIGNAN A FERMAT.

(Bibliothèque de la Ville de Toulouse, Ms. n° 752, f°s 167-168) (¹).

Le 23 jour d'avril 1651, environ un quart d'heure après le soleil couché, l'air estant serein et sans aucun nuage, nous vismes en ce lieu de Magnas un tel météore qui a esté veu aussi en d'autres lieux voisins. La clarté qui demeure sur l'horison après le couché du soleil et qui paroit plus grande au dessus de luy, s'esleva au milieu peu à peu à angles droicts jusques à la troisiesme partie de l'espace qui est entre l'horison et le milieu du ciel. Nous remarquasmes que ceste clarté devenoit plus vive et plus lumineuse en montant sans prendre aucune autre coleur, elle paroissoit une ligne de lumière droite et esgalle, et après s'être eslevée à la hauteur que j'ai dict en un quart d'heure, elle diminua soudain par la partie superieure et disparut en esgal tams.

(¹) Grâce à l'obligeance de M. Massip, Bibliothécaire de la ville de Toulouse, nous avons pu retrouver ce document (copie) que Paul Tannery signalait (t. III, p. XII) ainsi, sans indication de source : « une lettre sans date, mais postérieure à 1651, adressée à Fermat par un M. de Magnas et décrivant une aurore boréale ». M. de Magnas n'existe pas : c'est à Magnas (Gers), le 23 avril 1651, que se produisit le phénomène.

Sur le Père Maignan, on peut consulter :

*De vita, moribus et scriptis R. Patris Emanuelis Maignani Tolosatis... elogium quod conscribebat P. Jo. Saguens*, Tolosæ, 1697;

Bayle, *Dictionnaire historique et critique;*

Le P. Lelong, *Bibliothèque historique de la France* (*voir* t. V, Table des Personnes) et la *Biographie Toulousaine,* au tome II.

Cette apparence ne se forma point dans les parties de l'air pur, et tel que celuy qui environne ordinairement la terre, elle ne seroit pas si rare; aussi ce météore ne fut pas formé dans une nuee espoisse, comme il arrive souvent que les nuees nous renvoient la lumière du soleil vive et raionnante à plus (¹) près comme estoit celle-cy, ni dans la pluie tombante par l'espace de l'air comme il arrive en l'iris, il ni avoit aucun nuage et il ne parust aucune des couleurs de l'iris. Il reste à panser que c'estoit une vapeur espandue dans l'air de telle consistance qu'elle renvoioit les raions du soleil et n'estoit pas perceptible à la veüe.

Mais l'on put douter si de l'esgalité et uniformité de la lumière qui formoit ceste apparence il en faut inférer l'esgalité des angles soubs lesquels elle se forma, d'où il s'ensuivroit que ce météore seroit une partie de circumférence, laquelle estant descrite passeroit par les centres du soleil et de l'œil qui sont les points desquels sont tirées les lignes qui constituent les dicts angles esgaus. Ou bien, si l'on doit juger que cette apparence soit formée soubs divers angles et en diverses distances, parce que la reflexion de la lumière se faict soubs toutes sortes d'angles, d'où il advient que les diverses reflexions quoiqu'inesgalles entre elles représentent une lumière esgalle estant veues conjointement, et ainsi ce météore ne feroit pas une partie de circonférence, mais plusieurs portions de circonferences, ou bien une portion de cercle qui ne représente qu'une ligne droite à l'œil qui est posé dans le mesme plan, parce que les parties de la vapeur qui se rencontrent dans ce plan renvoient la lumière à l'œil, et au contraire celles qui sont hors de ce plan renvoient la lumière ailleurs; pourroit-on décider ceste doute par la considération de la tenuité et de la vivacité de la lumière, car il semble que le cors qui reflechit la lumière unie et continuement estendue en longueur doit estre continu et solide et que ceste reflexion se doit faire en la superficie dudict cors, estant si lumineuse. Aussy pourroit-on juger que ce météore est si estroit et si deslié

(¹) Lire sans doute « peu ».

à cause que sa ditte superficie est concave, de ce que cette apparence s'esleva peu à peu seur l'horison l'on en put inférer que la ditte superficie estoit inclinée en telle sorte que les raions du soleil s'esloinnant de l'horison estoient renvoiés à l'œil des parties plus eslevées de la superficie. Et quant à ce que le météore disparut par la partie supérieure, pourroit-on croire qu'il fut esfacé par l'ombre de la terre, autrement il semble qu'il eut disparu par la partie inférieure.

Au reste ce météore semble estre le revers de l'iris, c'est pourquoy l'on l'a nommé l'antiris.

Iris est veue, le soleil estant sur l'horison, antiris le soleil estant soubs l'horizon, d'où il puisse frapper la superficie concave du corps qui le forme.

Iris représente diverses coleurs par la refraction, antiris est seulement lumineuse par la simple reflexion des raions.

Iris paroist circulaire, antiris droite.

En iris les centres du soleil, de l'œil et du météore sont dans une mesme ligne droite. En l'antiris le soleil, l'œil et le météore sont en la mesme circumférence.

Iris est souvent double, antiris simple et uniforme.

Iris est fréquente, la pluie dans laquelle elle se forme est ordinaire; antiris rare, la vapeur dans laquelle elle est conceüe et la position de ses parties se rencontrent rarement.

Puisque nous avons franchi si hardiment les bornes de la modestie, imitons sans crainte l'exemple de ceux

Qui quand ils sont au fons du sac
En viennent jusqu'à l'almanach

comme chantent les enlumineures des Jansénistes.

Iris nous tient lieu d'asseurence, que les eaus du ciel qui ont autre fois submergé toute la terre, ne doivent estre emploies que pour l'arroser et la rendre plus fertile.

Antiris est un presage et une menace de l'embrasement qui doit consommre les trophées de la vanité et terminer les projets infinis de l'avarice et de l'orgueil avec la durée du monde et est un avertissement que le feu qui jusques à ceste heure a servi à la commodité et aux usages divers de la vie des hommes devorera bien tost tout ce qu'il a formé, nourri et esclairé, et qu'on recherche à se loger dans le ciel, estant sur le point de perdre la terre.

# ANNÉE 1654.

## LXVIII$_B$.

## FERMAT AU PRÉSIDENT D'AUGEARD.

SAMEDI 14 MARS 1654.

(Bibl. Nat., Ms. fr. 16871, fos 45-46) (1).

MONSIEUR,

En attendant que des extraicts de nos registres concernant l'institution de nostre parlement soient faicts, je vous dirai succintement les ordres de nostre compagnie. Elle est composée de cinq chambres : la Grand'-Chambre, la Tornelle, deux Chambres d'Enquestes et une de Requestes. La Grand'Chambre et Tornelle ne passent que pour une mesme chambre divisée en deux bureaux, car les officiers des Enquestes ne sont jamais de la Tornelle, comme il se pratique aus autres parlements. Ces deux chambres sont composées de trente-deux conseillers qui sont les plus anciens du palais, et chasque année, a la Saint-Martin, on change deux de la Grand'Chambre a la Tornelle, et deux de la Tornelle à la Grand'Chambre, ce qui se faict par tour, a la reserve du doyen et sous-doyen lais qui sont tousjours de la Grand'Chambre, et des con(seill)ers clercs qui, par le privilege de leur caractere, ne vont jamais a la Tornelle. Touts les autres vont et viennent, avec cet ordre pourtant que, lorsqu'on sort des Enquestes, on sert a la Tornelle jus-

(1) Lettre autographe, sauf l'adresse. — Elle porte en tête l'annotation : *Lettre du Sr de Fermat, Coner au Parlement de Toulouze, touchant l'ordre dudo Parlement*, et à la fin cette autre : *Ordre du parlement de Toulouse*. Un grand nombre de passages de cette lettre ont en outre été soulignés.

qu'à ce qu'on soit de tour d'aller a la Grand'Chambre; en quoi on n'observe qu'une seule chose, c'est qu'on change a la Grand'Chambre ceux qui ont servi le plus de temps à la Tornelle, et de mesme a la Tornelle ceux qui ont esté plus longtemps de suitte dans la Grand'Chambre. La distribution du nombre de trente-deux entre ces deux chambres est de 19 a la Grand'Chambre et de 13 dans la Tornelle. Les deux chambres des Enquestes ont a peu pres vint et huict con(seill)ers chascune, le nombre ayant esté augmenté par diverses crues. Pour la Comission de la Chambre de l'Edict, qui est composée d'un president et 10 con(seill)ers de chasque religion, nous y envoyons chasque année un des presidens a mortier, ce qui se fait par tour, a la reserve du premier president qui ne bouge point, trois con(seill)ers de la Grand'Chambre, autant de la Tornelle, et deux de chasque chambre d'Enqueste. De touts ceux la, on en continue deux qui sont regulierement les plus anciens, si bien que les effectifs de la Grand'Chambre restent au nombre de 16, et ceux de la Tornelle au nombre de 10 [1]. La chambre des Requestes est composée de 2 presidents et de 11 con(seill)ers. Ils sont du corps du parlement et, lorsqu'ils changent d'office, ils gardent le rang de leur réception et peuvent aller d'abord a la Grand'Chambre, s'ils se treuvent assés anciens pour cela. Voila au vrai la vive figure de nostre compagnie. Il y a pres de deux ans que je suis hors des Enquestes et, par la revolution que les maladies ont causé, je me treuve presentement le troisieme de la Tornelle et en estat d'estre de la Grand'Chambre a la Saint-Martin prochaine. Je vous dirai le reste par le premier ordinaire; j'attens le livre de Monsieur de Brissac et suis tousjours, Monsieur,

Vostre tres humble et tres obeissant serviteur,

FERMAT.

(1) Ces détails sur la composition de la Chambre de l'Édit ne permettent pas de maintenir l'hypothèse émise tome II, p. 243, note 2, et p. 278, note 2, sur la nomination que Fermat demandait au chancelier en 1642, que celui-ci avait promise depuis longtemps (t. II, p. 241, note 1), et qui fit l'objet de nouvelles démarches en 1648.

Ce point reste obscur: Fermat, à cette époque de sa vie, a-t-il brigué les provisions de président de la Chambre des Enquêtes?

1° *P. S.* J'obmettois de vous dire qu'il y a 6 presidents a mortier outre le premier, que les trois plus anciens sont tousjours de la Grand'-Chambre avec le premier president, et que les trois derniers sont tousjours de la Tornelle.

A Tolose, le 14 mars 1654.

2° *P. S.* Avant que vous respondre sur le troc des manuscripts, je desire sçavoir si vostre ami en a de grecs et quels.

(Adresse) : *A Monsieur, Monsieur d'Augeard, presidant en la Chambre de l'édit Guienne, à Paris.*

---

## LXVIII$_C$.

## FERMAT AU PRÉSIDENT D'AUGEARD.

SAMEDI 21 MARS 1654.

(Bibl. Nat., Ms. fr. 16871, f° 47-48) (1).

MONSIEUR,

Je vous renvoye vostre escrit sur le subject de l'establissement du parlement, et n'y adjouste autre chose qu'un extraict en forme, collationné par nostre greffier en chef, des lettres patentes du Roy Louis onzieme, qui est la seule piece (2) qui manque au memoire que vous m'avés envoyé. Celuy qui l'a dressé n'a faict que copier quatre ou cinq pages des Memoires du Languedoc de feu Monsieur Catel, et vous devés, s'il vous plaist, advertir Monsieur du Harlai que son copiste se mesprend lorsque, voulant corriger Monsieur Catel, il soustient que la datte du Registre des lettres patentes de Charles septième est du

(1) Lettre autographe. — En tête l'annotation : *Lettre du Sr de Fermat, Coner a Toulouze, touchant l'esclaircissement de quelques poins concernant l'establissement et ordre du Parlement.* De nombreux passages ont été soulignés, comme dans la pièce qui précède.

(2) Le mot *piece* est en interligne au-dessus du mot *chose*, qui est barré.

4 juin 1445, et non du 4 juin 1444, puisque le premier de nos registres est de ceste derniere datte, les patentes estants du 11 octobre 1443, et non du 11 octobre 1444; ceste erreur estant trop considerable pour ne l'en advertir pas. J'ay creu qu'il estoit important de vous envoyer ces lettres patentes de Louis onzieme, pour ce qu'elles contiennent un narré historique de l'establissement de nostre parlement. Si j'avois eu assés de temps, j'aurois encore faict transcrire les lettres patentes de la translation qui fust faicte a Montpelier; si Monsieur du Harlai en desire une copie en mesme forme que celle que je vous envoye, vous pouvés encore la luy offrir de ma part. Et parce qu'il me semble qu'il y a encore quelques articles sur la fin de vostre memoire sur lesquels je ne crois pas vous avoir pleinement satisfait par ma precedente, celle-cy achevera de vous faire cognoistre tout l'estat present de nostre compagnie, et je ne toucherai que ce que j'avois obmis dans ma derniere.

Nous n'avons, dans tout le parlement, que 12 officiers clers, et de ceux la mesme, il s'en treuve 2 qui ont esté laisés (1) depuis longtemps, si bien que le nombre veritable et effectif n'est que de 10, desquels il y en doit tousjours avoir 2 dans la Grand'Chambre, et les autres 8 sont d'ordinaire dans les deux chambres des Enquestes; mais par ce que les derniers receus ont prétendu depuis quelques années que, lorsqu'ils venoient a estre du nombre des 32 plus anciens, ils estoient en droit d'aller a la Grand'Chambre et d'y rester tousjours fixes, sans passer par la Tornelle, on le leur a souffert pendant quelques temps, sans qu'il y aist eu deliberation expresse pour cela. Mais, parce que depuis deux ou trois années ils se sont treuvés 6 dans la d(it)e Grand'Chambre, ceste nouveauté a d'abord excité quelque murmure et a enfin abouti a un reglement que nous avons pris au commencement de ce parlement pour retrancher les advantages que les con(seill)ers d'Eglise alloient visiblement usurpants sur les con(seill)ers lais. Je puis vous en rendre conte, pour ce que la proposition a commencé par ma plainte et par la parolle que j'en ai porté en

(1) C'est-à-dire : remplacés par des conseillers lais (*laïques*).

l'assemblée des Chambres. Le resultat du reglement est qu'au lieu que la Grand'Chambre avoit des espices separées de celles de la Tornelle, et qu'on faisoit seulement communauté de la moitié des raports en chascune des deux chambres, nous avons estabIi la communauté entre la Grand'Chambre et Tornelle, et outre cela, nous ne laissons aus raporteurs qu'un quart, les trois quarts restants entrants dans la bourse commune, de laquelle les portions sont esgalles entre touts ceux de la Grand'Chambre et Tornelle.

Il y a deux presidents des Enquestes en chascune des deux Chambres, lesquels ont des provisions separées pour l'office de president et ont un office de con(seill)er joint; mais, après qu'ils ont servi quelques années, ils obtiennent aisement la separation de l'office de con(seill)er en faveur de leurs enfants tant seulement, car nous n'avons jamais voulu registrer la d(ite) separation en faveur d'aucun estranger.

Les officiers des Requestes opinent en toutes les affaires publiques qui se traittent aus chambres assemblées, mais ils n'opinent point aus proces dont les partages, intervenus aus chambres particulieres, doivent estre vuidés en l'assemblée des chambres.

Si vous joignés ceste lettre a ma precedente, vous y treuverés la decision de toutes vos doubtes.

Si j'avois des manuscripts, je les offrirois avec plaisir a M. du Harlai; je ne sçache d'avoir qu'un *Ægidius Romanus de Regimine principum* (1). S'il est de son goust, je le luy offre sans condition et suis tousjours, Monsieur,

Vostre tres humble et tres obeissant serviteur,

FERMAT.

*P. S.* Rendés moi, s'il vous plaist, raison du silence opiniastre de M. de Rossignol, a qui j'ai escrit cinq fois sans avoir receu pas une response de sa part.

A Tolose, le 21 mars 1654.

(1) Ce traité d'Egidio Colonna *De regimine principis*, composé pour l'instruction de Philippe le Bel, a été imprimé à Rome en 1492.

## LXXI$_A$.

## FERMAT AU PRÉSIDENT D'AUGEARD.

SAMEDI 22 AOUT 1654.

(Bibl. Nat., Ms. fr. 16871, f$^{os}$ 49-50) (1).

MONSIEUR,

Je suis tres marri que nos occupations, qui augmantent, comme vous sçaves, sur la fin du parlemant, m'obligent encore a differer la responce que je dois au mesmoires de Monsieur de Harlé. Je vous dirai sullement par advance que nous travailhons par grands commissaires, quatre jours de la sepmaine sullement, sçavoir le lundi, le mercredi, le judi et le samedi, et outre cella, les veilhes de toutes les festes, quoique les dictes veilhes de festes tombent en mardi et vendredi. Nous ne faisons jamais q'une seulle après dignée par jour, pour laquelle les presidans au mortier ne prennent que deux escus, les presidans aux enquestes un escu et demi, et chacun des conseilhers un escu sullemant. Les dits escus sont de trois livres cinq sols piece, que nous n'avons jamais vouleu augmanter, quelque proposition qui en ayt esté faicte en divers temps. Je croi que ceste antienne austerité est de nostre seulle compagnie, et que tous les autres parlemans se sont plus relachés. Nous ne laisons pas de despecher tous les proces qui se presentent, et ceste moderation ne proffite qu'aux parties. Je vous en dirai une autre fois davantage; le temps me presse et je suis toujours,

Monsieur,

Vostre tres humble et tres obeissant serviteur,

FERMAT.

A Tholose, le 22 aoust 1654.

(Adresse) : *A Monsieur, Monsieur d'Augeard, presidant en la Chambre de l'édit de Guienne, en la rue des polies au bois ardent, à Paris.*

(1) La signature seule est autographe.

## LXXIII$_A$.

## FERMAT AU PRÉSIDENT D'AUGEARD.

SAMEDI 29 AOUT 1654.

(Bibl. Nat., Ms. fr. 16871, f$^{os}$ 51-52) (1).

Monsieur,

Je commençai, par le dernier ordinaire, a vous satisfaire sur le subject du memoire. Voici quelque continuation que je fairois plus longue, si j'avois le billet de M. du Harlai; obligés-moi de m'en renvoyer copie, la charge que Monsieur de Magnan avoit pris d'y respondre m'a rendu négligent a conserver le mien.

Je vous ai dict que nos procés de grands comissaires ne donnent qu'un seul emolument.

Le nombre des juges n'est jamais que de 7 en ceste sorte de procés.

En la Grand'Chambre on faict deux bureaux differents, qu'on appelle *guets*. Le premier president preside en l'un, et le second president en l'autre, et les juges de chascun de ces deux guets ne changent qu'a chasque Saint-Martin. Il dépend de Monsieur le premier president de former les d(icts) guets et de mettre a chascun tels juges que bon lui semble, a la reserve du doyen des con(seill)ers lais et du doyen des con(seill)ers ecclesiastiques, qui sont touts deux du premier guet, c'est-à-dire de celuy de M. le premier president. Les affaires d'apres disnée, dont les raporteurs sont du premier guet, se jugent au bureau de M. le premier president, et celles dont les raporteurs sont du second guet, se jugent au bureau du second president. Le troisieme et le quatrieme president de la Grand'Chambre ne travaillent jamais les apresdinées, non pas mesme par l'absence du premier et du second president, mais, en ce cas, le doyen de chascun des guets preside au bureau qui manque de son president.

(1) Lettre autographe, sauf l'adresse, qui est identique à celle de la Lettre LXXI$_A$. ci-avant, et que nous ne reproduirons pas cette fois. Le cachet de cette lettre est bien conservé.

Aux deux chambres d'Enquestes, chasque chambre a deux presidents. Ils sont touts deux d'apres-disnées, de sorte que le nombre des juges est ordinairement en chasque chambre de 2 presidents et 5 con(seill)ers. Mais lorsque le nombre des affaires augmente, ce qui arrive d'ordinaire quelques mois avant la fin du parlement, on faict deux bureaus en chasque chambre d'Enquestes, a l'un desquels l'un des presidents preside, et le second a l'autre.

Il n'y a aux Enquestes que les 12 con(seill)ers plus anciens qui soient des apres-disnées, et ils le sont par tour; j'entens 12 dans chasque chambre. A la Tornelle, le seul president plus ancien de la d(icte) chambre, qui est le cinquième president au mortier, entre en apres-disnées, les 2 autres n'en sont jamais, non pas mesme par l'absence du plus ancien.

Si le memoire ne me manquoit, je vous en dirois davantage. Vous n'avés donc qu'a me questionner sur ce qui reste. J'attens de vos nouvelles, et aprés vous avoir felicité de nouveau de la charge dont vous voila entier et paisible possesseur, je suis, de tout mon cœur, Monsieur,

Vostre tres humble et tres obeissant serviteur,

FERMAT.

A Tolose, le 29 août 1654 (1).

(1) Les archives de la Haute-Garonne renferment les pièces suivantes sur la carrière administrative de Fermat :

1° *Mercredi* 14 *mai* 1631 :
Réception de Pierre Fermat, avocat, comme conseiller lay en la cour de Toulouse et commissaire aux requêtes, suivant lettres patentes du 22 juin 1631 (signées Renouard), en l'estat et office vacant par résignation de Pierre de Carrière (*Arrêts civils*, Reg. B, 512, f° 197);

2° *Samedi* 16 *janvier* 1638 :
Réception de Pierre de Fermat, comme conseiller lay (aux enquêtes), suivant lettres patentes du 30 décembre 1637 (signées de Beaugrand), en l'estat et office tenu par feu Pierre de Reynaldy (*Arrêts civils*, Reg. B, 582, f° 188);

3° 29 *octobre* 1661 :
Acte par lequel Me Pierre de Fermat émancipe son fils Samuel Clément, docteur et avocat, pour qu'il puisse « composer d'un office » (*Insinuations*, Reg. 30, f° 256 v°).

# APPENDICE.

I.

# LA DISCUSSION

SUR LA

# MÉTHODE DE MAXIMIS ET MINIMIS [1].

## I. DESCARTES A MYDORGE [2].

< 1er MARS 1638 >.

J'admire que le traicté *de maximis et minimis*, qui m'a esté cy-deuant enuoyé, et qui, comme i'apprens maintenant, a esté composé par Mr de Fermat, ait trouué des deffenseurs, et il ne me semble pas qu'ils l'excusent en aucune façon. Car premierement, ils me font dire vne chose a laquelle ie n'ay iamais pensé, afin par apres de la refuter; a sçauoir, ils supposent que ie parle *de tirer vne ligne droite du point* B *donné en la parabole* BDN, *sçauoir la ligne droite* BE *rencontrant le diametre* CD *au point* E, *laquelle ligne* BE *soit la plus grande de toutes celles qui peuuent estre menées du mesme point* B *pris en la parabole et coupant le mesme diametre* CD.

Ce sont leurs mots, et ie confesse auec eux que cela est absurde; mais aussi ay-ie dit toute autre chose, a sçauoir qu'il faut chercher *la ligne droite* BE, *qui rencontre* DC *au point* E, *et qui soit la plus grande*

(1) Voir *Œuvres de Fermat*, Tome I, page 133, Tome III, page 121 et Tome II, page 126. Les pièces 1 et 2 sont reproduites, la première en extrait, d'après l'édition des *Œuvres de Descartes*, publiées par Ch. Adam et P. Tannery : *Correspondance*, Tome II, pages 2-12 (document 1), pages 104-114 (document 2).

(2) Copie Ms., Bibliothèque Nationale, fr. n. a. 5160, fos 57 à 60.

*qu'on puisse tirer du mesme point* E *iusques a la parabole.* Or il est euident qu'on peut tirer vne ligne de ce point E vers la parabole, qui soit la plus grande de toutes celles qui peuuent estre menées de ce mesme point E iusques a la mesme parabole, a sçauoir celle qui sera menée au point B, si on suppose qu'elle touche la parabole en ce point B. Car de dire, par exemple, que EP est plus grande que n'est EB, ce

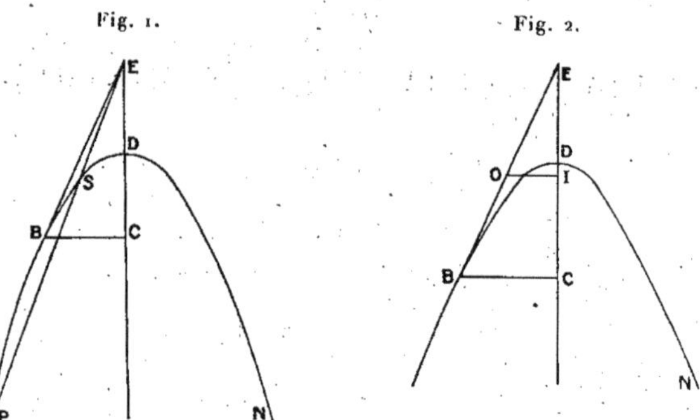


n'est rien dire, à cause que cette ligne PE n'est pas tirée iusques a la parabole seulement, mais outre la parabole, et elle s'estend au dela, depuis S iusques a P, en sorte qu'il n'y a que sa partie ES qui soit menée iusques a la parabole, et ES est moindre que n'est EB. Ce qui ne sçauroit estre nié par des personnes qui voudront entendre raison, et aussy n'ont-ils rien dit contre cela.

En suite de quoy, i'ay fait voir euidemment que la regle de M^r^ de Fermat pour trouuer *maximam et minimam*, est imparfaite, et ie le pourrois encore monstrer par vne infinité d'autres exemples, mais la chose n'en vaut pas la peine. Et ie diray seulement que, cette regle estant corrigée comme elle doit estre, le vray moyen de l'appliquer a l'inuention des contingentes des lignes courbes est de chercher ainsy le point E, duquel l'on puisse tirer vne ligne iusques a B, qui soit la plus grande ou la plus petite qu'on puisse tirer du mesme point E iusques a la ligne courbe donnée. Ce que M^r^ de Fermat tesmoigne n'avoir point sceu, puisqu'il en vse d'vne autre façon, en cherchant la tangente de la parabole, a sçauoir d'vne façon en laquelle (pour nommer les choses par leur nom, et sans auoir pour cela aucun dessein de l'offenser) il se trouue vn paralogisme, qui ne peut en aucune façon estre excusé. Ie veux bien pourtant aduoüer que pour appliquer son raisonnement a l'hyperbole, il ne faut pas seulement substituer *Hyperbolen* au lieu de *Parabolen*, mais qu'il y faut outre cela

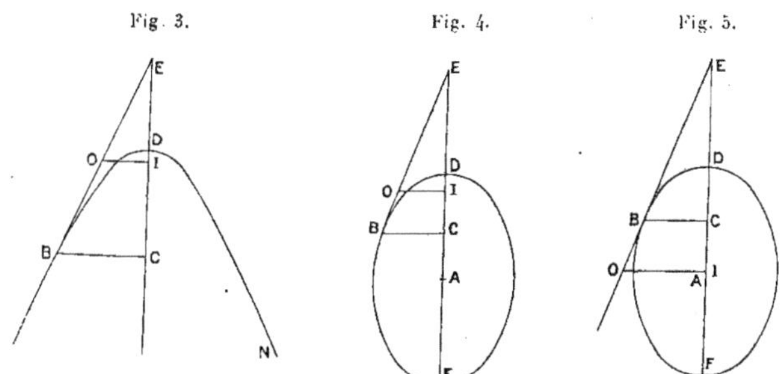


changer vn petit mot, qui ne fait rien du tout a la cause, et auquel ie n'ay pas honte de dire que ie n'auoy pas fait reflexion. Car d'abord i'auoy reconnu si euidemment le paralogisme de cet Escrit, que ie n'auoy daigné par apres le regarder, et i'ay pensé que l'autheur mesme ne pourroit faire aucune difficulté de le reconnoistre, si tost qu'il en seroit aduerty. Ce mot donc est qu'au lieu de dire : *maior erit proportio* CD *ad* DI *quàm quadrati* BC *ad quadratum* OI, il faut, en parlant de l'hyperbole, dire seulement : *maior erit proportio* CD *ad* DI *quàm* BC *ad* OI, ou bien *maior erit proportio quadrati* CD *ad quadratum* DI *quàm quadrati* BC *ad quadratum* OI. D'ou tout le reste suit de mesme façon que si on compare les lignes CD et DI aux quarrez de BC et OI. Et cecy s'estend generallement a toutes les lignes courbes qui sont au monde. Mais afin qu'on ne puisse chercher sur cela aucune excuse, qu'on mette, non pas *Hyperbolen*, mais *Ellipsim* ou *Circuli circumferentiam*, au lieu de *Parabolen*, et lors il ne faudra pas changer vn seul mot en tout le reste, comme on verra icy manifestement.

*Raisonnement par lequel Mr de Fermat pretend trouuer la tangente de la parabole.*

Sit data parabole BDN, cuius vertex D, diameter DC, et punctum in eâ datum, B ad quod ducenda est recta BE, tangens Parabolen, et in puncto E cum diametro concurrens.

Ergo sumendo quodlibet punctum in recta BE, et ab eo ducendo ordinatam OI, a puncto autem B ordinatam BC, maior erit proportio CD ad DI, quam quadrati BC ad quadratum OI, quia punctum < O > est extra parabolen.

Sed propter similitudinem triangulorum, vt BC quadratum ad OI quadratum, ita CE quadratum ad IE quadratum; maior < igitur > erit proportio CD ad DI, quam quadrati CE ad quadratum IE.

Cum autem punctum B detur, < datur applicata BC; ergo punctum C >. Datur etiam CD. Sit igitur CD æqualis $B$ datæ. Ponatur CE esse $A$. Ponatur CI esse $E$.

Ergo $D$ ad $D - E$ habebit maiorem proportionem quam $Aq$ ad $Aq + Eq - A$ *in* $E$ *bis*. Et ducendo inter se medias et extremas, $D$ *in* $Aq + D$ *in* $Eq - D$ *in* $A$ *in* $E$ *bis* maius erit quam $D$ *in* $Aq - Aq$ *in* $E$.

Adæquentur igitur iuxta superiorem methodum. Demptis itaque communibus, $D$ *in* $Eq - D$ *in* $A$ *in* $E$ *bis* adæquabitur $- Aq$ *in* $E$, aut, quod idem est, $D$ *in* $Eq + Aq$ *in* $E$ adæquabitur $D$ *in* $A$ *in* $E$ *bis*.

Omnia diuidantur per $E$. Ergo $D$ *in* $E + Aq$ adæquabitur $D$ *in* $A$ *bis*. Elidatur $D$ *in* $E$. Ergo $Aq$ æquabitur $D$ *in* $A$ *bis*. Ideoque $A$ æquabitur $D$ *bis*. Ergo CE probauimus duplam ipsius CD, quod quidem ita se habet; nec fallit vnquam methodus.

*Application du mesme raisonnement a toutes les lignes courbes, dans lesquelles les segmens du diametre ont plus grande proportion entre eux (a sçauoir le plus grand au moindre) que les quarrés des lignes qui leur sont appliquées par ordre.*

Sit data ellipsis BDN, cuius vertex D, diameter DC, et punctum in eâ datum B, ad quod ducenda est recta BE, tangens Ellipsim, et in puncto E cum diametro concurrens.

Ergo sumendo quodlibet punctum in recta BE, et ab eo ducendo ordinatam OI, a puncto autem B ordinatam BC, maior erit proportio CD ad DI, quam quadrati BC ad quadratum OI, quia punctum O est extra ellipsim.

Sed propter similitudinem triangulorum, vt BC quadratum ad OI quadratum, ita CE quadratum ad IE quadratum; maior igitur erit proportio CD ad DI, quam quadrati CE ad quadratum IE.

Cum autem punctum B detur, datur applicata BC; ergo punctum C. Datur etiam CD. Sit igitur CD æqualis $D$ datæ. Ponatur CE esse $A$. Ponatur CI esse $E$.

Ergo $D$ ad $D - E$ habebit maiorem proportionem quam $Aq$ ad $Aq + Eq - A$ *in* $E$ *bis*. Et ducendo inter se medias et extremas, $D$ *in* $Aq + D$ *in* $Eq - D$ *in* $A$ *in* $E$ *bis* maius erit quam $D$ *in* $Aq - Aq$ *in* $E$.

Adæquentur igitur iuxta superiorem methodum. Demptis itaque communibus, $D$ *in* $Eq - D$ *in* $A$ *in* $E$ *bis* adæquabitur $- Aq$ *in* $E$, aut, quod idem est, $D$ *in* $Eq + Aq$ *in* $E$ adæquabitur $D$ *in* $A$ *in* $E$ *bis*.

Omnia diuidantur per $E$. Ergo $D$ *in* $E + Aq$ adæquabitur $D$ *in* $A$ *bis*. Elidatur $D$ *in* $E$. Ergo $Aq$ æquabitur $D$ *in* $A$ *bis*. Ideoque $A$ æquabitur $D$ *bis*. Ergo CE probauimus duplam ipsius CD, quod nullo modo ita se habet; sed semper fallit ista methodus.

*Application du mesme raisonnement a l'hyperbole et a toutes les autres lignes courbes.*

Sit data hyperbole BDN, cuius vertex D, diameter DC, et punctum in cà datum B, ad quod ducenda est rectà BE, tangens HYPERBOLEN, et in puncto E cum diametro concurrens.

Ergo sumendo quodlibet punctum in recta BE, et ab eo ducendo ordinatam OI, a puncto autem B ordinatam BC, maior erit proportio CD ad DI, quam BC ad OI, quia punctum O est extra hyperbolen.

Sed propter similitudinem triangulorum, vt BC ad OI, ita CE ad IE; maior igitur erit proportio CD ad DI quam CE ad IE.

Cum autem punctum B detur, datur applicata BC; ergo punctum C. Datur etiam BC; ergo punctum C. Datur etiam CD. Sit igitur CD æqualis $D$ datæ. Ponatur CE esse $A$. Ponatur CI esse $E$.

Ergo $D$ ad $D - E$ habebit maiorem proportionem quam $A$ ad $A - E$. Et ducendo inter se medias et extremas, $D$ *in* $A - D$ *in* $E$ maius erit quam $D$ *in* $A - A$ *in* $E$.

Adæquentur igitur iuxta superiorem methodum. Demptis itaque communibus, $- D$ *in* $E$ adæquabitur $- A$ *in* $E$; aut, quod idem est, $D$ *in* $E$ adæquabitur $A$ *in* $E$.

Omnia diuidantur per $E$. Ergo $A$ adæquabitur $D$, < nihilque > hic est elidendum. Sed $A$ æquatur $D$, quod nullo modo ita se habet, etc.

Fig. 6. Fig. 7.

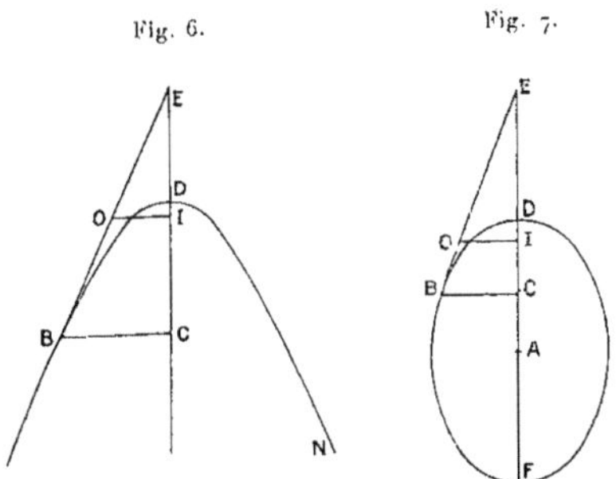


Fig. 8.

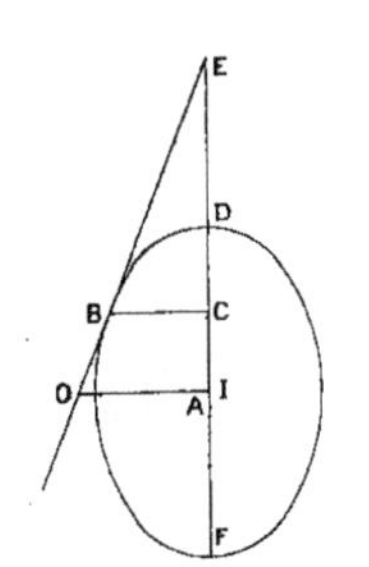


Fig. 9.

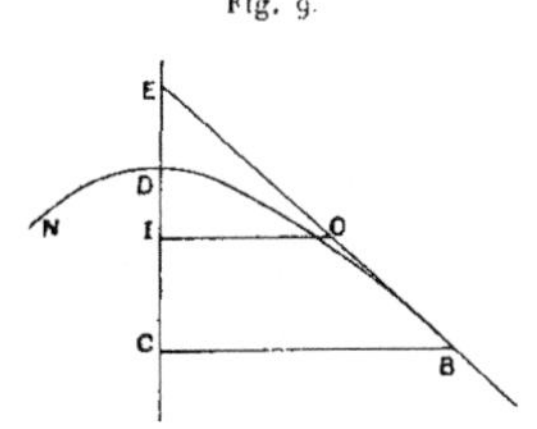

Si on aduoüe que ce raisonnement soit bon pour la Parabole, on doit aduoüer aussy qu'il est bon pour l'Ellipse et l'Hyperbole, et toutes les autres lignes courbes qui sont au monde, ou toutefois on voit clairement qu'il ne conclud pas la verité. Quant aux autres choses que ces Mss[rs] disent auoir esté inuentées par M[r] de Fermat, i'en veux croire tout ce qu'il leur plaira; mais n'ayant iamais rien veu de luy que cet escrit de *maximis et minimis*, et la copie d'vne lettre dans laquelle il pretendoit de refuter le 2[d] discours de ma Dioptrique, et ayant trouué en l'vn et en l'autre des paralogismes, ie n'ay peu iuger que sur les pièces qui sont entre mes mains. Cependant ie les suplie de croire que, s'il y a quelque animosité particuliere entre luy et moy, ainsy qu'ils disent, elle est toute entière de son costé; car de ma part ie pense n'auoir aucun suiet de sçauoir mauuais gré a ceux qui se veulent esprouuer contre moy, en vn combat ou souuent on peut estre vaincu sans infamie. Et voiant que Mr de Fermat a des amis, qui ont grand soin de le deffendre, ie iuge qu'il a des qualités aimables qui les y conuient. Mais i'estime en eux extremement la fidelité qu'ils luy tesmoignent; et pour ce que c'est vne vertu qui me semble deuoir estre cherie plus qu'aucune autre, cela suffit pour m'obliger a estre leur tres-humble seruiteur....

---

## 2. ROBERVAL CONTRE DESCARTES (¹).

< PARIS, AVRIL 1638 >.

Quand Monsieur Descartes aura bien entendu la Methode de Monsieur de Fermat *De maximis et minimis, et de inuentione tangentium linearum curuarum*, alors il cessera d'admirer que cette Methode ait trouué des deffenseurs, et admirera la Methode mesme, qui est excellente et digne de son Autheur. Or il n'est pas vray-semblable que M. Descartes l'ait entenduë iusques icy, puis qu'ayant fait des objec-

(¹) Texte de Clerselier, Tome III, lettre 58, pages 318-321.

tions absurdes allencontre par son premier Escrit, ausquelles nous auons répondu suiuant l'intelligence que nous auons de la mesme Methode, il replique de sorte qu'il s'enueloppe dans d'autres, autant ou plus absurdes que les premieres; et tant aux vnes qu'aux autres, il fabrique des raisonnemens à sa mode, lesquels il pretend déduire de cette Methode, et suppose que Monsieur de Fermat en auroit fait de pareils en pareilles questions; quoy que ces raisonnemens soient contraires, non seulement à la mesme Methode, mais aussi à la Methode generale de raisonner en tous sujets, ayant des défauts contre les regles ordinaires de la Logique. En quoy Monsieur Descartes ne peut éuiter l'vn des deux, sçauoir, ou qu'il ignore la Methode, suiuant laquelle il raisonne si mal en des questions ausquelles il est tres-facile de bien raisonner suiuant la Methode mesme, ou bien qu'il ne procede pas de bonne foy, si n'ignorant pas l'excellence de la Methode, il raisonne mal exprés pour auoir occasion de blasmer l'Autheur. Mais nous ne pouuons croire ce dernier, parce qu'il ne pourroit pas éuiter que le blasme ne retombast sur luy-mesme, sinon qu'il eust affaire à des ignorans; et nous estimons qu'il a trop de prudence pour s'exposer à ce danger.

Pour venir au fait, Monsieur Descartes fait deux objections, toutes

Fig. 10.

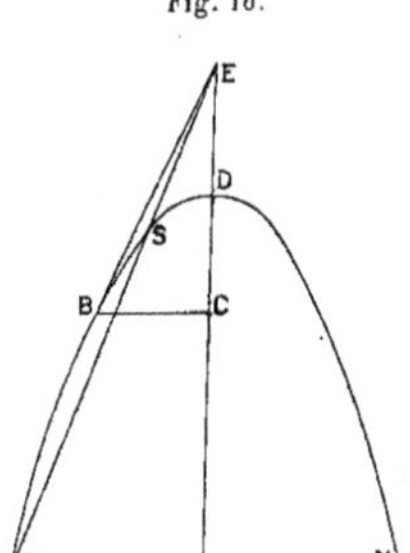


deux absurdes. La premiere est qu'il suppose que la ligne EB, qui touche la parabole au point B, est la plus grande qui puisse estre menée, du point E donné dans le diamètre iusques, à la parabole. Car nous voulons bien que ce soit le point E qui soit donné dans le diametre, au lieu qu'il auoit dit, dans son premier Escrit, que le point donné fust B, en la parabole, ce qu'il a corrigé en son second Escrit. En quoy nous reconnoissons qu'il n'a pas bien considéré nôtre Réponse, dans laquelle nous auons mis en 2 mots que l'vn et l'autre estoit également absurde de pretendre de mener du point B iusques au diametre la plus grande ligne, ou la plus grande du point E iusques à la parabole, d'autant qu'en l'vne et en l'autre sorte cette plus grande est infinie, et partant impossible. D'où l'excellence de la Methode paroist d'autant plus, puis qu'en des questions absurdes elle fait découurir des absurditez, qui est tout ce que l'on peut esperer d'vne bonne Methode en pareil cas. Or qu'il soit absurde que BE soit la plus longue ligne qui puisse estre menée du point B iusques au diametre, Monsieur Descartes le confesse par son Escrit, et il faut qu'il auoüe de mesme que EB n'est pas la plus longue qui puisse estre menée du point E donné au diametre iusques à la parabole, puisque luy-mesme y mene EP, plus longue que EB, le point E estant au diametre, et le point P en la parabole, et ainsi EP est menée du point E donné au diametre iusques à la parabole, à laquelle elle se termine au point P. Car quant à ce qu'il dit que cette ligne PE n'est pas tirée iusques à la parabole seulement, mais outre la parabole, cela est aussi absurde que de dire que le point P est outre la parabole, lequel toutefois est dans icelle, ainsi qu'vne infinité d'autres, plus et plus éloignez à l'infiny, ausquels on peut mener des lignes droites du point donné E, lesquelles croistront tousiours, sans que l'on puisse determiner la plus grande.

On pourroit par vne mesme absurdité soûtenir que, d'vn point donné hors vn cercle dans le plan d'iceluy, la plus grande ligne que l'on puisse mener iusques à la circonference est la touchante, et ainsi donner vn dementy à Euclide, qui a demonstré que cette plus grande est celle qui est menée du mesme point par le centre iusques à la circonference concaue; de laquelle plus grande on pourroit dire, par la raison de Monsieur Descartes, qu'elle n'est pas seulement menée iusques à la circonference du cercle, mais outre la circonference, quoy qu'elle se termine en vn point d'icelle circonference. De dire aussi que par la plus grande ligne, il entend celle qui ne rencontre la parabole qu'en vn point, c'est se contredire, puisque ce n'est pas la plus grande ligne : et en tout cas c'est abuser du mot de *plus grande*, assignant pour icelle la touchante, laquelle Monsieur de Fermat a trouuée par vn raisonnement propre à ce faire, comme il paroist par son Escrit. Et ainsi pour faire paroistre que Monsieur de Fermat auroit tort, Monsieur Descartes fabriqueroit vn raisonnement à sa mode, voulant faire croire que ce seroit le raisonnement de Monsieur de Fermat; ce qui ne se peut attribuer qu'au défaut de connoissance de Monsieur Descartes, touchant la Methode dont est question; car nous ne voulons pas soupçonner sa mauuaise foy; partant nous desirerions qu'il considerast la Methode de plus prés, et il verroit que, pour trouuer la plus grande, Monsieur de Fermat a employé le raisonnement propre pour la plus grande; et que pour trouuer les touchantes, il a employé le raisonnement propre pour les touchantes, n'abusant pas du mot de plus grande pour celuy de touchante, ainsi que feroit Monsieur Descartes en cette occasion, si par la plus grande il entendoit celle qui ne rencontre la parabole qu'en vn point.

La seconde objection de Monsieur Descartes est contre la Methode par laquelle Monsieur de Fermat trouue les touchantes des lignes courbes, et particulierement contre l'exemple qu'il en donne en la parabole, duquel Monsieur Descartes auoit dit par son premier Escrit, que si seulement au lieu de *Parabole* et *Parabolen*, on met par tout *Hyperbole* et *Hyperbolen*, ou le nom de quelqu'autre ligne courbe, telle que ce puisse estre, sans y changer au reste vn seul mot, le tout suiuroit en mesme façon qu'il fait touchant la parabole; de quoy toutesfois il s'ensuiuroit vne absurdité. Mais ayant veu nostre Réponse, et connu sa faute, il pretend la corriger par son second Escrit, persistant tousiours en son objection. En quoy il reüssit si mal, qu'au lieu d'vne faute, il en fait deux signalées. La première est que voulant fabriquer vn raisonnement à sa mode appliqué à l'ellipse, pour le mettre en parallele auec celuy que Monsieur de Fermat fait en la parabole, afin d'en déduire vne absurdité contre sa Methode, apres auoir supposé que la ligne BE touche l'ellipse au point B donné, et rencontre le diamètre CD au point E, il dit : *Ergo sumendo quodlibet punctum* O *in recta* BE, *et ab eo ducendo ordinatam* OI, *à puncto autem* B *ordinatam* BC, *major erit proportio* CD *ad* DI, *quam quadrati* BC *ad quadratum* OI, *quia punctum* O *est extra ellipsim.* Ce rai-

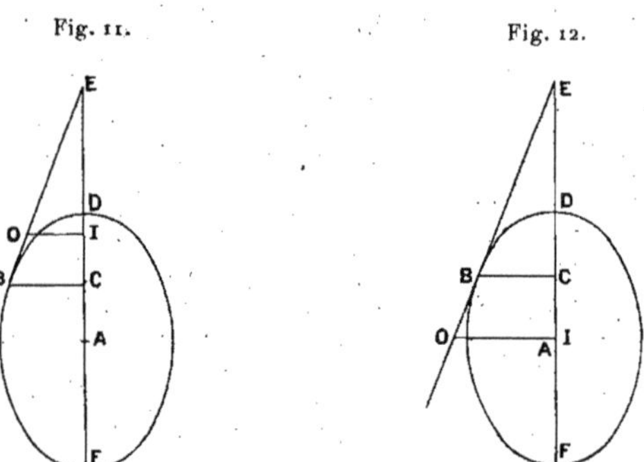

Fig. 11. Fig. 12.

sonnement n'est pas vray en l'ellipse de tous les points qui sont en la ligne BE, vniuersellement parlant comme le veut la Methode. Et c'est ce qui a trompé Monsieur Descartes, qui n'a consideré le point O qu'entre les points BE, et non pas aussi au delà du point B, comme il le falloit : car en cette figure en laquelle le point O est dans la ligne BE au delà du point B, il est faux qu'il y ait plus grande raison de CD à DI, que du quarré BC au quarré OI. Or, pour raisonner suiuant la Methode, il faut qu'il soit vray de tous les points qui sont en la ligne BE, de part et d'autre du point B, ce qui arriue en la parabole seule, à laquelle cette proprieté est specifique. C'est pourquoy M. de Fermat s'en est seruy en la parabole, ce que M. Descartes ny aucun autre ne peut faire en l'ellipse, ny en aucunes autres lignes courbes, ausquelles cette propriété n'est point specifique; voire mesme elle ne leur conuient nullement; et partant elle est inutile pour conclure d'autres proprietez specifiques des mesmes lignes. Que si au lieu d'vne ellipse, on auoit proposé vne hyperbole, ayant pris le point O dans la ligne BE au delà du point B, alors il y auroit eu plus grande raison de DC à DI, que du quarré BC au quarré OI; mais le point O estant pris entre les points B, E, le raisonnement auroit pû estre faux, et l'auroit esté en effet lors que le point O seroit assez proche de B; partant, il est clair que ce raisonnement ne vaut rien, ny en l'ellipse ny en l'hyperbole; et c'est faillir contre la Methode, de vouloir l'employer en icelle, comme fait Monsieur Descartes; en quoy il y a vne chose digne de remarque, sçauoir qu'ayant raisonné par vne propriété specifique de la parabole, et laquelle ne conuient pas à l'ellipse ny à l'hyperbole, la force du raisonnement luy a fait conclure vne autre proprieté specifique de la parabole, que CE est double de CD. Que s'il veut raisonner par vne proprieté specifique de l'ellipse ou de l'hyperbole, telle qu'est celle-cy : posant le diametre DF, le centre A, et le reste de la figure comme auparauant, il y a plus grande raison du rec-

Fig. 13.

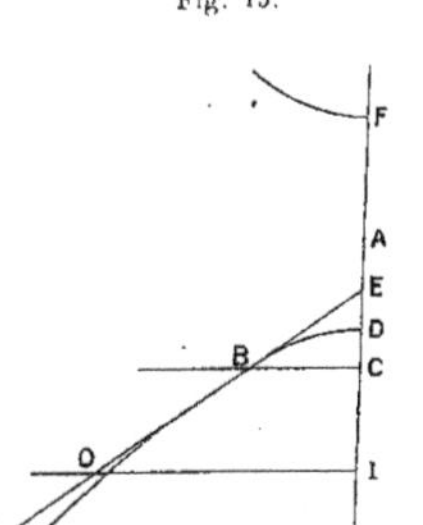


tangle FCD au rectangle FID, que du quarré BC au quarré OI (ce qui est vray de quelque part que soit pris le point O à l'égard du point B); alors, par la force de ce raisonnement, il conclura vne autre proprieté specifique de l'ellipse ou de l'hyperbole, sçauoir, que AC sera à CD comme FC est à CE, laquelle proprieté est vrayé en l'ellipse, ou en l'hyperbole seule, et se trouue directement par la Methode de M. de Fermat, ayant substitué, comme il a fait, les quarrez EI et EC, au lieu des quarrez OI et BC, et donné vn nom, comme *C*, au diametre DF, demeurans les autres noms comme ils sont dans les Escrits, tant de Monsieur de Fermat que de Monsieur Descartes.

La seconde faute de Monsieur Descartes est encore pire que la premiere, et fort considerable en luy, qui a traitté de la Methode de bien raisonner, pource qu'elle est directement contre les preceptes du bon raisonnement et de la vraye Logique; laquelle enseigne que, pour conclure vne proprieté specifique de quelque sujet que ce soit, il faut dans les propositions, desquelles les argumens sont composez, employer au moins vne autre proprieté specifique du mesme sujet, c'est à dire qu'elle soit tirée de sa nature propre, et qu'elle ne conuienne qu'à luy; autrement, si on ne raisonne que sur des proprietez generiques, et qui conuiennent à d'autres sujets, on ne conclura iamais des proprietez specifiques du sujet dont est question; c'est vne verité que doiuent sçauoir tous ceux qui font profession de bien raisonner, et laquelle Monsieur de Fermat n'a pas ignorée, puisque dans son traité il n'y a rien qui ne luy soit conforme, et qu'il employe dans son raisonnement des proprietez specifiques de son sujet, lesquelles estant dextrement meslées auec des proprietez generiques et vniuerselles, seruent pour conclure les autres proprietez specifiques desquelles il a besoin.

Au contraire M. Descartes, voulant à tort contredire M. de Fermat sur le sujet des tangentes de l'hyperbole, fabrique vn raisonnement à sa mode, auquel il n'employe que des proprietez si vniuerselles, qu'elles conuiennent non seulement à toutes les sections coniques, mais encore aux lignes droites sans se seruir d'aucune proprieté specifique. Nous laissons à iuger des consequences qui se peuuent tirer d'vn raisonnement si imparfait, contraire non seulement à la Methode dont est question, mais aussi aux regles vniuerselles de raisonner en toutes sortes de sujets. Le raisonnement est comme s'ensuit. Ayant supposé la construction de la fig(ure) comme cy-deuant, il dit : *Major est proportio* CD *ad* DI, *quam* BC *ad* OI, *quia punctum* O *est extra hyperbolen;* cette proprieté, de la plus grande raison de la ligne CD à la ligne DI que de la ligne BC à la ligne OI, outre qu'elle ne seroit pas vraye si le point O estoit pris de l'autre part du point B, qui est vne faute pareille à la premiere, ne conuient pas à l'hyperbole seule, mais aussi à la parabole et à l'ellipse, et de plus aux lignes droites BE et CE, quand il n'y auroit ny parabole ny ellypse, ny hyperbole; partant par cette proprieté si vniuerselle, ainsi employée sans autres plus specifiques, il est impossible de trouuer les tangentes de l'hyperbole, qui dependent de la nature et des proprietez specifiques d'icelle. Si quel-

Fig. 14.

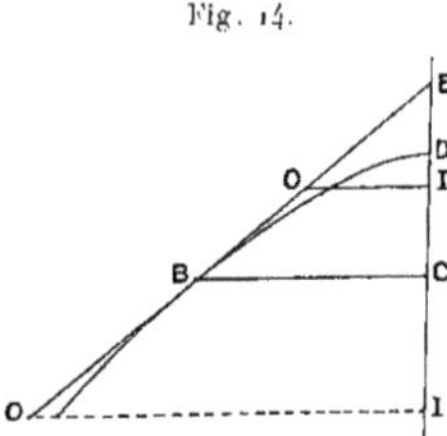


qu'vn vouloit dire qu'au moins la Methode seroit défectueuse, en ce que l'Autheur n'auertit point qu'il faut raisonner par des proprietez specifiques, nous luy repondons que ceux qui se meslent de raisonner, ne doiuent point ignorer cette condition, qui est de la pure Logique, laquelle il suppose estre connuë par ceux qui liront son Traitté; autrement il les renuoye aux écoles, pour y apprendre à raisonner et les auertit qu'ils ne se meslent point de reprendre ses Escrits, qu'ils n'entendent bien la Logique et le sujet dont il traitte.

Pour changer de discours, nous auons lû assez attentivement le Liure de Monsieur Descartes, qui contient quatre traittez, desquels le premier se peut attribuer à la Logique, le second est meslé de Physique et de Geometrie, le troisiéme est presque purement Physique, et le quatriéme est purement Geometrique. Dans les trois premiers, il déduit assez clairement ses opinions particulieres, sur le sujet de chacun; si elles sont vrayes ou non, celuy-là le sçait qui sçait tout. Quant à nous, nous n'auons aucunes demonstrations, ny pour ny contre, ny peut-estre l'Autheur mesme, lequel se trouueroit bien empesché, à ce que nous croyons, s'il luy falloit demonstrer ce qu'il met en auant; car il pourroit trouuer que ce qui passe pour principe à son sens, pour fonder ses raisonnemens, sembleroit fort douteux au sens des autres; aussi semble-t-il s'en soucier fort peu, se contentant d'estre satisfait soy-mesme; en quoy il n'y a rien que d'humain, et qu'vn pere ne fasse paroistre tous les iours enuers ses enfans. Ce ne seroit pas peu, si ce qu'il dit pouuoit seruir comme d'hypotheses, desquelles on pust tirer des conclusions qui s'accordassent aux expériences; car en ce cas l'vtilité n'en seroit pas petite. Dans le quatrième traitté nous luy marquerons vne omission et vne chose qui nous semble vne faute : l'omission est aux pages 404, 405 et 406 où il dit que le cercle IP peut coupper la courbe ACN en six points, laquelle toutesfois il ne peut coupper qu'en quatre. Mais il a obmis sa compagne, décrite de l'autre part de la ligne BK, par l'intersection de la parabole et de la regle, qui se fera au point F, laquelle compagne le cercle pourra couper en deux points pour acheuer les six. La faute est en la page 347, où ce qu'il dit d'vne équation qui a deux racines égales, estant vray aux équations planes, et en celles qui en dépendent, il nous semble faux aux cubiques et en celles qui en dependent. Qu'il y pense, s'il croit que la chose en vaille la peine, et s'il desire communiquer sur ce sujet ou autres, il aura en nous auec qui traitter amiablement. Nous trouuons tres-bon qu'il nous recuse pour iuges en la cause de Monsieur de Fermat, pource qu'il ignore que nous ne connoissons ny luy ny Monsieur de Fermat que de reputation. Que s'il nous doit soupçonner, c'est pour ce que nous prononcerons en faueur du bon droit, de quelque part qu'il soit. Nous voulons bien aussi qu'il fasse imprimer tout ce qui viendra de nous, pourueu qu'il ne change rien, sinon qu'au lieu du nom de Monsieur de Fermat, il mette l'Autheur du traitté *De maximis et minimis*. Nous sommes ses tres-humbles seruiteurs, R(OBERVAL).

Monsieur Pascal est absent.

## 3. DESARGUES A MERSENNE (¹).

4 AVRIL 1638.

(Bibliothèque de Lyon, Fonds Charavay D, 16, f^os 1594-1595.)

MON R. PERE,

Estant au point d'aller faire un tour à la campaigne pour quelques jours, je me suis avisé de vous renvoyer les derniers papiers que vous avez reçu de M^r des Cartes, au moins ceux que vous m'aviez fait l'honneur de me confier. Sur quoy je vous diray tout au long ce qui en est peu venir à ma conoissance jusques à présent. C'est que je n'ay peu despuis joindre M^r Roberval pour aprendre par sa propre bouche encore son opinion qu'il m'a desja dit, mais il ne m'en souvient pas asseurement. Pour M^r Pascal, je ne l'ay peu gouverner que fort peu, veu le desordre que vous scavez estre advenu despuis quinze jours, où il est envelopé (²). J'ay veu Monsieur Mydorge lequel m'a dit que M^r Roberval l'en a entretenu et auquel il s'est presque relasché en certaines choses dont je m'estonne bien et je luy en ay dit mes sentiments ausquelz, si ce que m'a dit M^r Mydorge est vray, je me fay fort de faire revenir MM^rs Roberval et Pascal, lesquelz j'ay tousjours cogneuz gens qui traictent cette matière purement d'honneur et sans aucune passion que pour la verité de quelle part qu'elle reluise et sans affectation de personne. Vous en pouvez asseurer M^r des Cartes sur ma parolle. A ce que j'en ay peu comprendre, il n'y a que du malentendu en la pluspart de cette affaire. En l'autre partie il y a quelque chose à dire que je vous expliqueray tout au long, comme on me l'a donné à entendre, car jusques icy je ne sçay que par ouy dire et n'ay point veu le discours de M^r Fermat contenant sa methode du plus petit et du plus grand, si non ce que j'en ay veu dans la response susdicte de

(¹) Nous devons à l'obligeance de M. H. Brocard la connaissance de cet important document inédit, autographe, de lecture difficile, parfois impossible, l'encre ayant pâli.

(²) Étienne Pascal dut se cacher vers la fin du mois de mars. Cf. *Correspondance de Descartes*, Tome II, pages 114-115 : mention y est faite de la lettre de Desargues.

Mons[r] des Cartes [ou il n'y a que le seul exemple d'une touchante a une parabole dans lequel il y a un endroit qui dit soit fait egalité selon la methode supra ([1]) et methode n'y est pas; c'est pourquoy je n'ay peu tout suivre] ([2]) : qui est la cause que je n'en sçaurois pas opiner plainement, comme après que je l'auray veüe et considérée. Mais en attendant vous sçaurez que premierement Messieurs Pascal et Roberval m'ont chacun dit cy devant que M[r] des Cartes s'estoit attaché par trop aux < termes formels > et serrez de la façon de parler de Mr de Fermat en cette occasion et qu'il falloit penser que si en ces exemples où Mr de Fermat donne le moyen de trouver la touchante d'un point à une parabole, il avoit pris au lieu de la parabole une hyperbole ou une elipse pour son exemple : car comme dans l'exemple qu'il donne de la parabole il raisonne par des proprietez cogneües particulieres de la parabole, assavoir par la comparaison de la raison d'entre les deux pieces du diamettre de la parabole contenües despuis le point de son sommet jusques à chacune de deux ordonnées à ce mesme diametre, avec la raison d'entre les deux quarrez de ces deux ordonnées ([3]) au

([1]) *Voir* ci-dessus, page 28, 1re col.

([2]) La phrase entre crochets est en marge.

([3]) Allusion à l'inégalité $\frac{CD}{DI} > \frac{\overline{BC}^2}{\overline{OI}^2}$ (I, p. 135; III, p. 123).

Fig. 15.

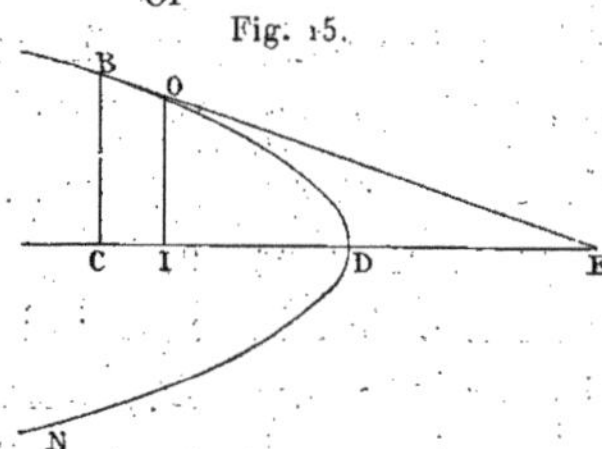


Cette inégalité résulte de l'équation de la parabole et du fait que tout point de la tangente est extérieur à la parabole. On a, en effet,

$$\overline{BC}^2 = 2p\,CD, \qquad \overline{OI}^2 > 2p\,ID;$$

d'où

$$\frac{CD}{ID} > \frac{\overline{BC}^2}{\overline{OI}^2}.$$

Fermat garde pour la tangente la définition suivante : *une droite qui rencontre la parabole en un seul point*. La considération de limite n'intervient pas dans sa démonstration.

cas d'une hyperbole ou d'une elipse il n'auroit pas raisonné sur la mesme propriété, mais il auroit raisonné par des proprietez cogneües particulieres de l'hyperbole et de l'elipse comme par exemple par la comparaison de la raison d'entre les deux rectangles des deux pièces du diametre de l'hyperbole ou d'un elipse contenües despuis chacun des deux points qui donnent deux ordonnées, jusque à chacune de ses rencontrez avec les bords de la figure avec la raison d'entre les quarrez convenablement pris des mesmes deux ordonnées (¹) ou par autres

(¹) Pour le point M (*fig.* 16) on a

$$\frac{\overline{OP}^2}{a^2} + \frac{\overline{MP}^2}{b^2} = 1;$$

Fig. 16.

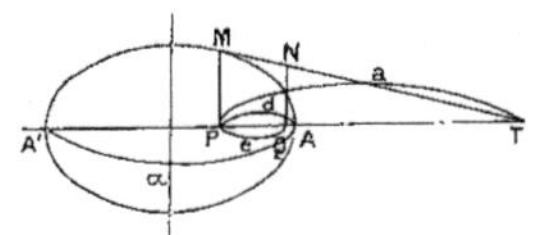


d'où

$$1 - \frac{\overline{OP}^2}{a^2} = \frac{\overline{MP}^2}{b^2}$$

ou encore

$$(a + OP)(a - OP) = \frac{a^2}{b^2}\overline{MP}^2; \qquad a + OP = \overline{PA'}, \qquad a - OP = PA.$$

Donc

$$PA'.PA = \frac{a^2}{b^2}\overline{MP}^2.$$

Pour le point N, qui est extérieur à l'ellipse, on a

$$\frac{\overline{OQ}^2}{a^2} + \frac{\overline{QN}^2}{b^2} > 1;$$

d'où

$$1 - \frac{\overline{OQ}^2}{a^2} < \frac{\overline{QN}^2}{b^2};$$

d'où

$$QA'.QA < \frac{a^2}{b^2}\overline{QN}^2.$$

Donc

$$\frac{PA'.PA}{QA'.QA} > \frac{\overline{MP}^2}{\overline{QN}^2}.$$

semblables choses ainsi cogneues particulieres à ces figures. Selon ma maniere de proceder universelle j'auray raisonné selon cette façon, tant au sujet de la parabole que des autres coupes de cone, comme estant une chose commune à toutes les coupes [dont je scay bién que ils n'ont pas acoustumé de faire mention comme d'une propriété generalement commune <à> toutes les coupes, mais ils en font deux espèces de proprietés, une particuliere à la parabole et l'autre particulière aux autres coupes...] (¹) et m'ont asseuré lesdicts sieurs Pascal et Roberval, que vous scavez estre gens d'honneur et sans passion pour personne du monde en cette matiere, que ils ont employé de cette façon la methode des plus petites et plus grandes au faict des touchantes à l'hyperbole et à l'elipse en raisonnant sur chacune suivant les proprietés qui leur <en> sont particulieres et quelle leur a egalement bien réussi aussi bien en cela comme en la parabole en raisonnant par des proprietez particulieres de la parabole de façon que

C'est à cette inégalité que se rapporte l'énoncé de Desargues. Voilà comment Fermat aurait appliqué sa méthode à cette inégalité pour trouver la tangente à l'ellipse. Il aurait remarqué qu'on a

$$\frac{MP}{NQ} = \frac{PT}{QT}.$$

L'inégalité devient

$$\frac{PA'.PA}{QA'.QA} > \frac{\overline{PT}^2}{\overline{QT}^2}.$$

Il aurait posé

$$AA' = \alpha, \quad PQ = e, \quad PT = a \quad \text{et} \quad PA = d.$$

L'inégalité devient

$$\frac{(\alpha - d)d}{(\alpha - d + e)(d - e)} > \frac{a^2}{a^2 - 2ae + e^2}.$$

Fermat aurait posé

$$(\alpha - d)\,d(a^2 - 2ae + e^2) = (\alpha - d + e)(d - e)a^2$$

et il aurait égalé les coefficients des termes en $e$ :

$$-2ae(\alpha - d)d = -(\alpha - d)ea^2 + dea^2 \quad \text{ou} \quad -2d(\alpha - d) = da - a(\alpha - d),$$

quantité qui donne

$$a = \frac{2d(\alpha - d)}{\alpha - 2d} = \frac{2PA'.PA}{PA' - PA} = \frac{PA'.PA}{OP}.$$

(¹) La phrase entre crochets est en marge.

ce que dit M. des Cartes (qu'en substituant hyperbole ou elipse au lieu du mot de parabole cette methode alors se trouve fausse) est tout veritable; car si la methode est generale, les mesmes motz exprimants une mesme proprieté doivent *convenir* et *servir* a chacune espèce de coupe. Or les mesmes motz de ce raisonnement signifient une chose veritable aussi bien aux hyperbole et elipse qu'en la parabole, mais le raisonnement ne sera pas alors fondé sur une propriété particuliere à la nature de l'hyperbole ou de l'elipse comme le raisonnement de cet exemple est fondé sur une propriété particuliere à la nature de la parabole; et j'estime que c'est là une partie du malentendu où l'erreur est au choix de la propriété pour raisoner dessus. Par ainsi M. des Cartes a raison et M. de Fermat n'a pas tort ([1]), mais il y a plus. C'est que M. Mydorge me dit que M. Roberval luy avoit soustenu que l'intention de M. de Fermat n'estoit point de donner cette proposition de la parabole pour un exemple de sa maniere generale de trouver le plus grand et le plus petit et qu'aussi cette matiere là ne tombe pas sous cette loy générale du plus grand et du plus petit et que en cette matière M. des Cartes s'abusoit de conter pour une plus grande cette touchante ainsi menée d'un point de la parabole comme la ligne (EB) ([2]) et que cette plus grande est impossible en cela. A quoy M. Mydorge me dit qu'il avoit resisté quelque temps, mais je trouvay qu'il s'estoit laissé persuader en quelque façon aux discours

([1]) Desargues ajoute en marge :

En relisant le tout j'ay voulu mettre hardiment cecy, a quoy je puis faire voir à MM. Pascal et Roberval qui y ont acquiescé, c'est que sans attendre plus de temps mon sens est que encore que M. de Fermat ait quelque raison, si tant est que sa methode soit bonne pour chaque coupe de cone en y raisonnant d'une proprieté qui soit particulière à la nature de l'exemple qu'on donne, si est ce que je suis du sentiment de M. des Cartes qu'elle n'est pas générale et asseurée, jusques à ce qu'elle soit ajustée de façon que le raisonnement estant pris d'une proprieté communement naturelle ou essentielle a la nature de chacune des espèces de coupe le sens des mesmes paroles employées en ce raisonnement pour une seule espèce de coupe convienne et serve généralement à chacune des autres espèces de coupe. <Autrement quant à moy> je ne la nommeray pas une methode generale ny ne la recevray pas pour vraye jusques alors.

([2]) Fermat n'a pas considéré le maximum de EB, mais le maximum de $\frac{ID}{IE^2}$ quand le point I tend vers le point C.

de M. Roberval qui n'insistera sans doute point avec moy sur cette pensée et je m'asseure de sa bonne foy que je luy feray demeurer d'accord que M. Des Cartes a raison de comprendre dans la loy generale du plus grand et du plus petit ces touchantes menées d'un point à une coupe de cone et je dy à M. Mydorge une chose vraye qui est que je m'esmerveille qu'eux qui sont si habilles hommes en toutes les parties des mathematiques, transcendants en la geometrie, ayent encore la thoile devant les yeux qui leur face constituer un genre particulier de lignes des seules touchantes [aux coupes de cone] different en toutes choses d'avec celles qui traversent la mesme coupe de cone quand ces lignes (que j'enten droites) viennent d'un mesme point.

Et moy que vous scavez qui n'ay de conoissance de ces matières que par mes propres et particulieres contemplations, je m'enhardy lors de dire à M. Mydorge, contre son attente et ses opinions, que par mes contemplations capricieuses du cone rencontré par divers plans en toutes façons, et des lignes et des figures qui s'engendrent en cette rencontre (1), j'ay trouvé que par une seule et mesme enonciation, construction et preparation ou pour dire mieux par un seul et mesme discours et sous de mesmes paroles, on declare un moyen de construire ou bien on declare les moyens de faire une construction < d'un autre ordre > par laquelle on voit egalement une pareille generation en toutes espèces de plate coupe de cone, de toutes espèces de lignes droites qui ont et reçoivent des ordonnées, comme diametres et autres, et l'on voit semblablement une pareille generation en chaque espèce de plate coupe de cone, de toutes les espèces d'ordonnées qu'il y a pour chaque espèce de lignes qui reçoivent des dictes ordonnées. Et l'on voit une pareille generation à mesme temps de toutes leurs tou-

(1) Desargues ajoute en marge sans indication de renvoi :

« En chaque espèce de coupe de cone par un plan, il y a deux espèces de lignes droites de la nature qu'on nomme *ordonnées* et deux espèces de lignes droites qui chacune reçoivent une de ces espèces d'ordonnées. Et ces deux espèces là de lignes s'énoncent en mesmes paroles en un seul discours. Je ne veux pas dire que toutes les mesmes proprietés d'une des espèces soient communes à l'autre mais elles en ont d'essentielles à la nature de leur reciproque generation qui sont communes aux deux espèces. »

chantes, chacune de ces touchantes estant membre d'un des corps de ces diverses espèces d'ordonnées. Et semblablement par un autre seul et mesme discours et construction on voit une pareille generation en chaque espèce de coupe de cone des points qu'on nomme *foyers*, et en suitte leur scituation et quelques proprietez communes entre eux en chaque espèce de coupe de cone, le tout sans faire bande à part pour la parabole et sans en exclure le cercle (non plus pour les foyers que pour les diverses espèces de droites qui reçoivent des ordonnées) ny pour les diverses espèces d'ordonnées. Et aussi sans employer pour cela aucun des triangles par l'essieu ny faire distinction d'un principal diametre d'avec les autres entre lesquels on distingue nettement les essieux en chaque figure ([1]). Je scay bien qu'ils n'ont faict mention que d'une seule espèce de lignes qui reçoivent des ordonnées assavoir des diametres seulement en chaque figure, et d'une seule espèce aussi d'ordonnées en chaque figure, de quoy je m'estonne car je trouve que dans un mesme genre il y a deux espèces de chaqune de ces sortes de lignes.

Je luy dis encore ceey qui fait au faict de question assavoir que je trouve que toute ligne droite estant menée à l'infini au plan d'une coupe de cone si elle rencontre comme que soit cette coupe de cone, elle a deux concours avec ses bords autant la touchante simplement que la diametrale infinie de la parabole, et qu'en cette construction il y a trois espèces de plus grand et de plus petit assavoir le plus grand et le plus petit de chacune de ces deux espèces de concours despuis ce point de la droite avec les bords de la coupe de cone. Voilà deux espèces de plus grand et de plus petit dont Monsieur des Cartes nomme l'une espèce la plus grande et la plus petite des droites menées du point (E) jusques à la figure, en quoy il a raison, et fault que chacun des entenduz en cette matiere l'accorde. L'autre espèce est la plus grande et la plus

([1]) Desargues parait faire allusion au théorème suivant :

*Si l'on joint un point de la conique aux extrémités de l'axe, on obtient deux directions parallèles aux diamètres conjugués.*

Et le théorème est vrai pour n'importe quel diamètre.

petite des lignes que Mons^r des Cartes nomme les menées outre la figure ([1]) c'est-à-dire qui la traversent auquel cas cette ligne quoyq'infinie a un autre concours encore avec le bord de la mesme figure et ces deux concours d'une droite avec les bordz d'une coupe de cone y sont toujours en quelle part que soit le point duquel on entend qu'elle soit menée, dedans, dehors et au bord de la coupe. La troisiesme espèce de plus grand et de plus petit que je trouve à chercher en pareille construction est la droite menée par un tel point de laquelle la pièce contenue dans la figure et entre ses deux concours avec ses bords est la plus grande et la plus petite. Quand on y aura bien pensé, l'on trouvera que il en va ainsi quoy que vueille dire M^rs Mydorge, etc. et que la methode generale pour trouver le plus grand et le plus petit doit contenir les moyens de trouver chacune de ces trois espèces et sous un mesme discours où à peu prez. Que si la methode de M^r de Fermat les contient j'estime qu'elle soit recevable sinon elle n'est pas generale mais particuliere, et ainsi Monsieur des Cartes aura bien raison en disant qu'elle ne l'est pas. Je n'en sçais point encore la teneur pour l'essayer à ma mode, mais Monsieur Mydorge m'a dict que seule elle ne l'a peu conduire à une équation pour un semblable exemple d'une touchante à la parabole. Je n'en concluiray rien que je ne l'aye entendue, et auparavant il la fault avoir, et possible il faut peu de chose pour la rendre universelle, et ainsi elle n'est pas à mespriser.

Touchant les autres objections de M^r de Fermat contre M^r des Cartes vous scavez que je vous dy au commencement sur le peu que j'en veis entre vos mains que je ne trouvoy pas que M^r de Fermat entreprit cette objection de bonne sorte, à mon sentiment qui s'accommode mieux aux Meditations de M^r des Cartes que d'aucun autre, veu mesmes la conformité que je trouve de plusieurs observations que j'ay faictes avec ce qu'il escrit dont j'enten ce me semble à peu prez tout ce que j'ay veu de luy hors sa Géométrie, et j'en suis jusques icy passablement satisfaict, et surtout de sa façon de conduire ses raisonnements. Quand j'auray davantage médité sur chaque chose s'il me demeure quelque

([1]) Ces lignes sont données par deux des normales que l'on peut mener du point E.

espece de scrupule, je le vous declareray, mais vous scavez mon humeur et mon opinion qui est de croire que toute objection qui peut estre sauvée et resolüe me paroist un indice ou de l'ignorance ou de la chiquane en ce point de celuy qui l'a faicte ([1]), et je ne me plais point comme vous scavez d'en faire que l'on puisse resoudre, et partant j'y veuz bien penser avant que seulement dire qu'on peut y en faire. Quand à sa Geometrie j'en enten quelque chose, mais si j'osoy l'en importuner ou vous, je seroy bien aise d'en avoir un peu de plus familière explication pour mon esprit grossier, et puis que l'auteur est vivant, estre délivré du travail necessaire à son deffault pour m'ajuster asseurement à sa pensée notamment dès l'entrée de la matière, et quoy que dient ces Messrs de Beaugrand et autres, j'ay sujet de soupçonner qu'ils ne l'entendent pas à fonds, je veux dire qu'ils ne possèdent pas bien plainement toutes les intentions de Monsieur des Cartes au sujet de sa Geometrie; je dresseroy bien au besoin un memoyre des difficultés que j'y rencontre et où je m'arreste crainte d'enfourner mal d'abord dans l'intelligence de ses commencements où je remarque et voy reluire quelque chose hors de la pensée ordinaire en la geometrie et qui a de la conformité avec des pensées que je n'ay fait qu'effleurer de moy mesme. Le papier me va manquer, mais non pas la volonté d'estre toujours

Mon R. P.

Vostre tres affectionné serviteur,

G. Desargues.

*Au R. P. Mercenne, Religieux Minime à la place Royale, à Paris.*

A Paris, ce 4 apvril 1638 ([2]).

([1]) En marge, Desargues ajoute : « Car s'il ne voit pas la solution, il ne possède pas la chose plainement et s'il en voit la solution, il chicane. »

([2]) Cette pièce est le seul autographe de Desargues, qui soit authentiqué par une signature. Paul Tannery a signalé (*Bulletin des Sciences mathématiques*, 1re Partie, 1890, p. 248-250) en tête d'un Ouvrage de Desargues sur la perspective, à la Bibliothèque nationale de Paris [Imprimés, Inv. V, 1537 (et non 1527)], un hommage à Beeckmann, qu'il suppose être un autographe de Desargues. Cette conjecture est exacte. On connaît donc maintenant, grâce à M. Brocard, deux autographes de Desargues.

## 4. DESCARTES A HARDY.

JUIN 1638 (1).

Monsieur,

Au reste, ie vous suis tres obligé de ce que vous avez soûtenu mon party touchant la regle *De maximis* de Monsieur de Fermat, et ie ne m'estonne point de ce que vous n'en iugez pas plus advantageusement que ie n'ay fait; car, de la façon qu'elle est proposée, tout ce que vous en dites est veritable.

Mais, pour ce que i'ay mis, dés mon premier Escrit, qu'on la pouvoit rendre bonne en la corrigeant, et que i'ay toûjours depuis soûtenu la mesme chose, ie m'assure que vous ne serez pas marry que ie vous en die icy le fondement; aussi bien ie me persuade que ces Messieurs, qui l'estiment tant, ne l'entendent pas, ny peut-estre mesme celuy qui en est l'Autheur.

Soit donc la ligne courbe donnée ABD, et que le point B de cette ligne soit aussi donné, à sçavoir, ie fais l'ordonnée $BC = b$, et le

Fig. 17 (2).

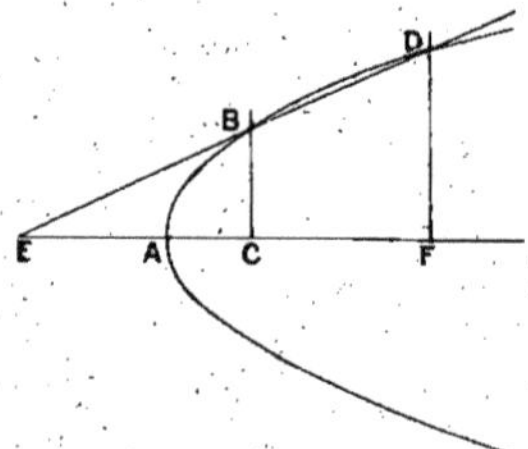


diametre $AC = c$, et qu'on demande un point en ce diamètre, comme E, qui soit tel que la ligne droite, qui en sera menée vers B, couppe cette

(1) Tome II, p. 170-173.

(2) Cette figure ne convient pas rigoureusement, Descartes considérant la parabole cubique $y^3 = ax$. (H.)

courbe en B, et encore en un autre point, comme D, en sorte que l'ordonnée DF soit à l'ordonnée BC [1] en raison donnée, par exemple, comme $g$ à $h$. Vous sçavez bien que, pour trouver ce point E, on peut poser $EC = a$, et $CF = e$, et dire premierement, à cause des triangles semblables ECB et EFD, comme $CE = a$ est à $BC = b$, ainsi $EF = a + e$, est à DF, qui par conséquent est $DF = \frac{ba + be}{a}$. Puis, à cause que DF est l'une des ordonnées en la ligne courbe, on la trouve aussi en d'autres termes, qui seront divers, selon les diverses proprietez de cette courbe. Par exemple, si c'est la premiere des lignes que Monsieur de Fermat a imaginées à l'imitation de la parabole, c'est-à-dire celle en laquelle les segmens du diametre ont entr'eux mesme proportion que les cubes des ordonnées, on dira, comme $AC = c$ est à $FA = c + e$, ainsi le cube de BC, qui est $b^3$, est au cube de DF, qui, par les termes trouvez cy-dessus, est $\frac{b^3a^3 + 3b^3aae + 3b^3aee + b^3e^3}{a^3}$. Car cecy est le cube de $\frac{ba + be}{a}$. Puis, multipliant les moyennes et les extremes de ces quatre proportionnelles,

$$c \mid c + e \mid b^3 \mid$$

et

$$\frac{b^3a^3 + 3b^3aae + 3b^3aee + b^3e^3}{a^3},$$

on a

$$cb^3 + eb^3 = \frac{cb^3a^3 + 3b^3caae + 3b^3caee + cb^3e^3}{a^3}.$$

Et divisant le tout par $b^3$, et le multipliant par $a^3$, il vient $a^3c + a^3e = ca^3 + 3caae + 3caee + ce^3$, et ostant de part et d'autre $ca^3$, il reste $a^3e = 3caae + 3caee + ce^3$. Et enfin, pour ce que le tout se peut diviser par $e$, il vient $a^3 = 3caa + 3cae + cee$. Mais pour ce qu'il y a icy deux quantitez inconnuës, à sçavoir $a$ et $e$, et qu'on n'en peut trouver qu'une par une seule équation, il en faut chercher encore une autre, et il est aisé par la proportion des lignes BC et DF, qui est donnée ; à sçavoir : comme $g$ est à $h$, ainsi $BC = b$ est à $DF = \frac{ba + be}{a}$,

[1] Lire : « l'ordonnée BC soit à l'ordonnée DF ». (H.)

et par consequent $bh = \frac{gba + gbe}{a}$, ou bien $ha = ga + ge$; et par le moyen de cette équation on trouve aisément l'une des deux quantitez $a$ ou $e$, au lieu de laquelle il faut par apres substituer en l'autre équation les termes qui luy sont égaux, afin de chercher en suitte l'autre quantité inconnuë. Et c'est icy le chemin ordinaire de l'analyse pour trouver le point E, ou bien la ligne CE, lors que la raison qui est entre les lignes BC et DF est donnée. Maintenant pour appliquer tout cecy à l'invention de la tangente (ou, ce qui est le mesme, de la plus grande), il faut seulement considerer que, lors que EB est la tangente, la ligne DF n'est qu'une avec BC, et toutefois qu'elle doit estre cherchée par le mesme calcul que ie viens de mettre, en supposant seulement la proportion d'égalité, au lieu de celle que i'ay nommée de $g$ à $h$; à cause que DF est renduë égale à BC par EB, en tant qu'elle est la tangente (au moins lors qu'elle l'est), en mesme façon qu'elle est renduë double,

Fig. 18.

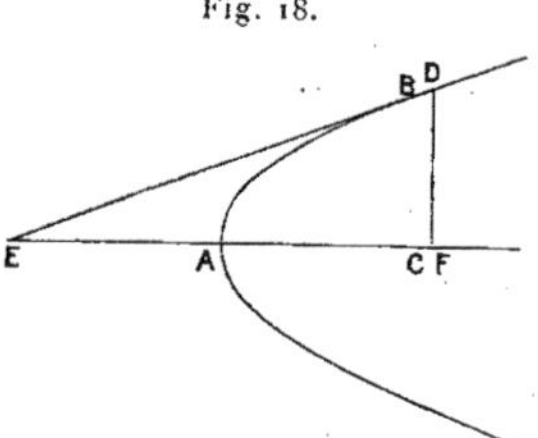


ou triple, etc., de BC, par la mesme EB, en tant qu'elle couppe la courbe en tel ou tel point, lors qu'elle l'y couppe. Si bien qu'en la seconde équation, au lieu de $ha = ga + ge$, pour ce que $h$ est égale à $g$, on a seulement $a = a + e$, c'est-à-dire, $e$ égal à rien. D'où il est évident que, pour trouver la valeur de la quantité $a$, il ne faut que substituer un zero en la place de tous les termes multipliez par $e$, qui sont en la première équation, laquelle est $a^3 = 3caa + 3cae + cee$, c'est-à-dire qu'il ne faut que les effacer. Car une quantité réelle estant multipliée par une autre quantité imaginaire, qui est nulle, produit tousiours rien. Et cecy est l'élision des Homogenes de Monsieur de

Fermat, laquelle ne se fait nullement gratis en ce sens-là. Or, cette elision estant faite, il ne reste icy en nostre équation que $a^3 = 3caa$, ou bien $a = 3c$; d'où l'on apprend que, lors que EB est la tangente de la ligne courbe proposée, la lig(ne) EC est necessairement triple de la ligne AC.

Voila donc le fondement de la regle, en laquelle il y a virtuellement deux équations, bien qu'il ne soit besoin d'y faire mention expresse que d'une, à cause que l'autre sert seulement à faire effacer ces Homogenes. Mais il est fort vray-semblable que Monsieur de Fermat ne l'a point ainsi entenduë, et qu'il ne l'a trouvée qu'à tâtons, veu qu'il y a obmis la principale condition, à sçavoir celle qui presuppose ce fondement, ainsi que vous pourrez voir, s'il vous plaist, par ce que i'ay mandé cy-devant devoir y estre corrigé, dans une lettre adressée au R. Père Mersenne. Ie suis....

---

## 5. DESCARTES A MERSENNE (1).

[3 JUIN 1638?]

MON REVEREND PÈRE,

I'ay receu l'escrit de Mr de Roberval avec vos dernieres, et ie n'y fais point de response a cause que ie voy qu'il se picque; mais lorsque sa cholere sera passée, vous pourrez, s'il vous plaist, lui faire connoistre le peu de raison qu'il a eu de s'eschauffer a vouloir prouver que sa ligne EB n'est pas absolument parlant la plus grande, au lieu que, ne pouvant nier qu'elle ne fust au moins la plus grande sous certaines conditions, il eust deu monstrer comment on la peut trouver par la regle de Mr Fermat, vû qu'il avoit assuré que cete regle enseigne à trouver les plus grandes sous toute sorte de conditions, et que la

(1) Tome II, p. 154.

question estoit de sçavoir si elle estoit bonne; de quoy il n'a donné aucune autre preuve en ces deux escrits, sinon qu'il dit que c'est un tesmoignage de sa bonté, qu'elle ne reussit pas en cet exemple. S'il croit que cela soit bien raisonner, ie serois marri qu'il ne dist pas que ie raisonne tres mal. Mais ie voy bien que c'est la passion qui l'a transporté, et qui luy a fait nommer toutes choses par d'autres noms qu'il ne devoit. Ainsy a cause que, pour esclaircir et confirmer ce que i'avois mis dans mon 1er escrit, i'ay adiousté dans le second qu'encore que ce ne fust pas le point B qui fust donné, mais le point E, la regle de Mr Fermat ne reussiroit pas mieux pour cela en cet exemple, il dit que ie me suis corrigé et que i'ay reconnu la faute que i'avois faite. Ainsy il m'accuse d'avoir très mal raisonné en l'exemple de l'ellipse et de l'hyperbole, que ie n'ay proposé que comme tres mauvais, pour le mettre en parallele de celuy de Mr Fermat touchant la Parabole, et monstrer qu'il n'y raisonne pas bien. En quoy il fait tout de mesme que s'il accusoit un prédicateur d'avoir iuré, à cause que, pour monstrer l'énormité du peché des blasphemateurs, il auroit dit en chaire qu'ilz ne iurent pas seulement le nom de Dieu, mais aussy par la mort, par la chair, par la teste, etc. Ainsy enfin, ayant changé de discours pour censurer les essais que i'ay fait imprimer, il ne s'apperçoit pas qu'en pensant les mespriser, il donne plus de suiet d'en avoir bonne opinion, que ne font les louanges de ceux qui les approuvent : car on peut penser que les choses qui plaisent à ceux-cy les empeschent de voir, ou bien leur font dissimuler les deffauts qu'ils pourroient sans cela y remarquer; au lieu que luy, qu'on voit assez a son stile n'avoir pas eu dessein de m'espargner, y reprend seulement deux choses, qui, n'estant pas du tout suietes a reprehension, font iuger qu'il n'y a reconnu aucune faute, bien que ie ne veuille pas dire pour cela qu'il n'y en ait point; et, de plus, que ce que i'ay escrit en Geometrie est un peu au delà de sa connoissance....

## 6. DESCARTES A MERSENNE (¹).

[29 JUIN 1638].

J'ai vû ce qu'il vous a pleu me communiquer des lettres que Mr de Fermat vous a escrites (²); et premierement pour ce qu'il dit avoir trouvé des paroles plus aigres en mon premier papier qu'il n'en avoit attendu, ie le supplie tres-humblement de m'excuser, et de penser que ie ne le connoissois point, mais que son *De maximis* me venant en forme de cartel de celuy qui avoit desia tasché de refuter ma Dioptrique avant mesme qu'elle fust publiée, comme pour l'étouffer avant sa naissance, en ayant eu un exemplaire que ie n'avois pas envoyé en France pour ce sujet, il me semble que ie ne pouvois luy respondre avec des paroles plus douces que i'ay fait, sans tesmoigner quelque lascheté ou quelque foiblesse. Et comme ceux qui se deguisent au carnaval ne s'offencent point qu'on se rie du masque qu'ils portent et qu'on ne les salue pas lorsqu'ils passent par la rue, ainsy qu'on feroit s'ils estoient en leurs habits accoustumez, il ne doit pas, ce me semble, trouver mauvais que i'aye respondu à son escrit tout autrement que ie n'aurois fait à sa personne, laquelle i'estime et honore comme son merite m'y oblige. Il est vray que ie m'estonne extremement, non pas de ce qu'il approuve les raisons de Mrs de Pascal et de Roberval, car la civilité ne luy permet pas de faire autrement, et en effect ie ne sçache point qu'on en pust donner de meilleures pour le suiet, mais de ce que, n'y en adioustant aucunes autres, il veut supposer que celles la m'ont pleinement persuadé, et se servir de cette raison pour s'abstenir d'envoyer la tangente de la ligne courbe que ie lui avois proposée. Car i'ay assez tesmoigné par toutes mes lettres qu'ils n'avoient respondu directement a aucune de mes obiections, et que de s'amuser a disputer si la

(¹) Tome II, p. 174.
(²) Lettre perdue.

ligne EB doit estre nommée absolument la plus grande, ou bien seulement sous condition, ce n'est pas prouver que la regle qui enseigne a trouver cete plus grande soit bonne ; et enfin que ce n'est pas un tesmoignage de la bonté de cete regle, que de dire qu'elle ne reussit pas en cet exemple, qui est l'unique raison qu'ils en ont donnée. Et pour tous les autres exemples que vous m'avez mandé à diverses fois vous avoir esté envoyez par Mr de Fermat, encore qu'ils fussent vrais, ce que ie suppose, puisque ie ne les ay point veus, ils ne peuvent prouver que la méthode soit généralement bonne, mais seulement qu'elle reussit en certains cas, ce que ie n'ay iamais eu intention de nier, au moins pour sa regle *ad inveniendam maximam ;* car pour la façon dont il cherchoit la tangente de la Parabole, sans considerer aucune propriété qui lui fust specifique, i'ay conclu, comme ie devois, que *semper fallit ista methodus.* Et la glose qu'il y adiouste en cete derniere lettre, se rapportant a ce que i'ay dit par mes precedentes devoir y estre corrigé, monstre assez qu'il avoue tacitement que i'ay eu raison aussy bien en cela qu'au reste, a quoi il ne repond rien du tout. De façon que la civilité m'obligeroit a n'en parler plus, et a ne le point presser davantage sur ce suiet, n'estoit que, nonobstant cela, il assure au mesme lieu que sa Methode est incomparablement plus simple, plus courte et plus aisée que celle dont i'ai usé pour trouver les tangentes ; a quoy ie suis obligé de respondre que i'ay donné, en mon premier escrit et aux suivans, des raisons qui monstrent le contraire, et que, ny luy ny ses défenseurs n'y ayant rien du tout respondu, ils les ont assez confirmées par leur silence ; de façon que, si la vérité ne l'offense point, ie croy pouvoir dire, sans blaspheme, qu'il fait tout de mesme que si, ayant esté ietté a terre par quelqu'un, et n'ayant pas mesme encore peu se relever, il se vantoit d'estre plus fort et plus vaillant que celuy qui le tiendroit renversé.

Au reste, encore qu'on reçoive sa regle pour bonne estant corrigée, ce n'est pas a dire qu'elle soit si simple ny si aysée que celle dont i'ay usé, si ce n'est qu'on prene les mots de simple et aisée pour le mesme que peu industrieuse, en quoy il est certain qu'elle l'emporte, à cause qu'elle ne suit que la façon de prouver qui reduist *ad absurdum*, comme i'ay averti des mon premier escrit, mais si on les prent en un sens contraire, il en faut pour mesme raison iuger le contraire. Et pour ce qui est d'estre plus courte, l'experience s'en pourra faire en l'exemple de la tangente que ie luy avois proposée, si tant est qu'il vous l'envoye, ainsy qu'il offre de faire ; car moy vous l'envoyant aussy au mesme tems, vous pourres voir lequel de nos deux procedez sera le plus court. Et affin qu'il n'use plus d'aucune excuse pour ne la point envoyer, vous l'assurerez, s'il vous plaist, que ie maintiens tousiours, comme devant, que ny cete tangente ny une infinité d'autres semblables ne peuvent être trouvées par sa methode, et qu'il ne doit pas se persuader que ie change d'avis lorsque ie l'auray mieux comprise ; car ie ne croy pas la pouvoir iamais entendre mieux que ie fais. Et ie puis dire avec verité que ie l'ay sceue vingt ans devant que d'avoir veu son escrit, bien que ie ne m'en sois iamais estimé beaucoup plus sçavant, ny n'aye creu qu'elle meritast tant de louanges qu'il luy en donne. Mais ie ne crains pas que ceux qui voudront iuger de la verité par les preuves, ayent aucune peine a connoistre lequel des deux l'entend le mieux, ou celuy qui l'a imparfaitement proposée et qui l'admire, ou bien celuy qui a remarqué les choses qui devoient y estre adioustées pour la rendre bonne, et qui n'en fait qu'autant d'estat qu'elle merite.

Ie n'adiouste rien davantage, a cause que ie ne desire point aussy continuer cete dispute ; et si i'ay mis icy ou ailleurs quelque chose qui ne soit pas agreable a M^r^ de Fermat, ie le supplie tres humblement de m'en excuser, et de considerer que c'est la necessité de me deffendre qui m'y a contraint, et non aucun dessein de luy deplaire. Ie le supplie aussy de m'excuser de ce que ie ne respons point a ses autres questions, car comme ie vous ay mandé par mes precedentes, c'est un exercice auquel ie renonce entierement. Outre que, voyant qu'il vous mande que ie n'ay pas pleinement satisfait a son theoresme de nombres, bien qu'il n'y ait rien a dire, sinon que i'ay negligé de poursuivre a l'expliquer touchant les fractions apres l'avoir expliqué touchant les entiers, a cause qu'il m'a semblé trop facile pour prendre la peine de l'escrire, ie crains que ie ne pourrois iamais luy satisfaire plenement en aucune chose. Mais pour ce qu'il dit que cela mesme que i'ay omis comme trop aysé, est tres difficile, i'en ay voulu faire l'espreuve en la personne du ieune Gillot, lequel, m'estant venu voir icy depuis deux iours, s'y est rencontré fort a propos pour ce suiet. Ie luy ay donc fait voir la response que i'avois faite a ce theoresme de Mr Fermat, et luy ay demandé si, de ce que i'avois demonstré touchant les nombres entiers, il en pourroit deduire le mesme touchant les rompus; ce qu'il a fait fort aysément, et l'a escrit dans un papier que ie vous envoye, affin que vous connoissiez par son stile que c'est une personne qui n'a iamais esté norri aux lettres, qui a resolu cete grande difficulté, et ie vous iure que ie ne luy ay aydé en aucune façon.

Ie luy ay fait aussy chercher la question que Mr de Fermat propose a M[r] de S[e] Croix et a moy, qui est de trouver trois rectangles desquels les aires, estant prises deux à deux, composent trois nombres qui soient les costez d'un triangle rectangle (¹) et il en a trouvé la solution en façons infinies. Car, pour exemple, il donne le triangle dont les costez sont $\frac{24}{5}$, $\frac{35}{12}$, $\frac{337}{60}$, et l'aire est 7; puis celuy dont les costez sont $\frac{8}{3}$, $\frac{21}{2}$, $\frac{65}{6}$, et l'aire est 14, avec celuy dont les costez sont 12, $\frac{7}{2}$, $\frac{25}{2}$, et l'aire est 21. Car ces trois aires, 7, 14, 21, prises deux à deux, font 21, 28 et 35, qui sont les costez d'un triangle rectangle semblable à celuy dont les costez sont 3, 4, 5, qui est le plus simple qu'on puisse faire. Il a donné aussy les aires 15, 30, 45, lesquelles, prises deux à deux, composent un triangle semblable au precedent. Item les aires 14, 21, 70, qui composent un autre triangle semblable a celuy dont les costez sont 5, 12, 13. Les aires 22, 33, 110, font aussy le semblable, et les aires 30, 45, 150. Item, les aires 39, 65, 156, en composent un semblable a celuy dont les costez sont 8, 15, 17. Et les aires 126, 210, 504, et les aires 330, 550, 1320 font aussy le mesme. Et enfin les aires 330, 440, 2310, en composent un semblable a celuy dont les costez sont 7, 24 et 25. Ie croy que ces neuf exemples suffi-

(¹) Ce problème ne se retrouve pas dans les *Œuvres de Fermat.*

sent pour monstrer qu'il en peut aisément trouver une infinité; c'est pourquoi il n'a point desiré que ie vous envoyasse sa regle.

Je luy ay dit aussy qu'il cherchast les centres de gravité de quelque figure, a cause que M^r de Fermat a desiré qu'on m'en proposast quelques uns ; et ayant choisi celuy du conoide qui a pour baze un cercle et est descrit par une parabole qui tourne autour de son aissieu, a cause que vous m'avez mandé en quelqu'une de vos precedentes que le mesme vous a esté envoyé par M^r de Fermat, il a trouvé que le centre de gravité de ce cors divise son aissieu en trois parties égales, en sorte que la distance depuis ce centre iusques au sommet de ce conoide est double de celle qui est depuis ce mesme centre iusques à la base. N'estoit que Gillot doit partir d'icy demain matin, ie lui en ferois encore chercher d'autres, car il les peut trouver tous, autant qu'ils sont trouvables, avec assez de facilité. Mais pource qu'il ira peut estre a Paris dans quelque tems, i'ayme mieux qu'il attende iusques a ce qu'il y soit, tant affin de n'estre point icy obligé de luy ayder, qu'affin qu'on puisse voir qu'il n'a point en cela besoin de mon ayde.

Je luy ay aussy proposé la quatriesme question de M^r de S^te-Croix, *qui est de trouver deux nombres, chascun desquels, comme aussy la somme de leur aggregat, ne conste que de trois tetragones*, a cause que vous me mandez que c'est celle qui a semblé a M^r de Fermat la plus difficile. Mais il n'a sceu, non plus que moy, y trouver si grande difficulté, ny iuger qu'elle se doive entendre en autre sens que celuy auquel ie l'ay resoluë, et auquel il pourroit aussy la resoudre en d'autres façons, si ce n'est peût estre qu'on entende que chascun des nombres demandez soit tellement composé de trois tetragones, qu'il ne puisse estre divisé sans fraction en trois autres tetragones. Mais encore en ce sens-la il la peut aisement resoudre, et en une infinité de façons, comme il a monstré par les neuf exemples suivans, chascun desquels y satisfait : 3, 19, 22 ; et 3, 43, 46 ; et 6, 24, 30 ; et 6, 42, 48 ; et 11, 19, 30 ; et 11, 24, 35 ; et 11, 35, 46 ; et 11, 46, 57 ; et 22, 35, 57. Car on ne peut diviser 22 qu'en trois tetragones, qui sont 9, 9, 4 ; ny 35 qu'en trois autres, qui sont 25, 9, 1 ; ny enfin leur aggregat 57 qu'en trois, qui

sont 49, 4, 4 ; et ainsy des autres. Mais en voyla assez pour cet article (1)..........................................................
..........................................................................

J'ay mis dans les deux feüillets precedens ce que i'ay crû que vous pourriez faire voir à d'autres, et ay reservé le reste pour cetuy-cy, où i'ay à vous dire, touchant M^r (Roberval) et vos autres Geometres, que ie suis si las et si peu satisfait de leur conference, et que ie remarque si peu de fonds et tant de vanterie en leur fait, que ie seray bien aise de n'avoir plus du tout de communication avec eux, bien que ie n'aye pas voulu le mettre ouvertement dans l'autre feüille de ma lettre, afin de ne les point offenser. Et pour la piece, ie vous jure que ie l'ay trouvée encore plus impertinente que ie n'ay sceu l'écrire, en sorte que ie m'étonne que cet homme puisse passer entre les autres pour un animal raisonnable. Au reste, i'ay à vous dire que mon Limousin est enfin arrivé, il y a déja huit ou dix iours, et qu'il m'a apporté la Geostatique avec la Lettre que vous m'avez écrite par luy, en laquelle vous avez mis un raisonnement de M. F(ermat) pour prouver la mesme chose que le Geostaticien. Mais soit que vous ayez obmis quelque chose en le décrivant, soit que la matiere soit trop haute pour moy, il m'est impossible d'y rien comprendre, sinon qu'il semble tomber dans la faute du Geostaticien, en ce qu'il considère le centre de la Terre ainsi que si c'estoit celuy d'une balance, ce qui est une tres grande méprise (2)..........................................................
..........................................................................

Pour M. (Fermat), son procédé me confirme entierement en l'opinion que i'ay euë dès le commencement que luy et ceux de Paris avoient conspiré ensemble, pour tâcher de decrediter mes Ecrits le plus qu'ils pourroient ; peut estre à cause qu'ils ont eu peur que, si ma Geometrie estoit en vogue, ce peu qu'ils sçavent de l'Analyse de Viete ne fust méprisé : comme, en effet, ie pense connoistre maintenant la portée de leurs esprits, et ie ne doute point qu'il n'y en ait plusieurs

(1) Tome II, p. 174-182.
(2) Page 190.

autres, qui pourront aller beaucoup plus loin qu'eux, lorsqu'ils auront un chemin ouvert qui ne sera pas moins bon que le leur [1]. . . . . . . .
. . . . . . . . . . . . . . . . . . . . . . . . . . . . . . . . . . . . . . . . . . . . . . . . . . . . . . . . . . .

Je seray bien aise que vous preniez copie de ce que i'ay écrit à Monsieur Mydorge, touchant les objections de Monsieur F(ermat), et ie m'assure qu'il ne la refusera pas, s'il l'a encore; et s'il ne l'a plus, ie vous la pourray envoyer, car i'en ay retenu une.

*Réponse du sieur Gillot au Theoréme auquel Monsieur (Fermat) a iugé que ie n'avois pas satisfait.*

Ayant esté demonstré qu'aucun des nombres qui sont d'une unité moindres que ceux qui sont divisibles par 4, ne peut estre composé de deux nombres quarrez entiers, il reste à prouver que le mesme ne peut estre composé de deux nombres quarrez rompus. Et pour ce faire, il faut considerer que, s'il estoit possible, il faudroit que tant les Numerateurs que les Nominateurs de ces fractions fussent des nombres quarrez, et par consequent aussi le Nominateur de leur somme; et par mesme raison il faudroit aussi que le Numerateur de cette somme fust composé de deux nombres quarrez. Or, cela est impossible : car le Nominateur de cette somme estant un nombre quarré, il sera impair ou pair; s'il est impair, il excedera d'une unité un nombre divisible par 4; et son Numerateur n'estant autre chose que le Produit de ce Nominateur multiplié par le nombre proposé, lequel par l'hypothese excede de trois un nombre divisible par 4, il s'ensuit necessairement que ce Numerateur ou Produit excede aussi de 3 un nombre divisible par 4, et par consequent il ne peut estre composé de deux nombres quarrez. Que si ce Nominateur est un nombre pair, estant quarré, il sera divisible par 4, et par consequent son Numerateur le sera aussi ; et s'il est composé de deux nombres quarrez, ils seront tous deux divisibles par 4 ; cela estant ainsi posé, on imaginera ces quarrez estre divisés par 4, et on mettra, pour la somme de leurs Quotients, le Quotient de leur somme, qui sera necessairement composé de deux quarrez, si ledit Numerateur l'estoit, etc., iusques à ce que le dernier

(1) Page 193.

Quotient du Nominateur soit un nombre impair. Or il appert clairement de ce que nous venons de dire, que, si le premier Numerateur qu'on a commencé à diviser estoit composé de deux nombres quarrez, le Numerateur de ce nombre impair trouvé le seroit aussi; mais nous avons prouvé que cela estoit impossible, etc.

On pourra tout de mesme demonstrer qu'aucun nombre qui sera d'une unité moindre qu'un nombre divisible par 8, ne pourra estre composé d'un, ny de deux, ny de trois nombres quarrez rompus, sans qu'il faille rien changer au discours precedent, que quelques caracteres et choses semblables ([1]).

---

## 7. DESCARTES A MERSENNE ([2]).

23 AOUT 1638.

.................................................................

Pour ce qui est de Monsieur Fermat, ie ne sçay quasi qu'y respondre; car après les complimens qui se sont faits entre nous de part et d'autre ([3]), ie serois marri de luy déplaire. Mais il semble que l'ardeur avec laquelle il continue a exalter sa methode, et vouloir persuader que ie ne l'ay pas entenduë, et que i'ay failly en ce que ie vous en ay escrit, m'oblige a mettre icy quelques véritez qui me semblent ne luy estre pas avantageuses.

Vous m'envoyastes l'hyver passé de sa part une regle pour trouver les plus grandes et les moindres en Geométrie, laquelle i'assuray estre defectueuse, et ie le verifiay tres clairement par l'exemple mesme qu'il avoit donné. Mais i'adioutay qu'en la corrigeant on la pouvoit rendre assez bonne, bien que non pas si generale que son autheur pretendoit, et qu'on ne pourroit pas mesme s'en servir, en la façon qu'elle estoit

([1]) Page 195.
([2]) Tome II, p. 320-326.
([3]) *Œuvres de Fermat*, t. II, p. 163.

dictée, pour trouver la tangente d'une certaine ligne que ie nommay. J'aioutay aussy que plusieurs raisons me faisoient iuger qu'il ne l'avoit trouvée qu'à tastons ; et enfin que s'il avoit envie de s'esprouver en Geometrie, ce ne devoit pas estre en ce suiet, lequel n'est pas des plus difficiles, mais en 3 ou 4 autres que ie luy proposay ; qui sont toutes choses ausquelles il auroit sans doute respondu depuis, s'il eust eu de quoy. Mais au lieu de cela, quelqu'un de Paris qui favorisoit son parti, ayant vû mon escrit entre vos mains, tascha de vous persuader que ie m'estois meconté, et vous pria de surseoir a luy envoyer. Vous me le mandastes, et ie vous assuray que ie ne craignois rien de ce costé là. Vous m'envoyastes quelque tems après une response faite par luy par ce mesme de Paris qui soustenoit son parti, en laquelle ne trouvant autre chose sinon qu'il ne vouloit pas qu'une certaine ligne EB pust estre nommée la plus grande, il me fit souvenir de ses avocats qui, pour faire durer un procès, cherchent a redire en des formalitez qui ne servent de rien du tout a la cause. Je vous averty, dès lors, que ie voyais bien qu'il n'usoit de cete procedure que pour donner plus de loysir a ma partie de penser a me respondre ; car bien que vous ne luy eussiez pas encore envoyé ma lettre, ie ne doutois point que d'autres ne luy en eussent mandé le contenu. Et l'evenement monstre assez que mes coniectures ont esté vrayes. Or, après estre ennuyé de ce que la chiquanerie de la ligne EB duroit trop long tems, ie leur ay enfin mandé tout au long ce qui devoit estre aiousté a la regle dont il estoit question, pour la rendre vraye, sans pour cela changer la façon dont elle estoit conceuë, et suivant laquelle i'avois dit qu'on ne pouvoit s'en servir pour trouver la tangente que i'avois proposée. Depuis ce tems la, soit que ce que i'avois corrigé en cete regle luy ait donné plus de lumiere, soit qu'il ait eu plus de bonheur qu'auparavant, enfin, *quod fœlix faustumque sit,* apres six mois de delay, il a trouvé moyen de la tourner d'un nouveau biais par l'ayde duquel il exprime en quelque façon cete tangente (1) : *Io triumphe!* Voyla pas une

(1) *Méthode de maximis et minimis expliquée et envoyée par M. Fermat à M. Descartes* (*Œuvres de Fermat*, t. II, p. 154-162).

chose qui vaut bien la peine de chanter si haut sa victoire? Je ne m'arrestray point icy a dire que ce nouveau biais qu'il a trouvé estoit tres facile a rencontrer, et qu'il l'a pu tirer de ma Geometrie, ou ie me sers d'un semblable moyen pour eviter l'embaras qui rend sa premiere regle inutile en cet exemple; et que par la il n'a point satisfait a ce que ie luy avois proposé, qui n'estoit point de trouver cete tangente, vû qu'il la pouvoit avoir de ma Geometrie, mais de la trouver en ne se servant que de sa premiere regle, puisqu'il l'estimoit si generale et si excellente; et enfin, que ce n'est pas trouver parfaitement les tangentes que de les exprimer par les deux quantitez indeterminées $x$ et $y$, comme il a fait; car ces quantitez $x$ et $y$ ne sont point données separement, mais on doit chercher l'une par l'autre. Et ceux qui ont voulu depuis employer sa regle a chercher la tangente qui fait l'angle de 45 degrez avec l'aissieu de cete courbe, ont assez pû connoistre ce defaut par experience. Je ne veux point, dis-ie, m'arester à toutes ces choses; mais ie diray seulement qu'il luy eust esté, ce me semble, plus avantageux de ne point du tout parler de cete tangente, a cause que le grand bruit qu'il en fait donne suiet a un chascun de penser qu'il a eu beaucoup de peine a la trouver, et de remarquer que, puisqu'il s'est teu cependant de toutes les autres choses que ie luy ay obiectées, c'est un tesmoignage qu'il n'a rien eu du tout a y respondre; et mesme qu'il ne sçait pas encore bien le fondement de sa regle, puis qu'il n'en a point envoyé la demonstration, nonobstant que vous l'en ayez cy devant pressé, et qu'il l'eust promise, et que ce fust l'unique moyen de prouver sa certitude, laquelle il a tasché inutilement de persuader par tant d'autres voyes. Il est vray que, depuis qu'il a vû ce que i'ay mandé y devoir estre corrigé, il ne peut plus ignorer le moyen de s'en servir; mais s'il n'a point eu de communication de ce que i'ay mandé depuis a M. Hardy touchant la cause de l'elision de certains termes, qui semble s'y faire gratis, ie le supplie tres humblement de m'excuser, si ie suis encore d'opinion qu'il ne la sçauroit demonstrer. Au reste, ie m'estonne extremement de ce qu'il veut tascher de persuader que la façon dont il trouve cete tangente est la mesme qu'il avoit proposée au commencement, et qu'il apporte pour preuve de cela qu'il s'y sert de la mesme figure, comme s'il avoit a faire a des personnes qui ne sceussent pas seulement lire ; car il n'est besoin que de lire l'un et l'autre escrit, pour connoistre qu'ils sont tres differents. Je m'estonne aussy de ce que, nonobstant que i'aye clairement demonstré tout ce que i'ay dit devoir estre corrigé en sa regle, et qu'il n'ait donné aucune raison à l'encontre, il ne laisse pas de dire que i'y ay mal reussi, au lieu de quoy ie me persuade qu'il m'en devroit remercier ; et mesme il adiouste que i'ay failly pour avoir dit qu'il faloit donner deux noms a la ligne qu'il nomme B etc., ce qui ne reussit, dit-il, qu'aux questions qui sont aysées, au lieu qu'il deuvroit dire que c'est donc luy mesme qui avoit failly, a cause que i'ay suivi en cela son texte de mot à mot, ainsy que i'ay deu faire pour le corriger. Est ce pas une chose bien admirable, qu'il veuille que i'aye trouvé en sa regle, il y a six mois, ce qu'il n'y a changé que depuis trois iours ? et que i'aye failly de ce que ie n'y ay pas corrigé une chose qui ne la rend nullement fausse ? car, comme il dit, estant prise en ce sens la, elle reussit aux questions aysées, bien qu'elle ne reussisse pas aux autres, ce qui vient de ce qu'elle ne leur peut estre appliquée, et s'accorde entierement avec ce que i'en avois escrit. Et affin qu'il sçache que son nouveau biais ne s'estend point si loin qu'il s'imagine, qu'il tasche, s'il luy plaist, de s'en servir a trouver la tangente d'une ligne courbe qui a cete proprieté, que l'aggregat des 4 lignes tirées de chascun de ses poins vers 4 autres poins donnez, comme vers A, B, C, D, est tousiours esgal a une ligne donnée, et ie m'assure qu'il ne s'y trouvera pas moins empesché que s'il se servoit du premier, bien qu'elle soit incomparablement moins composée que son $x^{10} + Bx^{9}$, etc., qu'il allegue. Je m'estonne aussy de ce qu'il s'attribuë si particulierement cete methode, qu'il semble, a l'en ouir parler, qu'elle soit quelque grand secret, qui n'ait iamais pû estre trouvé que de luy seul ; car a le bien prendre, il n'y a rien du tout en elle qu'il se puisse approprier a meilleur droit que le feu et l'eau et les grands chemins, sinon les defectuositez avec lesquelles il l'a proposée : en tout ce qu'elle a de bon, elle est si simple et si facile a rencontrer, qu'il n'y a personne qui se mesle de l'analyse qui n'en soit capable, pourvû seulement qu'on luy propose, ou bien qu'il se propose luy mesme par hasard certaines questions qui y conduisent ; et s'il y en a quelques uns qui puissent y pretendre plus de droit que les autres, ce doivent sans doute estre ceux qui en sçavent les fondemens et les raisons, du nombre desquels ie n'ay pû iusques icy connoistre qu'il fust.

Je n'adiouste point que ie m'estonne de ce qu'il continue a vouloir soutenir les obiections qu'il a cy devant faites contre ma Dioptrique; car ie m'assure qu'il y en a plusieurs autres qui s'en estonnent aussy bien que moy, et ie serois marry de le detourner d'un exercice que ie sçay ne me pouvoir estre qu'avantageux. Mais i'admire surtout le raisonnement dont il use a la fin de sa lettre, dont voicy les propres mots : *pour ce que ie voy que ie n'ay rien encore proposé, a quoy son escolier n'ait satisfait, comme il vous escrit, il est iuste qu'il travaille a son tour aux propositions suivantes.* Et en suite de ces mots il me propose quatre problèmes, ausquels ie respons, qu'encore mesme qu'ils valussent la peine qu'on les cherchast, ce que ie n'ay nullement iugé en passant les yeux dessus ; ou encore que ie les sceusse desia, ce que ie ne voudrois pas dire estre vray, de peur qu'on pensast que ie voulusse tirer de la vanité de si peu de chose ; et enfin encore que ie n'aurois point d'autre meilleur exercice pour me divertir, ie ne voudrois point toutefois luy en envoyer les solutions de peur de sembler par la luy accorder qu'il est iuste que i'y travaille, et donner ainsy le pouvoir de me faire perdre du tems a tous ceux qui en peuvent avoir envie. Au reste, ie ne lairray pas, s'il lui plaist, d'estre tousiours son tres humble serviteur, aussy bien qu'a ceux qui ont tasché de le defendre. Et ie me promets qu'enfin la force de la vérité les convertira.

. . . . . . . . . . . . . . . . . . . . . . . . . . . . . . . . . . . . . . . . . . . . . . . . . . . . . . . . . . . .

II.

# LES PARTIES ALIQUOTES.

**1.** Mersenne, *Nouvelles Pensées de Galilée* (1639), Préface, p. 9-10 non numérotées.

... Je viens maintenant aux parties aliquotes, lesquelles font plus de peine à trouver que nulles autres difficultez de Géométrie : de là vient que plusieurs n'en ont peu venir à bout. Or, le premier nombre dont on a pris sujet d'y travailler est 120 dont les parties aliquotes font le double, à sçavoir 240. Jamais l'on n'en avoit trouvé d'autres, que je sçache, et mesme la pluspart des analystes ne sçavoient pas s'il y en avoit de semblables, jusqu'à ce que d'excellens Géomètres, Analystes et Arithméticiens (¹) ont adjousté depuis peu de temps 672, 523776 et 1476304896, qui ont la mesme propriété ; et de plus, un excellent esprit (²) a trouvé que le nombre qui suit, dont les parties aliquotes font aussi le double, à sçavoir 459818240, estant multiplié par 3, c'est-à-dire estant triplé, produit le nombre 1379454720 dont les parties aliquotes font le triple. Ils en ont encore trouvé (³) qui sont sous-triples de leurs parties aliquotes, par exemple, ceux qui suivent :

(¹) *Voir* t. II, p. 64, note, et p. 255, note 2. Mersenne avait proposé le problème en indiquant la propriété du nombre 120. Des trois suivants, le premier fut donné par Fermat, le deuxième par Sainte-Croix, le troisième par Descartes (*Lettres*, éd. Clerselier, t. III, 74 ; avril 1638 ; éd. Ch. Adam et P. Tannery, t. II, p. 124).

(²) Frenicle (comp. *Lettres de Descartes*, t. II, 92, p. 408 ; 15 novembre 1638 ; éd. Ch. Adam et P. Tannery, t. II, p. 419).

(³) Ces nombres sous-triples sont de Descartes (*Lettres*, t. II, 89 ; juillet 1638 ; éd. Ch. Adam et P. Tannery, t. II, p. 246), sauf le quatrième et le sixième.

30240, 32760, 23569920, 45532800, 142990848, 43861478400, 66433720320, 403031236608, ausquels ils en peuvent adjouster mille autres qui auront la mesme propriété et mesme qui seront quadruples de leurs parties aliquotes, comme sont les trois qui suivent : 14182439040, 508666803200 et 30823866178560 et tant qu'on voudra d'autres, dont les parties aliquotes feront le quintuple, le sextuple, le centuple, etc. jusques à l'infiny, ce qui n'avoit point esté connu jusqu'à présent. L'on n'avoit point aussi connu d'autres nombres dont les parties aliquotes prises alternativement reproduisissent les mesmes nombres amiables, que 284 et 220, lesquels on appelle *amiables*, parce que les parties aliquotes de 284 font 220 et celles de 220 font 284. Mais l'on a depuis peu trouvé les deux couples qui suivent 18416, 17296 et 9437056, 9363584...

---

### 2. Extrait des *Cogitata physico-mathematica, Præfatio generalis*, XIX (¹).

Ad ea quæ de Numeris ad calcem prop. 20 de Ballist. et puncto 14 Præfationis ad Hydraul. dicta sunt, adde inventam artem, quâ numeri, quotquot volueris, reperiantur qui cum suis partibus aliquotis in unicam summam redactis non solùm duplam rationem habeant (quales sunt 120, minimus omnium, 672, 523776, 1476304896 et 459818240, qui, ductus in 3, numerum efficit 1379454720, cujus partes aliquotæ triplæ sunt ; quales etiam sequentes : 30240, 32760, 23569920 et alii infiniti, de quibus videatur Harmonia nostra, in quâ 14182439040 et alii, suarum partium aliquotarum subquadrupli), sed etiam sint in ratione datâ cum suis partibus aliquotis.

(¹) F. MARINI MERSENNI *Minimi Cogitata physico-mathematica. In quibus tam naturæ quam artis effectus admirandi certissimis demonstrationibus explicantur.* Parisiis, sumptibus Antonii Bertier, via Jacobœâ, MDCXLIV. Cum privilegio Regis. (*Bibl. nat. de Paris*, V, 844. Réserve.)

Sunt etiam alii numeri quos vocant amicabiles, quod habeant partes aliquotas a quibus mutuò reficiantur. Quales sunt omnium minimi 220 et 284; hujus enim aliquotæ partes illum efficiunt, viceque versâ partes illius aliquotæ hunc perfectè restituunt. Quales et 18416 et 17296, necnon 9437036 et 4363584 reperies, aliosque innumeros.

---

3. Extrait des *Reflectiones physico-mathematicæ* (¹), Cap. XXI, p. 180-183.

1. (P. 180). Ad Præfationis Generalis... punctum XIX redeo, ubi, cùm dixi tot quot volueris numeros inveniri, qui cum suis partibus aliquotis duplam rationem habeant, adverto, præter quinque numeros ibidem allatos, fortè nullum allium esse in infinitâ numerorum serie, præter sextum qui sequitur, 51001 180160, cujus partes componentes sunt 16384, 5, 7, 19, 31, 151; cui etiam convenit, ut in 3 ductus producat numerum suarum partium aliquotarum triplum. Quod toties contingit, quoties numerus duplus a ternario minime dividitur; quemadmodum quadruplus, quem non dividit 5, ductus in 5, dat quintuplum, et ita de reliquis.

2. Quod ad numeros triplos attinet, 34 inventi sunt, quadrupli 18, quintupli 10 et sextupli 7. Nullus autem hactenus inventus est septuplus.

3. Eodem loco numeri amicabiles referuntur, quos ista reperies. Elige numerum ad analogiam binarii pertinentem, cujus triplus, minus 1, sit numerus primus, hujusque duplus, plus 1, sit etiam primus : et productus ex utroque plus eorumdem summâ, sit adhuc primus; quo ducto in duplum numeri ad binarii analogiam relati, pro-

(¹) Ce Traité est relié à la suite des *Cogitata physico-mathematica* (*Bibl. nat. de Paris*, V, 6250).

ducetur unus amicabilium ; productusque numerus ex duobus minoribus primis in prædictum analogiæ binarii numerum ductus dabit secundum amicabilem.

Exempli gratiâ, sumatur 8, cujus triplus, minus 1, est 23 ; cujus duplus, plus 1, est 47 ; productus numeri 23 in 47 est 1081 ; cui summâ 23 et 47, hoc est 70, additâ prodit 1151, primus ; qui ductus in 16, duplum 8, surgit 18416, unus ex amicabilibus ; cujus comes producitur ex ductu ejusdem 1081 in 16, videlicet 17296. Binarius per eamdem regulam tribuit 284, 220. Ut 64 dat 9437056 et 9363584.

III.

# EXTRAITS DE LA CORRESPONDANCE

DE

# MERSENNE ET DE SAINT-MARTIN.

## 1. MERSENNE A SAINT-MARTIN.

LUNDI 13 JUIN < 1640 >.

(*Autographe*, Vienne, Hofbibl. MS. 7049.)

MONSIEUR,

J'ay esté renvoyé à vous par M. Frenicle, à qui la teste faisoit trop mal à son départ, pour sçavoir de vous la regle pour trouver la pyramide numerique proposée. Je vous prie donc d'y penser. Voicy comme je l'avois commencée : *Pyramis invenitur si duplum pyramidis triangularis*, et je ne sçais pas le reste.

Je vous prie aussi que nous nous entendions un peu pour trouver combien un nombre proposé a de parties aliquotes, par exemple, combien en a 49000 et aussi quelle est la somme de ses parties aliquotes, sans qu'il soit besoin de les conter, et finalement comme il faut faire pour trouver un nombre qui ayt 49 parties aliquotes, de sorte qu'il soit le plus petit, et un autre qui en ayt 360.

Or, puisque vous estes devenu si grand horlogier, à la prochaine ie desire que vous m'apreniez vostre methode certaine.

Vostre tres humble serviteur,

MERSENNE.

Ce lundy, 13 juin.

## 2. SAINT-MARTIN A MERSENNE.

< JUIN 1640 >.

(*Autographe*, Vienne, Hofbibl. MS. 7049.) (1).

Les pyramides se font, joignant à leur baze toutes les figures semblables à la baze et moindres qu'icelle. Ainsy la pyramide triangulaire se faict, joignant ensemble tous les triangles.

Si donc l'on veult avoir le tetraedre qui ayt 5 de costé, il fault prendre la somme du triangle de 5 et de tous les moindres, sçavoir de 15, 10, 6, 3, 1, qui feront 35.

La pyramide quarrée est la somme de tous les quarrés depuis l'unité jusqu'à sa base et la pyramide pentagonale est la somme de tous les pentagones.

Il y a des regles pour les trouver sans adjouster toutes les figures semblables : Comme, pour le tetraedre, qui a 5 de costé (2), je multiplie par 5 le tiers du triangle de 6, sçavoir celluy qui a un < de > plus de costé. Ce tiers est 7, multiplié par 5, costé du tetraedre, donne 35 pour le tetraedre requis.

Je trouve que vostre nombre 49000 a 35 parties aliquotes et la somme de ses parties est 3255.

J'ay trouvé un nombre qui a 39 parties aliquotes; 3360 est le moindre de tous. J'ay pris 39, au lieu de 49 dans vos nombres ; il n'y a pas plus de science en l'un qu'en l'autre.

Le nombre qui a 49 parties aliquotes, et le plus petit, est 1296.

Le nombre qui a 360 parties est une 360e puissance pour le plus grand, et deux 18es puissances multipliées l'une par l'autre pour le plus petit.

(1) Cette pièce est écrite sur le blanc de la lettre qui précède, que Saint-Martin a évidemment remise à Mersenne. Despeyrous, qui en a pris une copie à Vienne (*Bibl. nat.* fr. n. a. 3252, f° 116 v°), a cru, à tort, y reconnaître l'écriture de Fermat.

(2) A partir de ce mot, la fin de l'alinéa est écrite en marge; le suivant est au verso.

IV.

EXTRAIT DE LA CORRESPONDANCE

DE

# CAVALIERI A MERSENNE.

## CAVALIERI A MERSENNE (¹).

23 NOVEMBRE 1641.

(Bibl. nat. fr. n. a. 6204, f° 255.)

*Clarissimo ac Doctissimo A. R. P. Marino Mersenno.*

S. P. D.,

Gratissimis tuis, A. R. P., tardum reddo responsum, tum pluribus occupationibus impeditus, tum etiam quia in dies quæsiti ad me missi tutam ex te declarationem per Reverendum Niceronem expecta-

*Au clarissime et doctissime R. P. Marin Mersenne, toutes mes salutations.*

RÉVÉREND PÈRE,

Si je ne réponds que tardivement à votre gracieuse lettre, c'est, d'une part, que j'en ai été empêché par de nombreuses occupations, d'un autre côté que j'attendais du R. P. Niceron (²), ce que

(¹) *Voir* t. I, p. 195-198, un fragment inédit de Fermat adressé par Mersenne à Cavalieri. Comme la présente lettre pose les questions auxquelles répondit Fermat, on peut, sans erreur grave, considérer l'écrit de Fermat comme du commencement de l'année 1642.

(²) Le père Niceron, confrère et ami de Mersenne, mourut, à 33 ans, le 22 septembre 1646. Il est l'auteur du *Thaumaturgus opticus*, Paris, 1646, dont une édition française avait paru dès 1638 sous le titre : *La Perspective curieuse*. Il semble avoir correspondu avec Cavalieri (comme aussi avec Torricelli) avant Mersenne, et avoir ainsi donné l'occasion à ce dernier de poser à Cavalieri une question mathématique, sur laquelle nous ne sommes pas autrement renseignés.

bam, ut tandem nuper habui. Quod circa illius solutionem inveni (ut tuis iussis prompte obtemperarem), statim mittere decrevi, ut nisi industriam meam in serviendo, mei tamen animi erga te obsequium agnoscas. Totus ego quæsiti parti theorematicæ soluendæ inhæsi, quod an satis præstiterim, tui et apud te degentium Mathematicorum judicium et censuram expectabo. Partis vero problematicæ non adhuc mihi compertam esse universalem solutionem ingenue fateor, quam cùm valde fore difficilem præconceperim, nolui mentem ex nimia sanitatis iactura (ut sæpe articulari morbo laborans cogor experiri) defatigare.

Hoc ergo quod possum, æqui bonique faciant insignes isti Matheseos Professores et præsertim Herigonius, cuius eximiam doctri-

je n'ai eu enfin que tout récemment, une explication assurée de la question que vous m'aviez envoyée. Pour déférer promptement à votre désir, j'ai voulu vous envoyer de suite ce que j'ai trouvé comme solution, afin que vous puissiez reconnaître, sinon mon habileté à vous servir, au moins mon dévouement absolu. Je me suis uniquement attaché à résoudre la partie théorématique de la question ; pour savoir si j'ai réussi, je dois attendre votre jugement et la critique des mathématiciens avec qui vous vivez. Quant à la partie problématique, j'avoue franchement que je ne possède pas encore la solution générale, et comme j'ai estimé qu'elle serait très difficile à obtenir, je n'ai pas voulu me fatiguer l'esprit aux dépens de ma santé, comme la maladie articulaire dont je souffre me force souvent à reconnaître que j'ai eu tort de le faire (1).

Je soumets donc ce que je puis envoyer à l'équitable et bienveillante appréciation de ces illustres Professeurs de Mathématique,

(1) La solution de la question proposée par Mersenne était probablement écrite sur une feuille détachée et ne s'est pas retrouvée.

nam mihi summè commendavit D. Joannes de Beaugrand, quem Deus beavit in cælo, quemque præpropera mors, maximo Scientiarum damno, nobis eripuit. Novi ex demonstratione mihi missa quantum in eo esset acuminis et in Mathematicis peritiæ, nec satis mirari possum arduum illud inventum de fusi hyperbolici et eius segmentorum dimensione, quod solum illius sublime ingenium ultro testari potuit. Ego quidem eorumdem dimensionem pariter inveni, at defectivam, quia supposuit hyperbolæ quadraturam, cui inveniendæ necdum animum applicui. Pergratum ergo mihi esset intelligere an eius demonstratio sit absoluta : ex ea enim statim emerget hyperbolæ quadratura, ut tibi haud ignotum erit.

et en particulier d'Hérigone (1), dont la science singulière m'a été hautement vantée par M. Jean de Beaugrand (2), qui est maintenant heureux dans le ciel, mais qui nous a été enlevé, au grand détriment de la Science, par une mort prématurée. La démonstration qui m'a été envoyée m'a fait connaître combien il avait de pénétration et d'habileté en Mathématiques, et je ne puis assez admirer cette ardue invention de la mesure du fuseau hyperbolique et de ses segments, qui suffit à témoigner de la sublimité de son génie. J'ai, pour ma part, trouvé aussi les mêmes mesures, mais incomplètement, en ce que j'ai supposé la quadrature de l'hyperbole, à la recherche de laquelle je ne me suis pas encore appliqué. Je désirerais donc bien savoir si la démonstration de M. de Beaugrand est complète;

(1) Pierre Hérigone, auteur d'un *Cursus mathematicus* en six volumes (1634-1642). Galilée en avait donné un exemplaire à Cavalieri.

(2) Beaugrand, qui était mort depuis un an, paraît avoir été lié avec Niceron et être entré ainsi en relations avec Cavalieri. La démonstration envoyée en son nom par Mersenne (comme il est dit plus loin), probablement au moment de sa mort, se rapportait à la quadrature des paraboles de divers degrés; c'était donc un larcin fait à Fermat, ainsi que Desargues l'a accusé d'en avoir fait. L'invention *fusi hyperbolici* doit être entendue de la cubature du volume engendré par la révolution d'une hyperbole autour d'une ordonnée : c'était sans doute une simple vanterie, comme réplique à la cubature analogue obtenue par Fermat pour la parabole; Cavalieri qui connaissait cette dernière cubature, évidemment par la même voie (le terme de fuseau parabolique n'est pas en effet de Fermat), reconnut que pour l'hyperbole la question est d'un tout autre ordre.

Libenter quoque audiam an dictus D. Beaugrand vel alius præcipue ex vestris Mathematicis, breviori via quàm ipse, ostenderit admirandum illud Neperi trigonicum problema de inveniendis in triangulo sphærico duobus angulis ad basim uno actu et absque casuum observatione, datis cruribus et angulo verticali; quod ego in meo compendio Regularum Trigonometriæ italico idiomate impresso, p. 114, via non nisi satis longa potui obtinere. Aduerte autem in dicta mea demonstratione p. 116, linea 8, delenda esse hæc verba *che si supponga hora rectangulo in f*.

Nec minus avidè expectabo quâ breviori via propositum mihi quæsitum isthic solutum fuerit intelligere. Mihi vero non prætereundum videtur me præterito anno scripsisse D. Beaugrand sub die 19 sep-

car on en déduirait aussitôt la quadrature de l'hyperbole, comme vous pouvez le voir.

J'aimerais aussi à savoir si feu M. de Beaugrand ou quelque autre de vos mathématiciens n'aurait pas trouvé un procédé plus court que le mien pour démontrer cette admirable solution de Neper pour trouver dans un triangle sphérique, d'un coup et sans distinction de cas, les deux angles à la base, quand on donne les deux autres côtés et l'angle au sommet (¹). Je n'ai pu y arriver que par une voie assez longue dans mon *Abrégé des Règles de Trigonométrie* imprimé en italien, p. 114. Je vous prierai de remarquer que dans cette démonstration, p. 116, ligne 8, il faut effacer les mots *che si supponga hora rectangulo in f*.

Je n'attendrai pas avec moins d'impatience de savoir par quelle voie plus courte la question qui m'a été proposée aura été résolue chez vous. Je crois aussi devoir revenir sur ce que j'avais écrit à

(¹) Il s'agit évidemment des formules connues sous le nom d'*analogies de Neper*, énoncées par leur auteur dans la *Descriptio* de 1614 et dans la *Constructio* posthume de 1619. Cavalieri fait au reste allusion à son Ouvrage en italien : *Centuria di varii problemi*, etc., Bologne, 1639. En 1643, il fit paraître une *Trigonométrie*, ce qui explique la question qu'il fait à Mersenne dans la présente lettre de 1641.

tembris, quamvis meæ letteræ ad eiusdem manus non pervenerint, defectu latoris, qui isthic nunquam ipsum potuit invenire : at quum intellexeram in solvendis Mathematicis quæsitis summopere delectari, ideo tale illi tunc proposueram.

Sit quodcumque parallelogrammum FC (*fig.* 19) et in eius quocumque latere AC quodvis punctum signatum B, per quod lateri CD sit ducta æquidistans BE ad FD in E terminata. Sumantur autem in BE quotcumque puncta G, H, I, K, etc., tali ratione ut veluti est CA ad AB,

M. de Beaugrand le 19 septembre de l'année passée ; ma lettre ne lui est jamais parvenue, par la faute du porteur qui n'a pas su le trouver ; mais comme je savais qu'il se plairait extrêmement à résoudre des questions mathématiques, voici ce que je lui avais proposé [1] :

Soit (*fig.* 19) un parallélogramme quelconque FC et sur un de ses côtés AC un point quelconque marqué B, par lequel on mène au côté CD la parallèle BE qui se termine en E sur FD. Prenez sur BE autant de points que vous voudrez G, H, I, K, etc., de telle sorte que

Fig. 19.

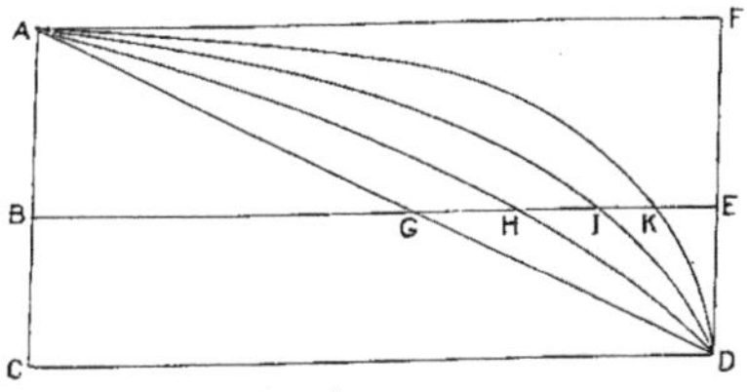

ita sit linea EB ad lineam BG et ita quoque quadratum EB ad quadratum BH,

Cubus EB ad cubum BI,

CA à AB soit comme la ligne EB à la ligne BG ; ou comme le carré de EB au carré de BH ; ou comme le cube de EB au cube de BI ; ou

[1] Si l'on pose (*fig.* 19) $AB = y$, $BK = x$, $AC = a$, $CD = b$, on voit aisément que Cavalieri définit les paraboles

$$y = \frac{a}{b^n} x^n,$$

$n$ étant un entier quelconque, et la courbe étant rapportée aux axes AF, AC.

Biquadratum EB ad biquadratum BK,

Quadrato cubus EB ad quadrato cubum interiectum inter B et sequens punctum K,

Cubo cubus EB ad cubocubum lineæ sequentis, etc. et sic deinceps in infinitum per omnes dignitates algebricas subsequentes. Quod vero in BE factum erit, illud et fiat in quæcumque intra parallelogrammum FC ducta ipsi CD parallela. Per prima vero puncta transeat linea AGD; per secunda, AHD; per tertia, AID; per quarta, AKD, per quinta, sexta, septima, puncta et transeant quoque huiusmodi subsequentes lineæ. Quærebam igitur :

comme le biquarré de EB au biquarré de BK; ou comme le carré cube de EB au carré cube de la distance entre B et le point après K; ou comme le cubocube de EB au cubocube de la ligne suivante; etc., en continuant ainsi à l'infini pour toutes les dignités [puissances] algébriques suivantes.

Ce que d'ailleurs on a fait sur BE, on le fasse sur toute parallèle à CD menée à l'intérieur du parallélogramme CD. Que par les premiers points on fasse passer la ligne AGD; par les seconds, AHD; par les troisièmes, AID; par les quatrièmes, AKD; par les cinquièmes, sixièmes, septièmes points, etc., de même d'autres lignes subséquentes pareilles. Je demandais donc :

1° An sicuti iam scimus parallelogrammum FC duplum esse spatii AGDC sesquialterum ipsius AHDC, ita esset sesquitertium AIDC, sesquiquartum AKDC, sesquiquintum sequentis huiusmodi spatii, etc. juxta ordinem subsequentium deinceps superparticularium proportionum. Hoc vero iam notificari potest per id quod d[s] Beaugrand iam ad me demonstratum misit.

1° Si, de même que nous savons que le parallélogramme FC est double de l'espace AGDC, et les $\frac{3}{2}$ de l'espace AHDC, il sera les $\frac{4}{3}$ de AIDC, les $\frac{5}{4}$ de AKDC, les $\frac{6}{5}$ de l'espace analogue subséquent, etc., suivant l'ordre successif des rapports d'un tantième en sus. Or, cela m'a déjà été appris par la démonstration que M. de Beaugrand m'a envoyée.

Rursus, posito quod FC sit rectangulum, ipsumque circa AC fixam revolvi, ut ex FC fiat cylindrus, ex AGDC conus, ex AHDC conoides parabolicum et ex AIDC, AKDC, etc. alia solida rotunda, quærebam ;

2° Rationem cylindri ex FC ad hæc solida singillatim, ex quibus notum est Geometris cylindrum ex FC triplum esse coni, duplum conoidis parabolici.

Quod si fieret revolutio eorumdem circa CD, quærebam :

3° Rationem cylindri ex FC ad solida genita ab iisdem figuris ex quibus iam scimus cylindrum ex FC triplum coni ex AGDC, ad genitum vero ex AHDC (quod erit $\frac{1}{2}$ fusi parabolici) ut 15 ad 8.

Tandem quærebam :

4° An, sicuti notum est AGD esse rectam lineam, AHD parabolam, ita sciri possent aliæ curvæ an essent sectiones conicæ vel lineæ alterius generis et cuiusmodi essent et an omnium vel saltem ex eisdem alicuius proportio ad AD haberi posset, nec non et centra gravitatis dictarum figurarum.

Quum verò de libris mathema-

En second lieu, supposant FC rectangle, si on le fait tourner autour de AC comme axe, il engendrera un cylindre, AGDC un cône, AHDC un conoïde parabolique, AIDC, AKDC, etc. ; d'autres solides ronds. Je demandais :

2° Le rapport du cylindre FC à chacun de ces solides, étant d'ailleurs connu des géomètres que le cylindre de FC est triple du cône, et double du conoïde parabolique.

En supposant la révolution autour de l'axe CD, je demandais :

3° Le rapport du cylindre FC aux solides engendrés par les autres figures, desquels nous savons que le cylindre FC est triple du cône de AGDC et les $\frac{15}{8}$ du solide engendré par AHDC (moitié d'un fuseau parabolique).

Enfin je demandais :

4° Si, de même qu'il est connu que AGD est une ligne droite, AHD une parabole, on peut savoir si les autres courbes sont des sections coniques ou des lignes d'une autre espèce, et de quelle nature elles sont; si on peut avoir le rapport à AD soit de toutes, soit au moins de quelques-unes d'entre elles; enfin les centres de gravité de ces figures.

Puisque vous désirez être in-

ticis in Italia impressis certior fieri cupis, dicam eos qui ad meam notitiam peruenerunt. Sunt ergo :

P. Bettini Jesuitæ Apiarium, Bononiæ 1641 impressum ;

P. Kirker Opus de Magnete, Romæ 1641 ;

Eiusdem Specula Melitensis, Neapoli 1638, docens inuenire ciuiliter loca Planetarum et alia ad sphæram pertinentia;

Baliani libellus De motu grauium, Genuæ;

Tertia Decas Camilli Gloriosi, Neapoli ;

Josephi Barcæ libellus De munitione ;

Mutii Oddi De Horologiis solaribus, Venetiis 1638 ;

Benedicti Maghetti Assisinatis Algebricorum quæsitorum Analysis, Anconæ 1639, et eius Apo-

formé des Ouvrages mathématiques imprimés en Italie, voici ceux dont j'ai eu connaissance :

P. Bettini Jesuitæ Apiarium (1), Bologne, 1641;

P. Kircher Opus de Magnete (2), Rome, 1641;

Du même : Specula Melitensis (3) Naples, 1638, où il enseigne à trouver élémentairement les lieux des planètes et d'autres points de la sphère ;

Baliani libellus De motu gravium (4), Gênes;

Tertia Decas Camilli Gloriosi (5), Naples;

Josephi Barcæ libellus De munitione (6);

Mutii Oddi De Horologiis solaribus (7), Venise, 1638;

Benedetti Maghetti Assisinatis Algebricorum quæsitorum Analysis, Ancône, 1639;

(1) *Apiaria universæ philosophiæ mathematicæ*, in-fol. Un second Volume paru en 1642, un troisième en 1645.

(2) *Magnes sive de arte magnetica*, in-4°, première édition.

(3) *Specula melitensis encyclica, sive syntagma novum instrumentorum physico-mathematicorum*, in-12. Cavalieri paraît s'être trompé sur le lieu de l'édition, en écrivant Naples pour Messine.

(4) *De motu naturali gravium solidorum et liquidorum*, 1638, in-4.

(5) La première Décade des *Exercitationes mathematicæ* de Glorioso est de 1627; la seconde de 1635; la troisième de 1639.

(6) *Compendio di fortificazione moderna*, Milan, 1539, in-4°, de Giuseppe Barca, général italien.

(7) Réédition posthume ou traduction de l'Ouvrage italien : *Degli orologi solari*, Milan, 1614; in-4°.

logia contra Gloriosum, ibidem 1640.

Ephœmerides Argoli, eiusdem De Diebus criticis;

Ephœmerides Francisci Montebruni Bononiæ 1640, quæ sequuntur Lansbergianas hypotheses;

Vincentii Renerei Tabulæ Mediceæ;

D. Benedicti Castelli Mensura currentium aquarum denuo cum additione impressa.

Nunc sub prælo est quædam Galilei responsio Liceto, qui eiusdem sententiam de lumine lunæ secundario a terra reflecto impugnavit.

In lucem quoque exibunt duo libri De motu et proiectis cuiusdam Euangelistæ Torricelli viri acutissimi qui nunc apud Galileum moratur, cuius de motu doctrinam se prosequutum esse profitetur, ut nuper ad me scripsit idem Galileus.

Idem me admonuit quemdam Antonium Nardum librum in lucem editurum esse in quo intendit omnia Archimedis inuenta indivisibi-

Du même : Apologia contra Gloriosum, Ancône, 1640;

Argoli Ephemerides (¹);

Du même : De Diebus criticis (²);

Francisci Montebruni Ephemerides, Bologne, 1640; elles suivent les hypothèses de Lansberg;

Vincentii Renerei Tabulæ Mediceæ (³);

D. Benedetti Castelli Mensura currentium aquarum; seconde édition augmentée.

On imprime actuellement une réponse de Galilée à Liceti qui a attaqué son opinion sur la lumière secondaire réfléchie de la Terre sur la Lune.

On verra aussi paraître deux livres *De motu et projectis* d'un certain Évangelista Torricelli, homme d'un esprit très pénétrant, qui demeure actuellement avec Galilée et professe suivre sa doctrine du mouvement, comme Galilée me l'a récemment écrit.

Il m'a également annoncé qu'un certain Antonio Nardi publiera un Livre où il a l'intention de démontrer tous les résultats d'Archimède

(¹) Ab 1630 ad 1680, Padoue, 1638.
(²) *De diebus criticis et ægrorum decubitu libri duo*, *Patavii*, 1639.
(³) VINCENZO RENIERI, *Tabulæ mediceæ universales*, Florence, 1639-1647.

lium methodo aliter ac ipse feci demonstrare.

Hæc sunt quæ mihi nota tibi commemoranda fuerunt. Dum ergo isti laborant, mihi invito ac fere semper ægrotanti feriari necesse est. Multa quidem habeo geometrica sparsim inuenta quibus librum non paruum texere possem, sed modo huc, modo illuc distractus nec non crebris doloribus quodammodo dilaniatus animus meus nec seipsum nec quidquem aliud componere potest. Forte denuo meum Speculum Ustorium imprimetur, in quo circa specula et perspicilla forsan aliquid non ininucundum adjungam, nec non de sectionibus conicis facillimè describendis. Qua ratione enim in mea Geometria Lib. 6° prop. 5ª describo parabolam alia parum dissimili et ellipsim et hyperbolam faciō. Verùm ne P. V. tædio afficiam, coram sapientissimo viro ac omni disciplinarum genere instructo, ut ex magno tuo opere in Genesim mihi innotescere potuit, parco verbis, ac de litteris D. Beaugrand ad me missis gratias agens me totum ex corde P.V.A.R. commendo, simulque rogo ut D.

par la méthode des indivisibles autrement que je ne l'ai fait.

Voilà ce que je connais et puis vous dire. Mais pendant qu'ils travaillent, la maladie me fait presque toujours des loisirs forcés. J'ai bien de côté et d'autre des découvertes géométriques dont je pourrais faire un livre assez fort, mais je suis distrait tantôt par-ci, tantôt par-là et de fréquentes douleurs cruelles mettent le désordre dans mon esprit et dans les travaux que je voudrais faire. Peut-être réimprimerai-je mon *Specchio Ustorio* (¹), où je pourrai bien faire quelque bonne addition sur les miroirs et les lunettes, aussi bien que sur la description aisée des sections coniques. Je décris en effet les ellipses et les hyperboles par un moyen peu différent de celui dont j'ai usé pour la parabole dans ma *Geometria*, Livre VI, prop. 5. Mais je ne veux pas vous ennuyer et je dois épargner mes paroles devant un homme aussi savant, aussi versé en tout genre de sciences, que j'ai pu m'en rendre compte par votre grand Ouvrage sur la Genèse (²).

(¹) Bologne, 1632.
(²) *Quæstiones celeberrimæ in Genesin*, Paris, 1623, in-folio.

Herigonio meam in ipsum obseruantiam testari velit, ac nomine meo salutem dicere.

Bononiæ, die 23 novembris 1641.

*P. V. A. R$^{dæ}$*
*Obsequentissimus seruus,*

F. Bon$^{ra}$ Cavalerius.

Rogo si quid novi in Mathematicis isthic impressum sit vel aliunde transmissum, ut vicissim me admoneas.

Je me bornerai donc à vous remercier de l'envoi de la lettre de M. de Beaugrand et à me recommander de tout cœur à Votre Révérence, en vous priant de bien vouloir assurer M. Hérigone de mon dévouement et de lui faire mes compliments.

Bologne, le 23 novembre 1641.

*De Votre Révérence*
*le très humble serviteur.*
F. Bon$^{ra}$ Cavalieri.

*P. S.* — Je vous demanderai de vouloir bien à votre tour m'informer s'il y a quelque nouvel Ouvrage de Mathématiques imprimé chez vous ou envoyé d'ailleurs.

V.

## EXTRAITS DE LA CORRESPONDANCE

DE

# MERSENNE ET DE TORRICELLI.

### 1. TORRICELLI A MERSENNE.

SEPTEMBRE 1643.

[Discepoli di Galileo, t. XL, f° 47, recto.]

.... Cœterum verba non invenio, quibus exprimam gradum admirationis ad quem me rapuerunt geometricæ demonstrationes Clar^{mi} Robervallii, qui tam... sublimi mirabili invento nugas meas nobilitavit. Gratulor, immo invideo huic cœlo hujusmodi virorum feracitate fortunato. Quod si Clar^{mi} DD. de Fermat et des Cartes ejusdem notae sunt, manifesta jam temeritas est me ulterius progredi in mathematicis contemplationibus....

### 2. MERSENNE A TORRICELLI.

25 DÉCEMBRE 1643.

[Discepoli di Galileo, t. XLI, f° 9, recto.]

.... Clarissimus Geometra, Senator Tholosanus Fermatius, tibi (per me) sequens problema solvendum proponit, quod tuo de conoideo acuto infinito aequivaleat.

Invenire triangulum rectangulum in numeris, cujus latus majus sit quadratum, summaque duorum aliorum laterum etiam sit quadratum, denique summa majoris et medii lateris sit etiam quadratum.

Exempli gratia : in triangulo 5, 4, 3 oportet 5 esse numerum quadratum : deinde summa 4 et 3, hoc est 7, foret quadratus numerus ; denique summa 5 et 4, hoc est 9, esset quadrata.

---

## 3. MERSENNE A TORRICELLI.

13 JANVIER 1644.

[Discepoli di Galileo, t. XLI, f° 10, recto.]

.... Quærebas an Cartesius et Fermatius sint ejusdem metalli. Quid ergo dubitas, postquam Cartesii Geometriæ libros quatuor gallicos, a 3 aut 4 annis editos, et Tractatus *de locis planis, locis ad superficiem et alia plurima* vidisti aut saltem videre debuisti, cùm eos dudum ad Santinium Genuensem, tuum, credo, amicum, miserim cum aliis Geometricis.

Est tamen hoc inter illos discrimen quod Cartesii sublimius ingenium admiremur, quippe momento fere perficiat quod alii pluribus meditationibus : teste trochoide, cujus spatium triplum et omnes tangentes, ut et hyperbolæ, ellipsis et eodem modo notae, statim atque proposita sunt, demonstravit, vix ut credam ei quidpiam in rebus geometricis impossibile : a quo etiam, vere futuro, Physicam demonstratam exspectamus....

---

## 4. MERSENNE A TORRICELLI.

24 JUIN 1644.

[Discepoli di Galileo, t. XLI, f° 13.]

.... Cum autem charta supersit, ne de brevitate conquераris, accipe methodum reperiendi protinus numeri qui jussas partes aliquotas habeat.

Quæris, verbi gratia, quis sit numerus habens 59 partes aliquotas; adde 1, fiunt 60. Sume partes ejus componentes, 2, 2, 3, 5, quæ se multiplicantes faciunt 60, et ex unoquoque aufer unitatem : supersunt 1, 1, 2, 4, quorum potestates minimæ analogæ 9, 16, 7, 5, non solum tribuunt numerum quæsitum, puta 5040, partes 59 aliquotas habentem sed etiam ex infinitis eumdem numerum partium habentibus omnium minimum; et ita de reliquis numeris. In præfatione mea ad Hydraulica numeros habes, quorum partes aliquotæ sunt vel centenarius, vel millenarius, vel millia partium. Mirabilis est D. Fermatius in numericis problematibus solvendis.

Est et regula, qua dicto citius cognoscatur quot partes aliquotas habeat numerus datus vel etiam quam omnes illius partes aliquotæ summam efficiant, etiam si partes illæ nesciantur.

Doleo quod nedum regula inventa sit qua æque facile reperiatur radix quadratica vel cubica dati numeri, ac data radix efficit suum quadratum vel cubum. <Est> ratio <quidem> difficilior, sed forte superabitur aliquando difficultas....

---

## 5. TORRICELLI A MERSENNE.

JUILLET (?) 1644.

[Discepoli di Galileo, t. XL, f° 50, recto.]

.... Problema pulcherrimum de inveniendo numero, qui quotcumque partes habeat aliquotas, proponi tantum vidi, reliqua nondum intellexi, cujusnam inventio sit et qua ratione problema solvatur.

Santinium vero caveat quis ne inter amicos meos numeret : impostorem enim neque inter proximos eum volo....

---

## 6. MERSENNE A TORRICELLI.

25 DÉCEMBRE 1644.

[Discepoli di Galileo, t. XLI, f° 58, recto-verso.]

.... Miror te per plana reperisse, quæ Fermatius *Discursu de maximis* habet, quem tamen propria manu descriptum ad te vel jam misit, vel brevi missurus est D. Du Verdus. Si placet ad me idem mittere per plana solutum, mittam ad Fermatium et Robervallum, ut tui fœtum ingenii admirentur et paria referant.

---

## 7. MERSENNE A TORRICELLI.

ROME, 10 JANVIER 1645.

[Discepoli di Galileo, t. XLI, f° 14, recto.]

Cum nuper inviserem Dominum Du Verdus, Vir Illustrissime, miratus sum quod ad te non misisset tractatum Fermatii *de minimis*, quod illum pro uno vel altero die Tevenello commodasset *amico suo* Gallo, qui, non reddito tractatu, Neapolim petiit. Namque jam alium ejusdem Fermatii tractatum accipe, quamdiu alium recuperaro; de quo tractatu judicium tuum expecto... Quæro te vero ne perdatur illa charta *syncriseos et anastrophes*, ne, si pereat exemplar primum, illo semper tractatu careamus....

---

## 8. TORRICELLI A MERSENNE.

JANVIER 1645.

[Autographe MS. Manzoni, f° 14, verso.]

.... Primum in epistola tua hæc habes verba : *Itaque jam alium ejusdem Fermatii tractatum accipe.* Quem tractatum ? Nullus enim in epistola tua tractatus a me repertus est. Deinde mihi commendas ne pereat quoddam folium Syncriseos et Anastrophes. Quin per me jam periit; nunquam enim memini me vidisse....

---

## 9. MERSENNE A TORRICELLI.

4 FÉVRIER 1645.

[Discepoli di Galileo, t. XLI, f° 7, recto, 8, recto.]

.... Porro jam accipies tractatum illum Syncriseos, qui cum a D. Tevenello perditus esset, illum describi curavi, de quo, post illius lectionem, tuum judicium expectarim. Tuus autem sit ille tractatus, nec eum remittas, nobis enim exemplar superest....

Varias chartas geometricas tum Robervalli, tum Fermatii, quas nondum vidisti, in meo sacco reperi, de quibus ad te scribet Dominus Riccius ut, si quas legere cupis, confestim ad te, ut istius artis coryphæum, mittantur....

---

## 10. TORRICELLI A MERSENNE.

FÉVRIER 1645.

[Autographe MS. Manzoni, f° 7, recto.]

.... Tractatum Syncriseos accepi, sed nondum perlegi....

---

## 11. MERSENNE A TORRICELLI.

[Discepoli di Galileo, t. XLI, f° 51, recto.]

Tuas novissimas litteras, Vir Illustrissime, perlegebam, quum tandem meus ex Genua saccus allatus est, quo nonnullæ chartæ geometricæ, tum Fermatii, tum Robervalli continentur; quas, si volueris, ad te mittam, ubi tuus ille mirus discipulus D. Riccius illas viderit, qui sit ad te scripturus, num mereantur tuos oculos....

---

## 12. MERSENNE A TORRICELLI.

26 AOUT 1646.

[Discepoli di Galileo, t. XLI, f° 60 recto, 64 recto.]

.... Tertio scias velim, me hoc anno Tholosates invisisse et prope Burdigalam per tres aut quatuor dies mansisse cum acutissimo Domino Fermatio, quem tanti nobiscum facis, quique tuum inventum de cylindro hyperbolico in infinitum producto mirum in modum extollebat; illud enim dudum ad eum miseramus, qui tamen nondum vidit tuum librum quem illi pollicitus sum statim atque Româ huc advenerit....

Sexto gratissimum facies, si doceas quid nuper inveneris, quidque mente premas, gauderetque summopere Fermatius, si laborares in spiralibus aut aliis curvis reperiundis, quæ rectis lineis forent æquales; caret enim hujuscemodi genio....

## VI.

## EXTRAITS DES LETTRES

DE

# TORRICELLI A CARCAVI.

### 1. TORRICELLI A CARCAVI.

8 JUILLET 1646.

(Discepoli Galileo, t. XL, f° 38; Bibl. nat. de Paris, ms. latin 11 196, f° 53) (1)

Circa problema numericum Ill$^{mi}$ Senatoris de Fermat nihil moratus sum; totus enim alienus a studiis omnibus fui integro hoc anno et fortasse etiam in sequentibus ero, cum alia mihi vitæ ratio ineunda sit. Dubitavi etiam ne problemata ista numerica, quae communem et vulgatam Algebrae methodum fortasse excedunt, difficilis admodum solutionis essent, praesertim si quis illa tantum inquirat data opera, quanquam postea sese offerant processu temporis quando ea disciplina colitur ex instituto et assidua contemplatione evolvitur. Praeterea non tam plausibile mihi videbatur inventum illud : omnes potestates quarum exponens et caet, si unitate augeantur, numeros primos fieri; illudque : triangulum rectangulum in numeris reperire cujus bina latera quadratum efficiant, sine alia simili conditione propositum, quod non memini et operae pretium ducere ingeniolum meum propriae gloriae adeo indignum circa alienam diutius torquere. At non hujus modi visum est problema tam vastum tam multiplex de infinitis para-

(1) Cette lettre a été publiée par M. Charles Henry dans *Galilée, Torricelli, Cavalieri, Castelli : Documents nouveaux tirés des bibliothèques de Paris* [*Reale Accademia dei Lincei*, anno CCLXXVII (1879-1880, 3e série), *Classe di Scienze morali*, t. V, seduta del 20 giugno 1880].

bolis, quod ego inventum primo existimabam a Cl. Robervallio proficisci, deinde audivi ab Illmo D. de Fermat repertum... Hoc unum sciat velim Illmus D. de Fermat me demonstrationes omnes circa praedictas parabolas (cujuscunque sint) reperisse universalissimas, licet nescio quo pacto definitio exciderit non adeo universalis... Oro D. V. ut inventum meum de infinitis hyperbolis et si placet etiam de spiralibus statim innotescat non solum Illmo de Fermat, sed etiam aliis geometris...

## 2. TORRICELLI A CARCAVI.

< 1646 >.

[Discepoli di Galileo, t. XL, f° 40] (1).

... Mi reputo assai più honorato per questa fortuna del mio nome che è giunto alla notizia di V. S. Illma e del nobilissimo Sig. Fermat... È verissimo quanto scrive l'Illmo Senator Tolosano Fermat, cioè che la sua definizione delle infinite parabole è più universale della scritta da me... Ora ammirerò maggiormente l'Illmo Sig. Fermat del cui sublime valore io havevo ben notizia anco prima : ma però non sapevo che quella così ampia specolazione fusse parto del suo maraviglioso ingegno. Io non ho proceduto più avanti intorno alla predetta materia; si perche mi bastava l'havere scoperto molte delle cose propostemi con haverne aggiunte alcun' altre di mia invenzione, come anco per aver inteso che il metodo del Sig. Fermat non è segreto appresso l'autor solamente, ma da lui conferito anco a gli amici... Dimostrai alcune cose accennatemi dal P. Mersenne e credo che una del Fermat, circa la materia de maximis et minimis, ve ne aggiunsi di più alcune delle mie trovate con quella occasione; ma non stimandole io degne di così alti intelletti come V. S. Illma e Sig. Fermat, mi basterà averle comunicate al P. Mersenne...

(1) Cette lettre a été publiée par M. Ghinassi (*Lettere fin qui inedite di Evangelista Torricelli*, Faenza, 1864, p. 52-54).

VII.

# EXTRAITS

DE LA

# CORRESPONDANCE DE DESCARTES.

## 1. DESCARTES A MERSENNE.

< 25 MAI 1637 > (1).

Vous m'envoyez aussi une proposition d'un Geometre, Conseiller de Thoulouse, qui est fort belle, et qui m'a fort réjoüy : car d'autant qu'elle se resoût fort facilement par ce que i'ay écrit en ma Geometrie, et que i'y donne generalement la façon, non seulement de trouver tous les lieux plans, mais aussi tous les solides, i'espere que si ce Conseiller est homme franc et ingenu, il sera l'un de ceux qui en feront le plus d'estat, et qu'il sera des plus capables de l'entendre : car ie vous diray bien que i'apprehende qu'il ne se trouvera que fort peu de personnes qui l'entendront (2).

(1) Tome I de la Correspondance, édition Ch. Adam et P. Tannery, p. 377.

(2) Il s'agit de la proposition envoyée à Roberval par Fermat en février 1637 (*Œuvres de Fermat*, t. II, p. 100). Voir ci-après Lettre du 23 août 1638.

## 2. DESCARTES A MERSENNE.

< FIN DÉCEMBRE 1637? >.

... et que neantmoins les plus habiles ont tasché de trouver les autres choses que Pappus dit au mesme endroit avoir esté cherchées par les anciens, comme ..... et autres, du nombre desquels il faut mettre aussi M. vostre Conseiller *De maximis et minimis;* mais aucun de ceux-là n'a rien sceu faire que les anciens ayent ignoré (1)........

Ie n'ai pas tant de desir de voir la demonstration de Monsieur de Fermat contre ce que i'ay écrit de la refraction, que ie vous veüille prier de me l'envoyer par la poste (2)........................................

## 3. DESCARTES A MERSENNE.

< JANVIER 1638? > (3).

I'ay receu l'écrit de Monsieur de Fermat, avec un billet que vous aviez mis dans le pacquet du Maire...... Ie vous renvoye l'original de sa demonstration pretenduë contre ma Dioptrique, pource que vous me mandiez que c'estoit sans le sceu de l'autheur que vous me l'aviez envoyé. Mais pour son écrit *De maximis et minimis*, puisque c'est un Conseiller de ses amis qui vous l'a donné pour me l'envoyer, i'ay crû que i'en devois retenir l'original, et me contenter de vous en envoyer une copie, veu principalement qu'il contient des fautes qui sont si apparentes, qu'il m'accuseroit peut-estre de les avoir supposées, si ie ne retenois sa main pour m'en deffendre. En effet, selon que i'ay pû iuger par ce que i'ay veu de luy, c'est un esprit vif, plein d'invention

(1) Tome I, p. 478.
(2) Tome I, p. 480.
(3) Tome I, p. 483.

et de hardiesse, qui s'est à mon advis precipité un peu trop, et qui ayant acquis tout d'un coup la reputation de sçavoir beaucoup en Algebre, pour en avoir peut-estre esté loué par des personnes qui ne prenoient pas la peine ou qui n'estoient pas capables d'en iuger, est devenu si hardy, qu'il n'apporte pas, ce me semble, toute l'attention qu'il faut à ce qu'il fait. Ie seray bien-aise de sçavoir ce qu'il dira, tant de la lettre jointe à celle-cy, par laquelle ie répons à son écrit *De maximis et minimis*, que de la precedente, où ie répondois à sa demonstration contre ma Dioptrique; car i'ay écrit l'une et l'autre, afin qu'il les voye, s'il vous plaist; mesme ie n'ay point voulu le nommer, afin qu'il ait moins de honte des fautes que i'y remarque, et parce que mon dessein n'est point de fascher personne, mais seulement de me deffendre. Et pource que ie iuge qu'il n'aura pas manqué de se vanter à mon prejudice en plusieurs de ses escrits, ie croy qu'il est à propos que plusieurs voyent aussi mes deffenses; c'est pourquoy ie vous prie de ne les luy point envoyer sans en retenir copie. Et s'il vous parle de vous renvoyer encore cy-apres d'autres escrits, ie vous supplie de le prier de les mieux digerer que les precedens; autrement ie vous prie de ne prendre point la commission de me les addresser. Car entre nous, si lors qu'il me voudra faire l'honneur de me proposer des objections, il ne veut pas se donner plus de peine qu'il a pris la première fois, i'aurois honte qu'il me fallust prendre la peine de répondre à si peu de chose, et ie ne m'en pourrois honnestement dispenser, lors qu'on sçauroit que vous me les auriez envoyées.........................

## 4. DESCARTES A MERSENNE.

< 25 JANVIER 1638? > (1).

.................................................................

... Ie ne vous renvoye point encore les écrits de Monsieur Fer(mat)

(1) Tome I, p. 503.

*De Locis planis et solidis*, car ie ne les ay point encore lûs; et pour vous en parler franchement, ie ne suis pas resolu de les regarder, que ie n'aye veû premierement ce qu'il aura répondu aux deux lettres que ie vous ay envoyées pour luy faire voir. ..... et toute la civilité dont i'ay crû pouvoir user envers Monsieur (Fermat) a esté que i'ay feint d'ignorer son nom, afin qu'il sçache que ie ne répons qu'à son Écrit, et que vous ne m'avez envoyé que ses objections, sans y engager sa reputation.........................................................

---

## 5. DESCARTES A MYDORGE.

< 1er MARS 1638 > (1).

Monsieur,

I'ay appris du Reverend Pere Mersenne que vous avez, il y a quelque temps, soûtenu mon party en sa presence; et l'affection que vous m'avez tousiours témoignée m'assure que vous faites le semblable en toutes les occasions, lesquelles ne manquent pas sans doute d'estre fréquentes; car i'apprens qu'on me met souvent sur le tapis en bonne compagnie. Ie ne veux pas m'estendre icy sur les complimens pour vous remercier; car mes paroles ne pourroient égaler mon ressentiment. Mais ie veux faire comme ceux qui ont coustume d'emprunter de l'argent; ils s'adressent tousiours plus librement à ceux à qui ils doivent desia, qu'ils ne font à d'autres, et ainsi vous estant desia tres obligé, ie me veux obliger à vous encore davantage, en vous suppliant de voir les pieces d'un petit procez de Mathematique que i'ay contre Monsieur de Fermat, et d'en iuger, non point en me favorisant, mais tout à fait selon la iustice et la verité. Il est vray que i'ay aussi à vous prier, outre cela, de faire sçavoir vostre iugement à tous ceux qui en auront oüy parler, et c'est ce que ie tiendray pour une tres-grande faveur.

(1) Tome II, p. 15-23.

La premiere des pieces que ie vous prie de voir, est une Lettre de Monsieur Fermat au Pere Mersenne, où il refute ma Dioptrique. La seconde est ma réponse à cette Lettre, dont ie vous envoye la copie. La troisieme est un Escrit Latin de Monsieur de Fermat *De maximis et minimis*, qu'il m'a fait envoyer, pour monstrer que i'avois oublié cette matiere en ma Geometrie, et aussi qu'il avoit une façon pour trouver les tangentes des lignes courbes, meilleure que celle que i'ay donnée. La quatrieme est ma réponse à cét Escrit. La cinquieme est un Escrit de quelques amis de Monsieur de Fermat, qui repliquent pour luy à ma réponse. La sixieme est ma réponse à ses amis, laquelle ie vous envoye en ce pacquet, et ie vous prie d'en retenir une copie avant que l'original leur soit mis entre les mains par le Reverend Pere Mersenne. La septieme est une replique de Monsieur de Fermat à ma premiere réponse touchant ma Dioptrique. Le Reverend Pere Mersenne vous fournira toutes celles de ces pieces que ie ne vous envoye pas, ou bien, s'il luy en manque quelques-unes, ie vous les envoyeray si-tost que i'en auray avis, afin que mon procez soit tout instruit.

Au reste, afin que vous puissiez plus commodément remarquer les fautes de la derniere Lettre de Monsieur de Fermat, à laquelle ie n'ay pas voulu répondre, pour la cause que vous verrez, ie mettray icy les principales.

Premierement, où il dit *que i'ay accommodé mon* medïum *à ma conclusion, et qu'il me seroit mal-aisé de prouver que la division des determinations dont ie me sers est celle qu'il faut prendre*, d'où il passe incontinent à d'autres matieres, il monstre n'avoir point eu du tout de quoy répondre à ma premiere lettre, en laquelle i'ay clairement prouvé ce qu'il demande, en faisant voir qu'il ne faut pas considerer la ligne tirée de travers par son imagination, mais la parallele et la perpendiculaire de la superficie où se fait la reflexion, pour la division de ces determinations.

En l'article qui commence : *Ie remarque d'abord*, il veut que i'aye supposé telle différence entre la determination à se mouvoir çà ou là et la vitesse, qu'elles ne se trouvent pas ensemble, ny ne puissent estre diminuées par une mesme cause, à sçavoir par la toile CBE (*fig.* 20) : ce qui est contre mon sens, et contre la verité; veu mesme

Fig. 20.

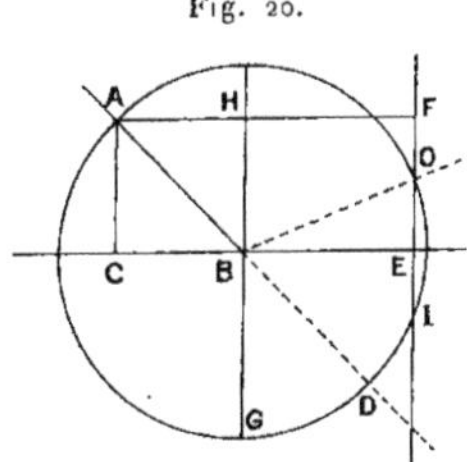


que cette determination ne peut estre sans quelque vitesse, bien qu'une mesme vitesse puisse avoir diverses determinations, et une mesme determination estre jointe à diverses vitesses.

En l'article suivant il y a un Sophisme, ou, ce qui est le mesme en matiere de demonstration, un Paralogisme, en ces mots : *Elle avance à proportion moins vers* BG *que vers* BE, *donc elle avance à proportion davantage vers* BE *que vers* BG. Il coule ce mot de *proportion*, qui n'est point du tout en mon Escrit, pour se tromper. Et de ce que, puis qu'elle avance moins vers BG que vers BE à proportion (c'est-à-dire en comparant seulement BG et BE l'une à l'autre), elle avance aussi davantage à proportion vers BE que vers BG, il conclud qu'il est vray, absolument parlant, qu'elle avance plus *vers* BE *qu'elle ne faisoit auparavant.*

Un peu après, où il dit ces mots : *Voyez comme il retombe en sa premiere faute*, c'est luy-mesme qui retombe en la sienne, voulant que la distinction qui est entre la determination et la vitesse ou la force du mouvement, empesche que l'une et l'autre ne puisse estre changée par la mesme cause. Et il fait un Paralogisme en ces mots : *puisque la balle ne perd rien de sa determination à la vitesse*, ce qu'il n'emprunte nullement de moy, veu que ie ne dis rien de semblable en aucun lieu; et sa faute est d'autant plus grande qu'il m'accuse de faire un Paralogisme en le faisant.

Tout ce qui suit apres n'est que pour preparer le lecteur à recevoir un autre Paralogisme, qui consiste en ce qu'il parle de la composition du mouvement en deux divers sens, et infere de l'un ce qu'il a prouvé de l'autre. A sçavoir, au premier sens, il n'y a proprement que la determination de ce mouvement qui soit composée, et sa vitesse ne l'est pas, sinon en tant qu'elle accompagne cette determination, comme on voit en la seconde figure, que faisant AB (*fig.* 21) égal à NA et aussi

Fig. 21.

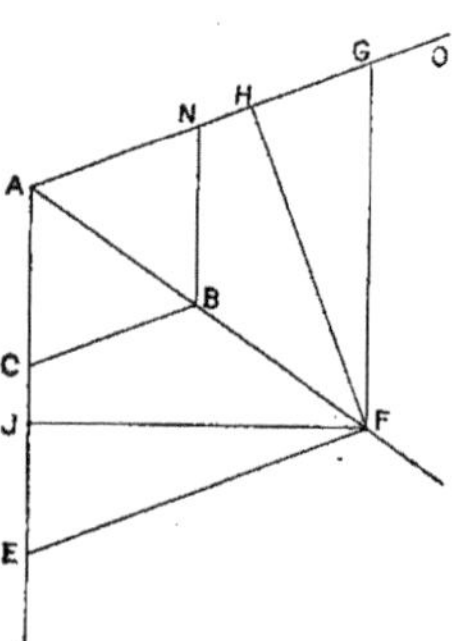


à BN, ce mouvement composé, qui va d'A vers B, n'est ny plus ny moins viste que chacun des deux simples, qui vont, l'un d'A vers N, et l'autre d'A vers C, en mesme temps; et ainsi on ne peut dire que ce soit sa vitesse qui est composée, mais seulement que c'est sa determination d'aller d'A vers B, qui est composée de deux, qui sont l'une d'aller d'A vers N, et l'autre d'A vers C. Et cependant la vitesse du mouvement d'A vers B peut estre ou égale, ou plus grande, ou moindre, selon que l'angle CAN est, ou de 120 degrez, ou plus aigu, ou plus obtus; non pource qu'elle est composée de celle des deux autres mouvemens, mais en tant qu'elle doit accompagner la determination composée, et s'accommoder à elle. Au lieu qu'en son second sens, qui est le mien en la figure de la page 20, il n'y a que la vitesse du mouvement qui se compose : à sçavoir, elle se compose de celle qu'avoit la balle en venant d'A (*fig.* 22) vers B (car elle dure encore de B vers D) et de celle que la raquette qui la pousse au point B luy adjoûte. De façon que c'est icy la vitesse seule qui suit les loix de la composition, et non pas la determination, laquelle est obligée de changer en diverses façons, selon qu'il est requis afin qu'elle s'accommode à la vitesse. Et la force de ma demonstration consiste en cela, que i'infere quelle doit estre la determination, de ce qu'elle ne sçauroit se trouver autre que telle que ie l'explique, pour se rapporter à la vitesse, ou pour mieux dire à la force qui la commence en B. Mais son Paralogisme consiste

Fig. 22.

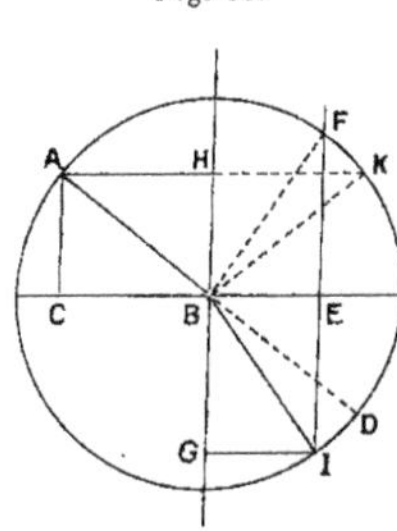


en ce qu'il conclud, touchant la composition de la vitesse, apres n'avoir rien prouvé que touchant la composition de la determination, nommant l'une et l'autre composition du mouvement.

Et il continuë ce Paralogisme iusques à la fin, où il conclud que le mouvement composé sur BI (c'est à dire duquel la vitesse est composée) n'est pas tousiours également viste, lors que l'angle GBD, compris sous les lignes de direction des deux forces (c'est-à-dire sous les lignes qui marquent comment se compose la determination de ces deux forces), est changé; tirant cette conclusion de ce qu'il a auparavant prouvé, touchant le mouvement duquel la determination est composée, et non la vitesse, que la vitesse change, quand l'angle change. Mais vous sçaurez mieux voir ses fautes que moy, et s'il reste quelque difficulté en tout cecy, que ie n'aye pas assez expliquée, vous m'obligerez, s'il vous plaist, de m'en avertir.

En ma réponse à son Escrit *De maximis et minimis*, ie n'ay pas voulu dire particulierement où estoit la faute de sa regle, ny celle de son exemple, pour trouver la tangente de la parabole, tant pour éprouver s'il les pourroit corriger de luy-mesme, que pource que i'ay crû qu'il ne trouveroit pas bon d'estre instruit par moy. Mais vous verrez que la faute de sa regle consiste principalement en ces mots : *in terminis sub* A *et* E *gradibus ut libet coefficientibus*. Ce qui ne vaut rien, comme il se voit par l'exemple que i'ay donné, touchant la parabole. Mais au lieu de *ut libet*, il faudroit mettre *vijs a prioribus diversis*, ou bien *per diversum medium*, ou quelque chose de semblable, et alors elle seroit assez bonne et serviroit en ce mesme exemple que i'ay donné pour la refuter. Il y auroit bien toutesfois encore quelqu'autre chose à y changer, mais qui n'est pas de si grande importance; car celle-cy est la piece la plus necessaire de toute la regle; en sorte que l'ayant mise, il monstre n'estre pas encore fort versé en l'Analyse, ou du moins n'y sçavoir encore rien de ferme et de solide. Pour sa faute en l'exemple où il cherche la tangente de la parabole, elle est extremement grossiere; car il n'y met rien du tout qui determine la parabole, plustost que toute autre ligne que se puisse estre, sinon que *maior est proportio* CD *ad* DI *quam quadrati* BC *ad quadratum* OI, ce qui est autant ou plus vray en l'ellipse qu'en la parabole, etc.

Je vous prie que Monsieur Hardy ait aussi la communication des pièces de mon procez. Et ie ne desire point qu'elles soient cachées à aucun autre de ceux qui auront envie de les voir. Mais deux des amis de Monsieur de Fermat s'estant meslez de soûtenir sa cause, ie me suis promis que vous n'auriez pas desagreable que ie vous employasse tous deux pour la mienne.

Au reste, permettez moy que ie vous demande comment vous gouvernez ma Geometrie; ie crains bien que la difficulté des calculs ne vous en dégouste d'abord; mais il ne faut que peu de iours pour la surmonter, et par apres on les trouve beaucoup plus courts et plus commodes que ceux de Viete. On doit aussi lire le troisiéme Livre avant le second, à cause qu'il est beaucoup plus aisé. Si vous desirez que ie vous envoye quelques addresses particulieres touchant le calcul, i'ay icy un amy qui s'offre de les écrire, et ie m'y offrirois bien aussi, mais i'en suis moins capable que luy, à cause que ie ne sçay pas si bien remarquer en quoy on peut trouver de la difficulté. Ie suis...

---

## 6. DESCARTES A MERSENNE.

< 1er mars 1638 >.

...................................................................................

...vous leur direz, s'il vous plaist, qu'ils peuvent donc, si bon leur semble, addresser leur écrit à mon Libraire, comme i'ay mis au Discours de ma Methode, page 75, mais qu'apres avoir veu la derniere lettre de M. de Fermat, où il dit qu'il ne desire pas qu'elle soit imprimée, ie vous ay prié tres-expressement de ne m'en plus envoyer de telle sorte (¹).........................................................

Ie viens à la seconde, où vous me mandez avoir differé d'envoyer ma Réponse *De maximis et minimis* à Monsieur de Fermat, sur ce que deux de ses amis vous ont dit que ie m'estois mépris. En quoy i'admire vostre bonté, et pardonnez-moy si i'adjoûte vostre credulité, de vous estre si facilement laissé persuader contre moy par les amis de ma partie, lesquels ne vous ont dit cela que pour gagner temps, et vous empescher de la laisser voir à d'autres, donnant cependant tout loisir à leur amy pour penser à me répondre. Car ne doutez point qu'ils ne luy en ayent mandé le contenu; et si vous l'avez laissée entre leurs mains, ie vous prie de voir s'ils n'en auroient point effacé ces mots : *E iusques a* (²), et mis en leur place : B *pris en*. Car ils me citent ainsi en leur Escrit pour corrompre le sens de ce que i'ay dit, et trouver là dessus quelque chose à dire; mais s'ils avoient changé quelque chose dans le mien (de quoy ie ne veux pas les accuser), ils seroient faussaires, et dignes d'infamie et de risée. I'envoye ma Réponse à

(¹) Tome II, p. 25.

(²) Cf. *Correspondance de Descartes*, tome I, p. 487, l. 18.

Monsieur Midorge, et ie l'ay enfermée avec la lettre que ie luy écris ([1]), afin que, si vous craignez qu'ils trouvassent mauvais que vous luy eussiez fait voir plustost qu'à eux, vous puissiez par ce moyen vous en excuser. Mais ie vous prie, en donnant le pacquet à Monsieur Midorge, de luy communiquer aussi : 1° la première lettre que Monsieur de Fermat vous a écrite contre ma Dioptrique; 2° la copie de son Escrit *De maximis et minimis;* 3° ma réponse à cét Escrit; 4° la copie de la replique de M. de Roberval; 5° et celle de la replique de Monsieur de Fermat contre ma Dioptrique. Car ces cinq pieces luy sont necessaires pour bien examiner ma cause; et ce seroit me faire grande injustice de ne monstrer leurs objections et mes réponses qu'aux amis de Monsieur de Fermat, afin qu'ils fussent ensemble juges et parties ([2])...

Gardez-vous aussi de mettre les originaux entre les mains des amis de Monsieur de Fermat, sans en avoir des copies, de peur qu'ils ne vous les rendent plus; et vous luy envoyerez, s'il vous plaist, mes réponses, si-tost que vous les aurez fait copier. Tout Conseillers, et Presidens, et grands Geometres que soient ces Messieurs-là, leurs objections et leurs deffenses ne sont pas soûtenables, et leurs fautes sont aussi claires qu'il est clair que deux et deux font quatre ([3]).....

Ie viens à vostre derniere que ie n'ay receuë qu'auiourd'huy, et il sst minuict, car depuis l'avoir receuë i'ay écrit à Monsieur Midorge, à Monsieur Hardy, et la réponse à la derniere de Monsieur de Fermat. I'admire vostre credulité de vous estre laissé abuser par ses amis; pardonnez-moy si ie vous le dis, ie m'assure qu'ils s'en mocquent entre eux ([4])...............................................

([1]) Tome II, lettres CX et CXI, p. 1 et 15 ci-avant.
([2]) Tome II, p. 26-27.
([3]) Tome II, p. 28.
([4]) Tome II, p. 29-30.

## 7. DESCARTES A HUYGENS.

<MARS 1638>.

. . . . . . . . . . . . . . . . . . . . . . . . . . . . . . . . . . . . . . . . . . . . . . . . . . . . . . .

Il y a un Conseiller de Thoulouse qui a un peu disputé contre ma Dioptrique et ma Geometrie; puis quelques Geometres de Paris luy ont voulu servir de seconds; mais ie me trompe fort, ou ny luy ny eux ne sçauroient se dégager de ce combat, qu'en confessant que tout ce qu'ils ont dit contre moy sont des paralogismes (1). . . . . . . . . . . . . . . . . . .

---

## 8. DESCARTES A MERSENNE.

31 MARS 1638.

. . . . . . . . . . . . . . . . . . . . . . . . . . . . . . . . . . . . . . . . . . . . . . . . . . . . . . .

Ie viens à la 2e, ou vous respondez a ma precedente, et ie vous supplie tres humblement de m'excuser, si i'ay iugé que les amis de Mr Fermat vous avoient deconseillé de luy envoyer ma response, etc. Ie pensois en avoir de grandes raisons, pource que vous m'en escriviez comme de personnes qui estoient extremement ses amis, et qu'ils ne trouvoient à reprendre en ma response qu'une chose qu'ils citoient tout au contraire de ce que i'ay escrit. Mais encore qu'il eust esté vray, de quoy ie n'ay plus aucune opinion puisque vous me mandez le contraire, ie vous supplie de croyre tres assurement que ny cela ny aucune autre chose qui puisse arriver n'est capable de diminuer en aucune sorte mon affection tres extreme a vous servir et ma reconnaissance pour une infinité d'obligations que ie vous ay (2). . . . . . . . . . . . . . .

Vous avez grande raison de m'avertir que ie ne face point imprimer

(1) Tome II, p. 49.
(2) Tome II, p. 88.

ce que le Sr Petit a escrit contre Mrs de Roberval et de Fermat, et ie suis bien ayse de ce qu'il me permet de le retrancher; mais ie n'y aurois pas manqué, encore qu'il ne me l'auroit pas permis, car autrement ie participerois a sa faute, et ie n'ay point droit de faire imprimer des medisances, sinon celles qui me regardent tout seul, affin de m'en pouvoir iustifier.

Ie suis bien ayse d'apprendre que Mrs Pascal et Roberval n'ont point de si particuliere liaison avec Mr de Fermat, que vos lettres m'avoient fait imaginer; car cela estant, ie ne doute point qu'ils ne se rendent enfin à la verité, etc., etc. (¹)..............................
Et de ce genre sont celles dont i'ay parlé en ma response à Mr de Fermat sur son escrit *De maximis et minimis*, pour l'avertir que s'il vouloit aller plus loin que moy, c'estoit par la qu'il devoit passer. Enfin il y en a qui appartiennent a l'Arithmetique et non a la Geometrie, comme celles de Diophante, et 2 ou 3 de celles dont ils ont fait mention en leur response pour Mr Fermat, a toutes lesquelles ie ne promets pas de respondre ny mesme seulement d'y tascher.........................
Et toutesfois affin qu'ils n'ayent pas pour cela l'occasion de croyre que i'ignore la façon de les trouver, ie mettray ici la solution de celles qui estoient en leur papier (²)..........................................

---

## 9. DESCARTES A MERSENNE.

<13 JUILLET 1638>.

Vous y [dans le paquet] trouverez le reste de l'Introduction à ma Géometrie, que ie vous avois envoyé cy-devant; ce reste ne contient que cinq ou six exemples, l'un desquels est ce lieu plan dont M[r] (Fermat) a tant fait de bruit (³);..............................

(¹) Tome II, p. 89-90.
(²) Tome II, p. 91.
(³) Tome II, p. 246.

Ie vous envoye aussi mon sentiment touchant la question de la Geostatique; et ie vous diray que, regardant par hazard ces iours passez en la Statique de Stevin, i'y ai trouvé le centre de gravité du Conoïde Parabolique, lequel vous m'aviez mandé cy-devant vous avoir esté envoyé par Mr (Fermat), ce qui me fait étonner que luy, qui est sans doute plus curieux que moy de voir les livres, vous l'eust envoyé comme sien, vû mesme que Stevin le cite de Commandin (1)..........

I'en estois parvenu iusques icy lors que i'ay receu vostre derniere avec l'enclose de Mr (Fermat) (2), à laquelle ie ne manqueray de répondre à la premiere occasion, et ie serois plus marry qu'il m'eust passé en courtoisie qu'en science. Mais pour ce que vous me mandez qu'il m'a encore écrit une autre lettre pour la deffense de sa regle, et que vous ne me l'avez point envoyée, i'attendray que ie l'ay receüe, afin de pouvoir répondre tout ensemble à l'une et à l'autre. Et entre nous, ie suis bien aise de luy donner cependant le loisir de chercher cette Tangente, qu'il a promis de vous envoyer au cas que ie continuasse à croire qu'elle ne se peut trouver par sa regle (3)............

---

## 10. DESCARTES A MERSENNE.

27 juillet 1638.

.................................................................

Pour ce qui est de l'obiection de Mr Fermat contre ma Dioptrique (4), il escrit si serieusement, que ie commence a me persuader qu'il croit avoir raison, et ainsy ie ne le prens nullement en mauvaise part; mais ie pense avoir grand droit de luy rendre ses mots, a sçavoir que ie ne sçaurois comprendre comment un homme, qui est d'ailleurs tres habile

(1) Tome II, p. 247.
(2) *Voir* Eclaircissements, p. 252.
(3) Tome II, p. 250.
(4) *Voir* Eclaircissements, p. 278.

tres bon esprit, entreprend de refuter une demonstration qui est tres ferme, et tres solide, avec des argumens si fragiles et ausquels il est si aysé de respondre. Car pour ce dernier, a sçavoir que, si la balle qui est au point B (*fig.* 23) est poussee par deux forces egales, dont l'une

Fig. 23.

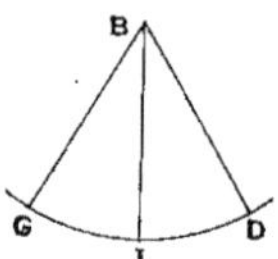


la porte de B vers D, et l'autre de B vers G, elle se doit mouvoir vers I, en sorte que l'angle GBI soit egal a IBD; et que, tout de mesme, estant poussée de B vers N (*fig.* 24) et vers I, elle doit aller vers L qui

Fig. 24.

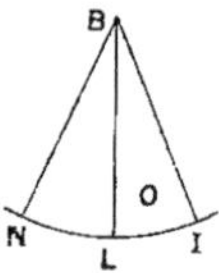


divise l'angle NBI en deux parties egales; ces premisses sont vrayes, mais elles ne contiennent rien du tout qui regarde les refractions, lesquelles ne sont point causées par deux forces egales qui poussent la bale, mais par la rencontre oblique de la superficie ou elles se font; et ainsy ie ne sçay par quelle Logique il pretend inferer de la, que ce que i'en ay escrit n'est pas vray. Mais ie suis bien ayse de ce qu'il promet de respondre a ce que i'ay cy devant mandé à M^r Mydorge, touchant ses autres obiections; car i'espere qu'en examinant mes raisons, il reconnoistra que ce qu'il nomme maintenant des subterfuges, sont des veritez tres certaines, par lesquelles i'ay repondu a des sophismes. Et si ma demonstration n'est pas comprise par plusieurs, il ne doit pas conclure de la qu'elle manque d'estre evidente, mais seulement que la matiere en est difficile, ainsy qu'il en y a plusieurs dans Apollonius et

Archimede qui ne laissent pas d'estre fort evidentes, encore qu'il y ait quantité d'honnestes gens et tres habiles en autre chose, qui ne sçauroient les comprendre (¹).

. . . . . . . . . . . . . . . . . . . . . . . . . . . . . . . . . . . . . . . . . . . . . . . . . . . . . . . . . . . . . . . . . . . . . . . .

Le raisonnement dont M. Fermat pretend prouver le mesme que le Geostaticien (²), est defectueux en deux choses : la premiere est qu'il considere B et C (*fig.* 25) comme deux cors separez, au lieu qu'estant

Fig. 25.

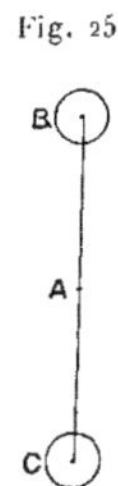


ioins par la ligne BC, qu'on suppose ferme comme un baston, ils ne doivent estre considerez que comme un seul cors, duquel le centre de gravité estant au point A, ce n'est pas merveille si l'une des parties de ce cors se hausse, affin que les autres s'abaissent, iusques a ce que son centre de gravité soit conioint avec celuy de la terre. Et la 2ᵉ est, qu'il suppose comme chose certaine que cela est, a sçavoir que le poids C, estant parvenu au centre de la terre, doit passer de l'autre costé, affin de permettre a l'autre de s'en approcher, ce qui avoit besoin d'estre prouvé, a cause qu'on le peut nier avec raison (³). . . . . . . . . . . . . . . . . . . .

I'en estois parvenu iusques icy, lorsque i'ay receu vostre dernier pacquet du 20 de ce mois, lequel ne contient que des escrits de Mʳ Fermat, ausquels ie n'ay pas besoin de faire grande response; car pour celuy ou il explique sa méthode *ad maximas*, il me donne assez gaigné, puisqu'il en use tout autrement qu'il n'avoit fait la première

(¹) Tome II, p. 263-265.
(²) PROPOSITIO GEOSTATICA *Domini de Fermat* (*Œuvres de Fermat*, tome II, p. 6).
(³) Tome II, p. 270.

fois, affin de la pouvoir accommoder a l'invention de la tangente que ie luy avois proposée; et selon ce dernier biais qu'il la prend, il est certain qu'elle est très bonne, a cause qu'elle revient a celuy duquel i'ay mandé cy-devant qu'il la faloit prendre. En sorte que, pour en dire entre nous la verité, ie croy que s'il n'avoit point vû ce que i'ay mandé y devoir estre corrigé, il n'eust pas sceu s'en demesler. Ie croy aussy que toute cete chiquanerie de la ligne EB sçavoir si elle devoit estre nommée la plus grande, que ses amis de Paris ont fait durer un demi-an, n'a esté inventée par eux que pour luy donner du tems a chercher quelque chose de mieux pour me respondre. Et ce n'est pas grande merveille qu'il ait trouvé en six mois un nouveau biais pour se servir de sa regle; mais on n'auroit pas de grace de leur parler de cela, car il n'importe pas en combien de tems ny en quelle façon il l'a trouvé, puisqu'il l'a trouvé (¹).

---

## 11. DESCARTES A MERSENNE.

23 AOUT 1638.

.....................................................................

Pour l'introduction a ma Geometrie, ie vous assure qu'elle n'est nullement de moy, et ie l'ay seulement a peine ouy lire un peu devant que l'enfermasse en mon pacquet. Et i'ay honte de ce que vous avez escrit a Mr Fermat, que i'y ay resolu son lieu plan; car il est si facile par ma Geometrie, que c'est tout de mesme que si vous luy aviez mandé que i'ay pû inscrire un triangle dans un cercle (²)..................

J'ay consideré exactement la demonstration pretendue de la roulete envoyée par M. Fermat, laquelle commence par ces mots : *Le centre du demi cercle* N, *le diamètre, etc.* (³). Mais c'est le galimathias le plus ridi-

(¹) Tome II, p. 272 273.
(²) Tome II, p. 332.
(³) Cette démonstration sur l'aire de la cycloïde est perdue.

cule que i'aye encore iamais vû. En effect il monstre par la que, n'ayant rien sceu trouver de bon touchant cete roulete, et ne voulant pas pour cela demeurer sans response, il a mis la un discours embarassé qui ne conclud rien du tout, sur l'esperance qu'il a euë que les plus habiles ne l'entendroient pas, et que les autres croiroient cependant qu'il l'auroit trouvée. Si le Sieur de Roberual s'est contenté de cela, on peut bien dire en bon latin que *mulus mulum fricat* (1)....................

I'escrirois aussy a M. Hardy, mais ie n'ay pas le tems; ie suis son tres humble serviteur, et ie le prie de ne point faire voir ce que ie luy ay mandé cy devant de la regle *de maximis*, si ce n'est qu'il l'ait desia fait; car i'ay mis cy dessus, en ce que ie respons a la lettre de M. Fermat, que ie ne croy pas encore qu'il sçache la demonstration de sa regle, s'il ne l'a apprise de la (2).

---

## 12. DESCARTES A MERSENNE.

11 octobre 1638.

.....................................................................

I'ay ry de ce que vous a écrit Monsieur (Fermat) (3) touchant des centres de Grauité, à sçavoir que ce qui est de plus merueilleux, c'est qu'on les trouue par sa methode : quand cela seroit, voila grande merueille; et que cette méthode est plus à luy qu'aux autres. Mais ie vous assure qu'on les peut trouver tous sans aucune Analyse, et mesme quasi sans mettre la main à la plume, en tirant seulement quelques consequences de ce qui est dans Archimede, ainsi que ie vous ay mandé dès la première fois qu'il en écriuist (4).

.....................................................................

Pour la question des quatre Globes (5), ie croy bien que M. F(ermat)

(1) Tome II, p. 333.
(2) Tome II, p. 335.
(3) 10 août 1638 (*Œuvres de Fermat*, tome II, p. 166-167).
(4) Tome II, p. 390.
(5) Voir *Éclaircissement*, p. 405.

peut voir de loin le moyen d'y paruenir, mais la difficulté est à en demesler le calcul, ce que i'ay peine à croire qu'il puisse faire par l'Analise de Viete; et pour preuue de cela vous pouuez le convier à vous en enuoyer le fait, à sçauoir, posant les quatre rayons des Spheres données estre, par exemple, *a*, *b*, *c*, *d*, luy demander quel est le rayon de la plus petite Sphère Concaue dans laquelle elles puissent estre enfermées; car vous verrez bien s'il s'accorde auec le fait que vous auez (1).

.................................................................

(La roulette). Et enfin l'exemple de M. F(ermat), qui, apres l'auoir sceu, comme moy, du Cercle, a nié au commencement qu'il fust vray, (2) monstre assez que cela n'aide gueres à en trouuer la démonstration (3)..................................................

Et pour la refutation de l'opinion de Galilée touchant le mouuement sur les Plans Inclinez, M. F(ermat) se méconte, en ce qu'il fonde son argument sur ce que les poids tendent vers le Centre de la Terre, qu'il imagine comme vn poinct, et Galilée supose qu'ils descendent par des lignes parallèles. (4)

---

## 13. DESCARTES A MERSENNE.

15 novembre 1638.

.................................................................

La façon dont Monsieur F(ermat) a examiné la Tangente de la Roulette, se raporte à celle dont Archimede s'est servy pour la Tangente de la Spirale, et c'est presque la seule qu'on peut auoir pour telles lignes. Sa premiere construction estoit generale; car il y avoit adjousté ces notes, ou semblables : *Et si la base est double de la Circonference du Cercle, on doit prendre le double de telle ligne; si triple, le*

(1) Tome II, p. 393.
(2) *Œuvres de Fermat*, tome II, p. 135.
(3) Tome II, p. 395.
(4) Tome II, p. 402.

*triple*, etc. : ce qui estoit vray et suffisoit pour faire connoistre qu'il l'auoit trouuée generalement (1).

. . . . . . . . . . . . . . . . . . . . . . . . . . . . . . . . . . . . . . . . . . . . . . . .

Ie n'ay point icy d'Aristote, pour y voir la question que M. F(ermat) (2) dit que Galilée n'a pas entenduë; mais ie n'y trouue pas plus de difficulté qu'à concevoir comment vn homme, qui marche lentement, est vne heure à faire le mesme chemin qu'il peut faire en demy-heure, lors qu'il va plus viste, etc. (3).

. . . . . . . . . . . . . . . . . . . . . . . . . . . . . . . . . . . . . . . . . . . . . . . .

Ie viens à vostre dernière lettre, où vous commencez par ce que vous a écrit M. (Fermat) (4), de quoi i'apprens qu'il n'a point du tout entendu ce qu'il pense avoir refuté en ma Dioptrique; car il dit que mon principal raisonnement est fondé sur vne chose entierement contraire à mon opinion, et à ce que i'ay écrit. Ie m'étonne qu'il se soit si fort laissé preoccuper par sa premiere imagination, que ie n'aye pû luy faire entendre ma pensée par mes réponses. Cependant ie vous remercie des reproches que vous luy auez fait pour les bruits qu'il a semez; mais ie luy en veux moins de mal, à cause que ie voy qu'il n'en a parlé que selon sa creance (5)

. . . . . . . . . . . . . . . . . . . . . . . . . . . . . . . . . . . . . . . . . . . . . . . .

---

## 14. DESCARTES A MERSENNE.

[DÉCEMBRE 1638].

... ie ne laisse pas de vous auoir beaucoup d'obligation de la peine que vous auez prise de m'enuoyer copie de la Lettre Geometrique de M. (Fermat) (6). Mais sçachez que tout ce qu'il a écrit de la Tangente

(1) Tome II, p. 434.
(2) Voir *Éclaircissements*, p. 450.
(3) Tome II, p. 436.
(4) Dans une lettre perdue.
(5) Tome II, p. 445.
(6) Fermat à Mersenne, 22 octobre 1638 (*Œuvres de Fermat*, tome II, p. 169-176).

du *galand* qui fait l'angle de 45 degrez, ne sert de rien que pour nous monstrer qu'il ne l'a point trouuée; car de la vouloir reduire, comme il fait, *ad locos solidos*, c'est vne grande faute, à cause que le problesme est plan. Et tout de mesme, en sa seconde façon, où il la reduit à vne équation de quarré de quarré, laquelle il ne démesle point, il s'arreste iustement au mesme endroit où s'estoit arreste M. de (Roberual) en ma solution, et ainsi il ne touche point à la difficulté, comme avoüera M. de (Roberual), si la passion ne l'empesche point d'avoüer la vérité.

Pour les lieux *ad superficiem* et ce qu'il dit allonger grandement *l'étriuiere* aux lieux plans, ce n'est rien qui ne soit tres facile. Enfin, pour ce qui est des autres lignes courbes dont il parle, encore que ie ne l'entende pas parfaitement, soit qu'il y ait faute à l'écriture, ou qu'il ne se soit pas assez expliqué, ou bien que ie n'aye pas assez d'esprit, toutesfois ie croy fermement qu'il se méconte. Et bien qu'il dist vray, ce ne seroit pas grande chose de donner les Tangentes de certaines lignes, qu'il a imaginées tout exprès pour en pouuoir donner les Tangentes, et qui d'ailleurs ne sont d'aucun vsage, de façon que ie ne voy rien en tout son écrit que i'admire, sinon les epithetes de merueilleux, d'excellent et de miraculeux, qu'il donne à des choses qui sont ou fort simples, ou mesme mauuaises. Et pour ce qu'en plusieurs écrits que i'ay veus de luy, i'ay seulement trouvé deux ou trois choses qui estoient bonnes, meslées auec plusieurs autres qui ne l'estoient pas, ie vous diray, entre nous, que ie les compare aux vers d'Ennius, desquels Virgile tiroit de l'or, i'entens *de stercore Ennii*. Mais c'est entre nous que ie le dis, car ie ne laisse pas d'estre fort son serviteur, s'il luy plaist (1).

---

## 15. DESCARTES A M. DE BEAUNE.

**20 FÉVRIER 1639.**

. . . . . . . . . . . . . . . . . . . . . . . . . . . . . . . . . . . . . . . . . . . .

Ie ne croy pas qu'il soit possible de trouuer generalement la conuerse

(1) Tome II, p. 463.

de ma règle pour les tangentes, ny de celle dont se sert Monsieur de Fermat non plus, bien que la pratique en soit en plusieurs cas plus aisée que de la mienne (¹).

---

## 16. DESCARTES A MERSENNE.

20 février 1639.

. . . . . . . . . . . . . . . . . . . . . . . . . . . . . . . . . . . . . . . . . . . . . . . . . . . . . . . . . . . .

Monsieur de Beaune me mande qu'il desire voir ces petites observations sur le liure de Galilée...; et puis que vous luy avez fait voir toute nostre dispute de M. (Fermat) et de moy touchant sa regle pour les Tangentes, ie serois bien aise qu'il vist aussi ce que i'en ay vne fois écrit à M. Hardy (²) où i'ay mis la demonstration de cette regle, laquelle M. (Fermat) n'a jamais donnée, quoy qu'il l'eust promise, et que nous l'en ayons assez pressé, vous et moy. Vous en aurez aysément vne copie de M. Hardy et ie seray bien aise que M. de Beaune iuge par là, qui c'est qui a le plus contribué à l'inuention de cette regle (³).

. . . . . . . . . . . . . . . . . . . . . . . . . . . . . . . . . . . . . . . . . . . . . . . . . . . . . . . . . . . .

---

## 17. DESCARTES A MERSENNE.

11 juin 1640.

Ie suis fort peu curieux de voir ce que Mr Fermat a escrit de nouueau sur les tangentes (⁴).

(¹) Tome II, p. 514.
(²) Lettre CXXV, p. 169.
(³) Tome II, p. 526.
(⁴) Tome III, p. 86. Ce nouvel écrit de Fermat sur les tangentes est celui qui commence par les mots *Doctrinam tangentium* (*Œuvres de Fermat*, tome I, p. 158-167).

---

## 18. DESCARTES A MERSENNE.

28 OCTOBRE 1640.

. . . . . . . . . . . . . . . . . . . . . . . . . . . . . . . . . . . . . . . . . . . . . . . .

Le 3 est de M. Fermat pour les Tangentes, où le premier point n'a rien de nouueau, et le suiuant, qu'il dit que i'ay iugé difficile, n'est aucunement resolu. Et bien qu'en l'exemple qu'il donne de la Roulette, le *facit* vienne bien, ce n'est pas toutesfois par la force de sa regle; mais plutost il paroist qu'il a accommodé sa regle à cét exemple (¹).

. . . . . . . . . . . . . . . . . . . . . . . . . . . . . . . . . . . . . . . . . . . . . . . .

## 19. DESCARTES A MERSENNE.

3 DÉCEMBRE 1640.

. . . . . . . . . . . . . . . . . . . . . . . . . . . . . . . . . . . . . . . . . . . . . . . .

Ie suis extremement obligé à Monsieur Des-Argues, et ie veux bien croire que le Pere Bourdin n'auoit pas compris ma demonstration (²); car il n'y a gueres de gens au monde si effrontez, que de contredire à vne demonstration qu'ils entendent, quand ce ne seroit que de crainte d'estre repris par les autres qui l'entendent aussi; et ie voy que mesme vos grands Geometres, Messieurs Fer(mat) et Rob(erual), n'ont pas veu clair en celle-cy (³).

. . . . . . . . . . . . . . . . . . . . . . . . . . . . . . . . . . . . . . . . . . . . . . . .

(¹) Tome III, p. 207.
(²) Sur le mécanisme de la réfraction.
(³) Tome III, p. 249.

## 20. DESCARTES A MERSENNE.

4 mars 1641.

. . . . . . . . . . . . . . . . . . . . . . . . . . . . . . . . . . . . . . . . . . . . . . . . . . . . . . . . . .

Ie voudrois bien que vous n'eussiez point enuoyé de copie de ma Metaphysique à Mr Fermat; et si vous ne l'auez encore fait, ie vous prie de vous en excuser sur ce que ie vous ai prié tres expressement de n'en enuoyer aucune copie hors de Paris, et mesme a Paris de n'en mettre point la copie entre les mains de personne, qui ne vous promette de la rendre; comme en effect ie vous en prie, affin de me retenir la liberté d'y changer ou adiouster tout ce que ie iugeray a propos, pendant qu'elle ne sera point imprimée. Et, entre nous, ie tiens Mr Fermat pour l'vn des moins capables d'y faire de bonnes obiections; ie croy qu'il sçait des Mathematiques, mais en Philosophie i'ay tousiours remarqué qu'il raisonnoit mal (1).

. . . . . . . . . . . . . . . . . . . . . . . . . . . . . . . . . . . . . . . . . . . . . . . . . . . . . . . . . .

## 21. DESCARTES A [CLERSELIER].

18 décembre 1648.

. . . . . . . . . . . . . . . . . . . . . . . . . . . . . . . . . . . . . . . . . . . . . . . . . . . . . . . . . .

Pour le billet de Monsieur de Fermat (2), puisqu'il est latin, il faut que i'y réponde aussi en latin. Et en suitte de ces mots : *An itaque hærebit Analysis, et asymmetrijs vndique obruta conticescet? Videant eruditi et methodum huic negotio conducibilem inquirant*, ie répons :

(1) Tome III, p. 328.
(2) Voir *Œuvres de Fermat*, tome II, p. 282-283.

*Non hæret Analysis nostra in loco tam facili et methodum huic negotio conducibilem talem habet. Omnibus asymmetriæ notis reiectis, dati termini (hoc modo commensurabiles facti) simul iungendi sunt et postea quadratè multiplicandi. Suntque ter ita multiplicandi, si dati fuerint quinque termini asymmetri; quater, si dati fuerint sex; quinquies, si dati fuerint septem, et sic in infinitum.*

*Deinde ex terminis vltima multiplicatione productis, eorumue multiplis per solam additionem et substractionem simul iunctis, exurgit æquatio nullis asymmetrijs intricata, quæ priori datæ æquipollet.*

*Ita, in dato exemplo, sunt sex termini asymmetri, quos sic scribo :*

$$
\begin{array}{r}
\mathrm{BA}-\mathrm{AA} \\
+\mathrm{ZZ}+\mathrm{DA}+\mathrm{AA} \\
+\mathrm{MA} \\
+\mathrm{DD}-\mathrm{AA} \\
+\mathrm{RA}+\mathrm{AA} \\
+\mathrm{BB}+2\mathrm{BA}+\mathrm{AA}.
\end{array}
$$

*Si autem semel quadrate ducti, producunt terminos viginti et vnum duntaxat. Notandum enim est cuiuscunque termini omnes partes (quando habet plures) simul iunctas esse retinendas; nec ante finem operationis cum aliorum terminorum partibus, quamuis plane similibus, confundendas. Hi autem 21 termini, quadrate multiplicati, producunt multò plures; sed quia istæ multiplicationes per amanuensem fieri possunt, lapsusque calami amanuensis a perito Analysta facile emendantur, operationis prolixitas inter eius difficultates non est muneranda. Et noui sanè breviorem, sed quæ non ita per amanuensem potest absolui.*

*Hîc autem peto à Domino Fermat, nec non à Domino de Roberual (et quidem præcipue ab hoc vltimo : cùm enim occupet Cathedram Rami, tenetur ex officio ad eiusmodi quæstiones respondere, vel ista Cathedra se indignum esse debet fateri), peto, inquam, ab ipsis quomodo inueniendum sit quinam ex terminis vltima multiplicatione productis addendi sint, et quinam subtrahendi, vt exurgat quæsita æquatio. Nec prætendere debet D. de Roberual, vt solet, non istam multum temporis exigere, seque esse alijs negotijs occupatum; affirmo enim, atque cùm opus erit demonstrabo, nihil à me hîc peti, quod non possit a perito Analysta brevissimo tempore inveniri, profiteorque me in hac methodo quærendâ et inueniendâ, nec non etiam ad omnes asymmetriæ species extendendâ, vix medium horæ quadrantem impendisse* (1).

## 22. DESCARTES A CARCAVI.

11 JUIN 1649.

.................................................................

... Mais, parce qu'il (Pascal) est amy de Monsieur R(oberval), qui fait profession de n'estre pas le mien, et que i'ay desia veu qu'il a tasché d'attaquer ma matière subtile dans vn certain imprimé de deux ou trois pages, i'ay suiet de croire qu'il suit les passions de son amy, lequel ne fait aucunement paroistre, par ce que vous m'auez enuoyé de sa part, qu'il sçache la solution de la difficulté de Monsieur de Fermat touchant les équations entre cinq ou six termes incommensurables (2).

## 23. DESCARTES A CARCAVI.

17 AOUT 1649.

.................................................................

... Mais je ne puis aucunement connoistre, par ce qu'il vous a plû m'écrire de sa part, qu'il (Roberval) puisse demesler les asymmétries qui ont embroüillé Monsieur de Fermat (3).

.................................................................

(1) Tome V, p. 255.
(2) Tome V, p. 366, et Cf. l'*Éclaircissement*, p. 367.
(3) Tome V, p. 392.

VIII.

# EXTRAITS DE LA CORRESPONDANCE DE HUYGENS.

(Édition de la Société hollandaise des Sciences).

## 1. HUYGENS A FR. VAN SCHOOTEN.

26 MAI 1655.

. . . . . . . . . . . . . . . . . . . . . . . . . . . . . . . . . . . . . . . . . . . . . . . . . . . . . . . . . . . . . . . . .

Pater meus nuper inter manuscripta quæ olim à Mersenno missa sunt invenit libros duos Locorum planorum Apollonij à Fermatio restitutorum. Si te scirem eos inspicere velle mitterem lubens, sed credidi, causam esse posse cur nolles. Videntur mihi demonstrationes Fermatij tuis demonstrationibus nequaquam æquiparandæ; multa quoque aut perfunctorie nimis tractavisse aut in totum omisisse... (1).

## 2. FR. VAN SCHOOTEN A HUYGENS.

29 MAI 1655.

. . . . . . . . . . . . . . . . . . . . . . . . . . . . . . . . . . . . . . . . . . . . . . . . . . . . . . . . . . . . . . . . .

In acceptis litteris mentionem facit Eclipseos praeteriti anni, quas

(1) Tome I, p. 326.

non accepi aut vidi. Præterea Loca Plana Apollonij, à Fermatio restituta, licèt videndi potestatem ultro lubens mihi offeras, amo tamen etiamnum illa me latere, donec post impressionem meorum legendi ea nactus fuero occasionem, ne alibi visa facilè quis credat me plagiarium aut ab aliquo adiutum fuisse, sed libero animo me dicere posse qualia à me eduntur ita quoque fuisse inventa (1)..................

---

## 3. Cl. MYLON A HUYGENS.

15 avril 1656.

.................................................................

Il [Monsieur Bouillaut] m'a dit que Monsieur Defermat a trouué des *Nombres dont les parties aliquotes sont des Nombres quarrez*. Je ne vous assecureray pas si cèst precisément cette proposition n'ayant pû voir Monsieur Decarcaui, a qui Monsieur Defermat en a escrit, quoyque j'aye esté plusieurs fois chez luy, si vous auez quelque chose differente de ce que je vous enuoye vous me ferez plaisir de m'en faire part, je la communiqueray a nos Messieurs. Et on la fera tenir a Monsieur Defermat qui sera raui de conferer auec vous puisque vous trauaillez tous deux sur les nombres (2).....................................

---

## 4. FR. VAN SCHOOTEN A HUYGENS.

3 mai 1656.

.................................................................

Hic (3) cum Domino Fermatio conjunctissimus sit, obtulit mihi similiter cum ipso literarum commercium procurare, quod ipsum,

(1) Tome I, p. 328.
(2) Tome I, p. 400.
(3) Carcavy.

quommodo à me neglectum sit, vix dicere possum, nisi quod proprijs fortè speculationibus interim indulgens nimis in ipsius inventis inquirendis non satis fuerim curiosus (¹)........................

---

## 5. P. DE CARCAVY A HUYGENS.

20 MAI 1656.

.....................................................................

Je ne scay pas beaucoup aux mathematiques mais J'ay une grande passion pour cette science, et comme uous y estes des plus advancez, Je pourrois esperer de uous y procurer quelque satisfaction par l'entremise de Monsieur de Fermat qui est mon ancien amy. Ce Grand Monsieur de Fermat qui est certainement un des premiers hommes de l'Europe, Et de uous faire uoir des choses de luy qui meriteront uostre approbation, Ce me sera aussy un moyen de contenter l'inclination que J'ay pour vn si grand homme en luy faisant uoir en mesme tems ce que uous aurez la bonté de nous enuoyer, et le public receura un grand aduantage de la communication de deux personnes si excellentes qui feront uoir à la posterité que nostre siecle ne cede point à celuy des Apollonius, des Menelaus et des Archimedes (²)................

---

## 6. HUYGENS A CL. MYLON.

[1er JUIN 1656].

.....................................................................

Les problemes de Monsieur de Fermat sont tout a fait beaux dans

(¹) Tome I, p. 410.
(²) Tome I, p. 418.

le gendre (1), et mal aisez à resoudre, au moins il me semblent tels a moy qui ne me suis gueres exercé dans les questions des nombres, parce que j'ay tousjours pris plus de plaisir à celles de Geometrie (2)......

## 7. HUYGENS A P. DE CARCAVY.

1er juin 1656.

..............................................................................

Le Pere Mersenne m'honoroit de sa correspondance pour m'inciter a l'estude des mathematiques a la quelle il me voyoit porté naturellement; et m'envoyoit souvent des escrits de vous autres illustres et principalement de Monsieur de Fermat, que j'ay commencé a entendre a mesure que j'ay profité dans ces sciences. Ainsi j'ay eu des mon premier apprentissage une merueilleuse estime pour ce grand homme, la quelle s'est augmentée de beaucoup quand j'ay appris estant en France que de mesme qu'aux mathematiques il excelloit en toute chose ou il daignoit d'appliquer son esprit. Je me croiray donc tres heureux d'estre cognu d'une personne si rare par vostre moyen, et de participer par fois de ses belles inventions. Les deux problemes numeriques que Monsieur Milon m'a envoyez sont de bien difficile recherche et je doubterois presque s'il y auroit moyen de trouver d'autres tels nombres autrement que par hazard, si l'on ne m'asseuroit que Monsieur de Fermat en a des regles certaines, lesquelles je croy pourtant estre de cette sorte, qu'il faille premierement chercher quelque nombre a l'avanture qui ait certaines proprietez, comme dans les reigles qu'on a donné pour les nombres parfaits et amicables.........
.............. Monsieur de Fermat qui s'est exercé dans toutes sortes

(1) Lire « genre » (H.).
(2) Tome I, p. 426. Cf. *Œuvres de Fermat*, tome II, p. 320.

de problemes et particulierement dans ceux des partis de jeux n'aura pas tant pareille de peine à resoudre celuy que j'ay proposé touchant les dèz, qui n'est aucunement difficile a ceux qui scavent les principes de ce calcul et un peu de l'algebre. Vous m'avez fait grand plaisir de le luy avoir envoyé et je verray avec beaucoup de contentement la solution qu'il en aura donnée (1)..................................

---

## 8. P. DE CARCAVY A HUYGENS.

22 JUIN 1656.

...........................................................................

Monsieur de fermat m'a enuoyé il y a desia quelques jours la solution de ce que uous auiez proposé touchant le parti des jeux, et vous verrez par l'extrait que ie vous faits de sa lettre qu'il a la demonstration generalle de ces sorte de question, et conclurez certainement auec nous non seulement pour la resolution de ce probleme mais aussy pour quantité de plusieurs autres tres belles speculations que nous auons ueu de luy tant en ce qui concerne les nombres que pour la geometrie que c'est un des plus grands genies de nostre siecle. Je tasche il y a desia longtems d'en tirer ce que ie puis pour le donner au public, et j'en auois fait la proposition à Monsieur de Schooten pour y employer les Elzeuirs mais les choses ne se trouuerent pas disposees pour nous procurer cette satisfaction (2)..................................

(1) Tome I, p. 428.
(2) Tome I, p. 432.

---

## 9. HUYGENS A [CL. MYLON].

7 MARS 1658.

. . . . . . . . . . . . . . . . . . . . . . . . . . . . . . . . . . . . . . . . . . . . . . . . . . . . . . . . . .

Je n'adjousteray rien touchant le traité de Monsieur Frenicle si non que je suis marry de n'avoir pas sceu, auparavant que de veoir la solution de ces problemes, que Monsieur de Fermat la jugeoit de telle importance. Car encore que je ne me sois jamais guere appliqué aux questions purement arithmetiques je n'aurois pas laissé d'entreprendre celles cy, afin de meriter si il m'eust esté possible l'estime de ce grand homme (¹).

---

## 10. HUYGENS A J. WALLIS.

6 SEPTEMBRE 1658.

. . . . . . . . . . . . . . . . . . . . . . . . . . . . . . . . . . . . . . . . . . . . . . . . . . . . . . . . . . . .

..... Nesciveram (²) equidem de Problematis illis Arithmeticis tantis animis inter vos decertari. Quin imo idem de ijs sentiebam quod te quoque saepius expressisse video, non debere bonas horas talibus impendi nisi cum potiora deessent, quae sane in geometricis offeruntur plurima. Interim non nego subtilitatis laudem egregiam vos merito ferre, qui, quae viro acutissimo Fermatio quasi nemini alij perscrutabilia visa sint, non una via assecuti sitis.......... Caeterum nec Fermatius ut puto felicius hoc (³) demonstrare potuit, quia vestrae solutioni plane acquiescit.......................................................

(¹) Tome II, p. 146.

(²) Il s'agit du *Commercium epistolicum*, Oxford, 1658, que Wallis avait adressé à Huygens le 11 juillet.

(³) Il s'agit de l'équation indéterminée $na^2 + 1 = l^2$. (Voir *Œuvres de Fermat*, tome III, p. 457.)

Ego miror quomodo tam confidenter veram esse Fermatius promittere ausus sit, (1) quum ne per inductionem quidem mortalium quisquam id comperire posse videatur, nam ad primos 4 aut 5 numeros rem succedere nihil nisi levem tantum verisimilitudinem inducit (2).

. . . . . . . . . . . . . . . . . . . . . . . . . . . . . . . . . . . . . . . . . . . . . . . . . . . . . . . .

---

## 11. FR. VAN SCHOOTEN A HUYGENS.

19 septembre 1658.

. . . . . . . . . . . . . . . . . . . . . . . . . . . . . . . . . . . . . . . . . . . . . . . . . . . . . . . .

Quod priorem verò tractatum concernit, qui certamen continet, ad quod Fermatius (3) omnes Europae Mathematicos provocavit, non malè item placuit, tum quòd praeter literas quasdam humanitatis etiam illic aliae reperiantur, in quibus nonnulla continentur scitu digna ac pulchra. In Fermatianis ubique aliquid istius Nationis redolere mihi videtur, nimirum, ipsum Vasconem esse; ita ut non abs re Dominus des Cartes, cum è Gallia redux ipsum Endegestae inviserem, eidemque inter deambulandum narrarem plura egregia à Fermatio fuisse inventa, de quibus multum gloriabatur, tunc responderit mihi : *Monsieur Fermat est Gascon, moy non. Il est vraij, qu'il a inventé plusieurs belles choses particulieres, et qu'il est homme de grand esprit. Mais quant à moy j'ay tousiours estudié à considerer les choses fort generalement, affin d'en pouvoir conclurre des Reigles, qui ayent aussy ailleurs de l'usage.* Dominus Freniclius (uti jam mihi innotuit) Fermatio haud multum in eo absimilis eodem modo se cum Fermatio gessisse videtur, nimirum, uterque vanâ captus gloriâ, prout sua sola sibi placuêre de Wallisij ac Domini Vice-Comitis aliorumque inventis non nisi cum

(1) Il s'agit de l'énoncé faux : *Potestates omnes numeri* 2, etc. (*Œuvres de Fermat*, tome II, p. 404.)

(2) Tome II, p. 211.

(3) *Œuvres de Fermat*, tome II, p. 332.

despectu judicavit, donec tandem horum duorum prudentiori responso convicti, ac utriusque pluribus profundioris in hisce scientijs eruditionis speciminibus visis, certamen id feliciter absque sanguine sit finitum (1).

---

## 12. WALLIS A HUYGENS.

1er JANVIER 1659.

. . . . . . . . . . . . . . . . . . . . . . . . . . . . . . . . . . . . . . . . . . . . . . . . . . . . . . . .

Etsimi li argumento colligere forsan licebit, Regulam illam generalem quam se pollicetur communicaturum Fermatius pagina 6, (2) modo id desiderem (quod itaque peto pagina 8) sed quam deinceps perendinat pagina 21, donec ipse exposuerim quid valeam ea de re praestare, et tandem declinat, nec aliud substituit quam Robervallij et Pascalij testimonium, se id praestare posse, pagina 160 traditis a me paginis 45 et 52, vel inferiorem vel saltem nihilo superiorem esse; praesertim cum et quaesiti quod pagina 46 de eodem subjecto reposueram, solutionem declinet (3).

---

## 13. HUYGENS A P. DE CARCAVY.

22 MAI 1659.

. . . . . . . . . . . . . . . . . . . . . . . . . . . . . . . . . . . . . . . . . . . . . . . . . . . . . . . .

Il y a dans la lettre de Monsieur Fermat au Chevalier Digby, la derniere du Commercium Epistolicum (4) de Monsieur Wallis, que le

(1) Tome II, p. 221.
(2) Du *Commercium epistolicum* de Wallis (voir *OEuvres de Fermat*, tome III, p. 399 et suiv.)
(3) Tome II, p. 298.
(4) *OEuvres de Fermat*, tome II, p. 402; tome III, p. 314.

dit Monsieur Fermat vous a mis en main il y a longtemps ses traitez de locis solidis et *linearibus*, ce que Monsieur de Wit nostre Pensionnaire d'Hollande qui se plaist fort au Mathematique ayant leu, il a grande envie de scavoir plus particulierement quelle œuure c'est et comment Monsieur Fermat a traité cette matiere (¹).................

---

## 14. HUYGENS A J. WALLIS.

9 JUIN 1659.

.....................................................................

Videbis item methodum illam Huddenij ad maximi vel minimi determinationem, quam tamen in solidum illi non debemus, sed primam ejus inventionem Fermatio potius. Hujus enim methodum ego quoque jam pridem ad idem hoc compendium, quo Huddenius utitur redegeram, atque omne ejus fundamentum, clarius quam ab illo factum est, scripto explicueram in gratiam Domini de Wit Hollandiæ Pensionarij. Usus ejus longe maximus est ad inveniendas curvarum tangentes (²)..............................................

---

## 15. P. DE CARCAVY A HUYGENS.

14 AOUT 1659.

..... J'attendois aussy Monsieur de respondre à ce que vous m'auez demandé pour Monsieur de Wit touchant ce qu'il desire de Monsieur

(¹) Tome II, p. 411.
(²) Tome II, p. 417.

de Fermat, mais je ne pouuois trouuer mes papiers que j'auois presté à Monsieur Boulliaud, dont ie ne me souuenois plus et qu'il m'a rendu du depuis (1)...................................................

## 16. P. DE CARCAVY A HUYGENS.

13 SEPTEMBRE 1659 [EXPÉDIÉE LE 26 DÉCEMBRE 1659].

...........................................................................

Je n'ay pas toutefois negligé ce que vous m'auiez ordonné et ayant eu occasion d'escrire a Monsieur de Fermat Je luy ay fait uoir ce que vous me mandiez par uostre derniere sur le suiet des nombres, et sur la difficulté que vous et Monsieur Sluze n'auiez pu resoudre touchant la proposition de la parabole et de la spirale de Monsieur Destonuille, ce que J'ay fait Monsieur d'autant plus volontiers que Je ne pouuois vous donner l'esclaircissement que vous desiriez, n'ayant ni le liure de Monsieur Destonuille ni le loisir d'examiner derechef une chose qui m'auoit paru veritable, Et que Je n'osois aussy escrire de cela au dit Seigneur Destonuille qui n'est pas mesme encore a present bien remis de son jndisposition, Et qui ne scauroit s'appliquer a la moindre chose qui demande quelque attention, Ce que m'en a escrit le dit Seigneur de Fermat, Et que ie uous enuoye dans ce paquet, m'a fait voir que J'auois peut estre conclu trop uiste la certitude de la proposition dudit Seigneur Destonuille, Et Je ne croyois pas qu'il fallut tant de discours pour en faire uoir l'Euidence. Je joints a cela quelqu'autre chose qu'il m'a escrit que uous serez peut estre bien ayse de uoir, Et Jauray touiours une satisfaction tres particuliere de vous temoigner par mes seruices et mon affection, et l'estime que ie faits de votre merite.

(1) Tome II, p. 457.

Pour ce qui est des nombres il ne m'en a rien mandé de particulier, mais je luy ay enuoyé tout ce que J'auois de luy pour l'obliger a le reuoir et le donner au public auec plusieurs autres belles propositions qu'il a encore par deuers luy tant pour les nombres que pour les lignes droictes et courbes, ce que ie crois qu'il fera puisqu'il veut bien se donner la peyne de reuoir ce qu'il en a desia communiqué à ses amis.

.................................................................

Voicy l'extrait des lettres de Monsieur de Fermat (¹).

.................................................................

## 17. HUYGENS A P. DE CARCAVY.

26 FÉVRIER 1660.

.................................................................

Je vous remercie beaucoup des extraits qu'il vous a pleu m'envoyer des lettres de Monsieur de Fermat (²). Pource qui est de la demonstration de la spirale et parabole, je vous ay escrit que j'y trouuois de la difficulté, et que Monsieur Sluse non plus que moy ne la pouuoit resoudre, c'est a dire que selon nostre jugement il y avoit de la faute en cette demonstration, comme il y en a en effect. Mais j'ay bien veu d'abbord qu'en la changeant, l'on y pouuoit remedier. Et voicy comme je l'avois concüe, en gardant de plus pres ce me semble l'intention de Monsieur Dettonuille que n'a fait Monsieur de Fermat (³)...........

.................................................................

La comparaison des autres sortes de spirales avec les lignes paraboloides que donne Monsieur de Fermat est veritable (⁴), mais non pas fort difficile a trouver apres que la premiere est connüe. Et je m'estonne

(¹) Tome II, p. 534. Voir *OEuvres de Fermat*, tome II, p. 438 et 441.
(²) Voir *OEuvres de Fermat*, tome II, p. 438 et 441.
(³) Tome III, p. 26 et 27.
(⁴) Voir *OEuvres de Fermat*, tome II, p. 441.

qu'il prend plaisir a inventer des lignes nouuelles, qui n'ont pas autrement des proprietez dignes de consideration.

Les propositions touchant les surfaces des Conoides et Sphaeroides comme aussi de la ligne parabolique sont les mesmes que je vous ay cydevant communiquees, et à plusieurs autres de mes amis. Je croy bien pourtant que Monsieur de Fermat n'en avoit veu aucune puis qu'il l'assure, mais d'autres peut estre seront plus incredules, si en les donnant au public il n'allegue celuy a qui il les aie fait veoir auparavant. La mesure de la superficie du conoide que fait la parabole autour de l'appliquée la quelle il promet en supposant la quadrature de l'hyperbole sera quelque chose de nouueau si elle est vraye (¹).

---

## 18. P. DE CARCAVY A HUYGENS.

6 mars 1660.

.......................................................................

Je ne vous enuoyai l'escrit de Monsieur de Fermat, que pour iustifier la verité de l'enoncé de Monsieur dEstonuille, et parce que uous me mandiez y auoir trouvé de la difficulté, pource qui est des autres lignes dont il parloit dans le mesme escrit, cela n'est pas difficile pour vous, Monsieur, non plus que ce qu'il m'escriuoit des surfaces des conoides et des spheroides, et ie ne voulu pas le retrancher a cause qu'il desduit tout cela d'un mesme principe, mais ie puis vous assurer qu'il ne s'atribuera rien a uostre preiudice, car outre qu'il n'en a jamais vsé de la sorte enuers qui que ce soit, jl a un estime toute particuliere pour ce qui vous regarde. permettez moy de vous dire qu'il se plaint un peu de Monsieur Schooten en ce qu'il n'en a pas vsé de mesme dans la publication des lieux plans d'Appollonius; Ne doutez pas s'il vous plaist,

(¹) Tome III, p. 27.

que ce qu'il propose de la mesure de la surface du conoide que fait la parabole autour de son appliquée ne soit veritable, Et si la chose vous agree, ou que vous ne desiriez pas vous peyner à en chercher la demonstration, Je la luy demanderay tres volontiers.

Il me doit enuoyer au premier iour touts ses Escrits de Geometrie et des nombres que j'auois icy et dont je luy ay fait tenir vne coppie, qu'il a voulu reuoir. Et encore un petit traicté par lequel il donne les lignes les plus simples qu'il se puisse pour resoudre les problemes de chaque degré. En quoy Monsieur Descartes s'est mépris, et Monsieur Schooten ne s'en est aperceu. J'ay aussy receu dans sa derniere lettre la proposition suiuante. Voilà Monsieur l'extrait de la lettre de Monsieur de Fermat (1).

---

## 19. HUYGENS A P. DE CARCAVY.

27 mars 1660.

. . . . . . . . . . . . . . . . . . . . . . . . . . . . . . . . . . . . . . . . . . . . . . . . . . . . .

Je vous rends graces tres humbles de l'extrait (2) de la lettre de Monsieur de Fermat de qui je trouue cette derniere speculation touchant les roulettes proportionnelles beaucoup plus belle que la precedente des spirales (3).

Pour ce qui est de la proposition dont j'estois aucunement en doute, je ne voudrois pas qu'il prit la peine d'en escrire la demonstration separement, pour me la faire veoir, mais plustost Monsieur ayant le traité entier et tant d'autres excellens ouurages de ce grand geometre dont vous pourrez obliger le public lors qu'il vous aura tout envoyé, ainsi qu'il a promis. Il ne se plaint pas tout a fait sans raison de

(1) Tome III, p. 38. Voir *Œuvres de Fermat*, tome II, p. 445.

(2) Voir *Œuvres de Fermat*, tome II, p. 445.

(3) *Œuvres de Fermat*, tome II, p. 438.

Monsieur Schooten de ce qu'il n'a pas fait mention de luy en publiant ses lieux plans. Car encore qu'il n'ayt jamais veu ce que Monsieur de Fermat en avoit escrit comme il m'a asseuré tousjours, il l'a bien sceu et partant il n'auroit pas deu le dissimuler ([1]).

---

## 20. P. DE CARCAVY A HUYGENS.

25 JUIN 1660.

. . . . . . . . . . . . . . . . . . . . . . . . . . . . . . . . . . . . . . . . . . . . . . . . . . . . . . .

J'ay trouué un petit liure de Monsieur Fermat qu'il vous enuoye, il m'a aussy fait tenir pendant ce tems un autre petit traicté *de solutione problematum geometricorum per curvas simplicissimas et unicuique problematum generi proprie conuenientes*, ([2]) que Je uous feray coppier si vous le desirez, Il y fait uoir plusieurs fautes de Monsieur Descartes dans sa geometrie dont Monsieur Schooten n'a dit mot.

Voicy Encore trois de ses propositions.

Voicy l'extrait d'une sienne lettre.

Voila Monsieur ce que J'ay receu de Monsieur de Fermat depuis que Je n'ay eu l'honneur de uous escrire ([3]). . . . . . . . . . . . . . . . . . . . . . . . . . .

. . . . . . . . . . . . . . . . . . . . . . . . . . . . . . . . . . . . . . . . . . . . . . . . . . . . . . .

([1]) Tome III, p. 57.
([2]) *Œuvres de Fermat*, tome I, p. 118.
([3]) Tome III, p. 85. Voir *Œuvres de Fermat*, tome II, p. 446.

---

## 21. HUYGENS A J. WALLIS.

[15 JUILLET 1660].

. . . . . . . . . . . . . . . . . . . . . . . . . . . . . . . . . . . . . . . . . . . . . . . . . . . . . . . .

Fermat send my een boeck (1), forte etiam ad vos, de Curvarum cum rectis comparatione. precipuum in eo vande paraboloïs die Heuraet hier en Nelius apud vos rectae æquavit. quorum scripta mirum est illum non vidisse. veruntamen et alias curvas ex illa paraboloide enatas subtili admodum ratione rectificare docet (2). . . . . . . . . . . . . . . . . . . . . . .

## 22. HUYGENS A P. DE CARCAVY.

15 JUILLET 1660.

(Minute.)

. . . . . . . . . . . . . . . . . . . . . . . . . . . . . . . . . . . . . . . . . . . . . . . . . . . . . . . .

Remercie de ce qu'il me communique, et qu'il remercie Monsieur Fermat de ma part, du livre. de solutione Problematum Geometricorum. non opus ut mihi describatur, quia brevi ipse adero.

. . . . . . . . . . . . . . . . . . . . . . . . . . . . . . . . . . . . . . . . . . . . . . . . . . . . . . . .

De spirali non ignorabam, visis quae prius ex Fermatij literis descripsit et cognita jam paraboloidis dimensione. non accusavi Fermatium nec accuso, sed per me licet ut quisque genio suo obsequatur (3).

. . . . . . . . . . . . . . . . . . . . . . . . . . . . . . . . . . . . . . . . . . . . . . . . . . . . . . . .

(1) *De solutione problematum geometricorum per curvas simplicissimas et unicuique problematum generi proprie convenientes Dissertatio tripartita* (*Œuvres de Fermat*, tome I, p. 118).

(2) Tome III, p. 96.

(3) Tome III, p. 97.

## 23. J. WALLIS A HUYGENS.

10 SEPTEMBRE 1660.

. . . . . . . . . . . . . . . . . . . . . . . . . . . . . . . . . . . . . . . . . . . . . . . . . . . . . . . . . . . . . . .

Fermatij quem memoras libellum novum (¹) nuper vidi; quo eandem, quam prius tum nostri tum vestri etiam curvam aequaverant rectae, contemplatur. Quas autem in Dissertatione sua curvas alias inde derivatas et rectis comparatas, specie diversas existimat; non aliae sunt (aut ego admodum fallor) quam ejusdem curvae aliae atque aliae partes. In primaria siquidem, deorsum continuatâ, reperientur secunda tertia aliæque in infinitum. Recta utique axi primariæ parallela, quæ inde distat $\frac{4}{9}$ lateris recti, designat punctum quo incipit secundaria (deorsum in infinitum continuanda :) quæque ab hac tantundem distat, tertiam ostendit; quæque tantundem ab hac, quartam : et sic deinceps. Quod ubi examinaveris, facile deprehendes. Quod et literis ad Digbæum Equitem scriptis demonstravi (²).

. . . . . . . . . . . . . . . . . . . . . . . . . . . . . . . . . . . . . . . . . . . . . . . . . . . . . . . . . . . . . . .

---

## 24. CARCAVY A HUYGENS.

1er JANVIER 1662.

Mon abscensce de Paris durant quatre a cinq moys m'ayant empesché de me donner l'honneur de vous escrire, agreez s'il vous plaist que Je vous rende astheure ce devoir et que Je vous fasse part de quelques

(¹) *Œuvres de Fermat*, tome I, p. 118.
(²) Tome III, p. 127.

propositions que J'ay receues de Monsieur de Fermat ([1]). Je les mets dans ce pacquet et ne doute point que vous n'en receuiez beaucoup de satisfaction, il me demande de vos nouuelles, et de ces belles speculations que je luy auoit fait esperer que vous donneriez bientost au public.........................................................

Voicy la solution de Monsieur Fermat ([2]).

| | |
|---|---|
| Premier triangle...................... | 2150905<br>2138136<br>234023 |
| le second............................ | 2165017<br>2150905<br>246792 |

Sa methode luy en donne une infinité d'autres. Si l'on vouloit la mesme somme des costez au lieu de la difference, il y auroit aussy jnfinis triangles qui satisferoyent à la question, les plus simples sont les deux qui suiuent

| | | |
|---|---|---|
| 1517 | | 1525 |
| 1508 | et | 1517 |
| 165 | | 156 ([3]). |

## 25. HUYGENS A [LODEWIJK HUYGENS].

8 MARS 1662.

..........................................................................

Vous avez pris bien de la peine a me copier la longue lettre ([4]) de

([1]) A cet envoi se rapportent les fragments sur la Cissoïde (*Œuvres de Fermat*, tome I, p. 285) et sur la courbe de Dioclès (tome II, p. 454).

([2]) A un problème de Frenicle : *Invenire in numeris duo triangula rectangula ita constituta ut laterum circa angulum rectum differentia sit eadem, et quod in altero est majus duorum laterum circa rectum, sit in reliquo hypothenusa.*

([3]) Tome IV, p. 3.

([4]) Voir *Œuvres de Fermat*, tome II, p. 457.

Monsieur de Fermat, et je vous en suis obligé, parce qu'a cet heure j'ay contenté ma curiosité, quoy que je ne trouue guere de satisfaction dans sa doctrine. Il suppose bien des choses touchant la nature de la lumiere et de celles des corps diaphanes, desquelles il n'y a point de certitude; et apres cela encore ce pitoyable axiome, que la nature opere tousjours par les voyes les plus courtes, par lequel je n'ay jamais veu qu'on aye bien demonstré aucune verité. Pour faire donc l'accord entre luy et Monsieur des Cartes je dirois que ny l'un ny l'autre a prouvé le theoreme fondamental des refractions, et qu'il n'y a que la seule experience qui nous en rende certains (1).

.................................................................

## 26. P. PETIT A HUYGENS.

8 mars 1662.

.................................................................

Joubliois.... et a vous dire que Jay donné a Monsieur vostre pere vne lettre (2) de Monsieur Fermat touchant la refraction pour vous enuoyer. Je ne scay pas comment vous en serez satisfait mais Jy desirerois encores quelque chose et cette analyse ne me contente pas ny la Construction dvn triangle de temps et de lignes comparez parapres les vns auec les autres. Si vous men dites vostre aduis cela mobligera a vous en mander le mien car je ne scaurois trauailler que forcé (3).

.................................................................

(1) Tome IV, p. 71.
(2) Voir *Œuvres de Fermat*, tome II, p. 457.
(3) Tome IV, p. 75.

## 27. HUYGENS A [LODEWIJK HUYGENS].

19 avril 1662.

. . . . . . . . . . . . . . . . . . . . . . . . . . . . . . . . . . . . . . . . . . . . . . . . . .

Le probleme (1) de Monsieur de Fermat m'avoit esté desia communiqué par Monsieur de Carcavy, quoy que sans demonstration, a qui j'ay respondu qu'il y a 3 ou 4 ans que je l'ay trouvé le premier, et communiqué a Monsieur Wallis entre autres, qui l'a inseré dans un sien traité imprimé en l'an 1659. Ma demonstration est encore beaucoup plus claire et plus parfaite que celle de Monsieur de Fermat (2).

. . . . . . . . . . . . . . . . . . . . . . . . . . . . . . . . . . . . . . . . . . . . . . . . . .

## 28. HUYGENS A [LODEWYK HUYGENS].

22 juin 1662.

. . . . . . . . . . . . . . . . . . . . . . . . . . . . . . . . . . . . . . . . . . . . . . . . . .

Voicy la demonstration de Monsieur Fermat (3) que je vous renvoie qui est fort bonne et subtile, mais les principes qu'il suppose pour la refraction, qui ne regardent pas la geometrie mais la physique, ne sont point du tout certains, sed plane precaria (4).

. . . . . . . . . . . . . . . . . . . . . . . . . . . . . . . . . . . . . . . . . . . . . . . . . .

(1) *Œuvres de Fermat*, tome II, p. 454.
(2) Tome IV, p. 111.
(3) Voir *Œuvres de Fermat*, tome I, p. 170.
(4) Tome IV, p. 159.

## 29. P. PETIT A HUYGENS.

[28 NOVEMBRE 1662].

.................................................................

Jay escrit ces jours passez a Monsieur Fermat en luy enuoyant mon aduis sur la jonction des mers [1] a cause que cest son pays et a cause du parlement de tholose. Et je luy aussi enuoyé vos propositions, je ne scay sil y respondra. Je croys que cela se doit fonder sur quelque principe tiré de lexperience des pendules de diuerses grosseurs et pesanteurs et mesme longeur [2]..................................

## 30. J. CHAPELAIN A [HUYGENS].

12 JUILLET 1664.

.................................................................

Ie vous dois auertir que Monsieur de Fermat Conseiller au Parlement de Toulouse et l'excellent Mathematicien que vous scaués s'est ciuilement plaint à vn de ses Amis par lettres de ce que vous ayant escrit et proposé quelque Probleme de consideration vous ne l'auès pas jugé digne de vos reflexions et qu'il n'en auoit point eu de response. A toutes fins j'ay respondu que vous attendiés d'estre chés vous en liberté et hors de tout ce tumulte, ou le repos et les liures vous manquoient. Vous vserés de l'auis selon vostre bon jugement et je ne croy pas que vous vouliés negliger vn homme de ce poids qui nous tient lieu d'vn autre Vieta [3].

(1) *Avis et sentiments sur la conjonction proposée des mers oceane et mediterranée par les rivieres d'Aude et de la Garonne.*

(2) Tome IV, p. 270.

(3) Tome V, p. 83.

## 31. J. CHAPELAIN A HUYGENS.

5 SEPTEMBRE 1664.

. . . . . . . . . . . . . . . . . . . . . . . . . . . . . . . . . . . . . . . . . . . . . . . . . . . .

Pour Monsieur de Fermat c'est assés que vous luy ayés escrit [1] pour me persuader qu'il sera demeuré content de vous; car quand vous auriés mesme desapprouué son sentiment sur le Probleme qu'il vous auoit proposé, il seroit blasmable s'il vous en scauoit mauuais gré, n'y ayant rien qui doiue estre si libres que les pensées, ni qui soit plus du droit commun de la conseruer independante de celle d'autruy [2].

## 32. HUYGENS A CONSTANTYN HUYGENS, PÈRE.

5 FÉVRIER 1665.

. . . . . . . . . . . . . . . . . . . . . . . . . . . . . . . . . . . . . . . . . . . . . . . . . . . .

Tresmarry de la mort de Monsieur Fermat de qui j'attendois de belles choses [3].

## 33. HUYGENS A P. DE CARCAVY.

26 MARS 1665.

. . . . . . . . . . . . . . . . . . . . . . . . . . . . . . . . . . . . . . . . . . . . . . . . . . . .

J'ay esté extrememeent marry de la mort de Monsieur de Fermat, de

(1) Lettre perdue.
(2) Tome V, p. 111.
(3) Tome V, p. 222.

qui j'esperois tousjours les belles choses qu'il pouvoit donner et qui solebat nostras esse aliquid putare nugas. J'avois aussi quelques questions dignes de luy que je m'en allay luy proposer lors que je receus cette triste nouvelle. J'espere cependant qu'on ne laissera pas perdre ce qu'il y reste de ses escrits, et puis que vous avez tousjours esté de ses intimes amis, je ne doute pas que vostre intervention aupres de ses heritiers ne soit de grande efficace pour tirer de l'obscurité de si excellentes reliques (1).

## 34. HUYGENS A LEIBNIZ.

1er SEPTEMBRE 1691.

.................................................................

J'ay recherché la dessus ce que je me souvenois d'avoir vu dans les œuvres posthumes de Mr. Fermat, mais ce Traité (2) est imprimé avec tant de fautes, et de plus si obscur, et avec des demonstrations suspectes d'erreur, que je n'en ay pas scu profiter (3)...............

(1) Tome V, p. 278.
(2) *De æquationum localium transmutatione* (*OEuvres de Fermat*, tome I, p. 255-285).
(3) Tome X, p. 132. *Cf.* tome X, p. 364 et suivantes.

# IX.

## EXTRAITS DE LA CORRESPONDANCE

# D'OZANAM AVEC LE P. DE BILLY

(*Bibl. nat.*, ms. latin; 8600) [1].

### 1. LETTRE 23.

24 OCTOBRE 1676.

.... J'ay tiré ce que j'ay envoyé à V. R. [2] des manuscripts de Mr de Fermat, que Mr de Carcavy conserve avec grand soin. Il me les a tous fait voir, comme croyant de me faire une grande faveur; aussy je luy en suis bien obligé, car il y a de belles choses tant dans les nombres que dans la géométrie. Quand il me les a preté ça été sur cette promesse que je ne les fairois voir à personne, et que je ne feroy part aussy à personne des secrets que j'y trouverois; aussy je veux être bien religieux à luy tenir ma parole, puisque je le dois; ainsy je ne puis pas

(1) Ce manuscrit a été signalé par M. Charles Henry (*Recherches sur les manuscrits de Fermat*, p. 43).

(2) Le 9 mai 1676 (lettre 20), Ozanam avait proposé à son correspondant ce problème : *Trouver quatre nombres tels que si on ajoûte au solide des trois premiers le plan de deux quelconques des quatre, il vienne partout un nombre quarré;* le 25 juin (lettre 21) : *Trouver trois nombres en proportion géométrique dont le solide avec le quarré de chacun fasse trois quarrés différents en fractions, lesquelles étant réduites à moindres termes, les racines quarrées des trois numérateurs fassent, de deux en deux, trois cubes en proportion géométrique;* le 13 octobre 1676 (lettre 22) : *Invenire duos numeros ut alteruter eorum cum quadrato dato faciat quadratos : atque etiam alteruter vel eorum summa vel eorum differentia si augeatur altero quopiam quadrato, rursus quadratos efficiat.*

sans injustice vous donner le canon de Mr de Fermat pour trouver trois triangles rectangles dont les aires soient les côtez d'un triangle rectangle; je vous donneray seulement les nombres générateurs de ses trois triangles, qui sont tels $\begin{cases} 48,1 \\ 49,2 \\ 47,2 \end{cases}$ qui ont beaucoups d'affinité avec les vôtres $\begin{cases} 6,1 \\ 7,6 \\ 8,1 \end{cases}$, car les trois plus grands nombres générateurs dans les votres et dans ceux de Mr Fermat sont en proportion arithmetique, et deux des plus petits sont égaux. Peut-être que cela vous fera trouver un canon général pour résoudre cette question, qui me paroit bien difficile. Je croy que ce qui a fait consentir Mr de Carcavy à me faire voir ces ecrits de Mr de Fermat, c'est pour luy avoir découvert un secret qui n'a pas encore été connu jusques à présent, bien qu'il ayt été cherché par plusieurs savans : c'est le moyen de tirer par une règle générale d'un point donné quelconque sur telle section de cone que l'on voudra, une perpendiculaire. Comme je suis le maître de cela, je vous en feray part si vous en êtes curieux. J'ay bien quelqu'autre chose à vous dire, mais le papier me manque.

---

## 2. LETTRE 28.

27 SEPTEMBRE 1677.

.... Je veux aussy vous demander quelque chose à mon tour. Comme V. R. a eu un long commerce avec Mr de Fermat, peut-être qu'il vous aura découvert le moyen de faire ce dont il se glorifie en ces propres termes. *J'ay passé à l'invention des règles générales pour resoudre les équations simples et doubles de Diophante. On propose, par exemple,* 2Q + 1967 *égaux à un quarré. J'ay une regle generale pour resoudre cette équation, si elle est possible, ou de déterminer l'impossibilité, et ainsy en tous les cas et en touts nombres tant des quarrez que des unitez. On propose cette équation double* 2N + 3 *et* 3N + 5 *égaux chacun à un quarré. Bachet se glorifie en ses commentaires sur Diophante d'avoir trouvé une regle en deux cas particuliers; je la donne générale en toute sorte de cas et détermine par règle, si elle est possible ou non* (1).

Voilà qui est beau, et si vous en savez le secret, vous me fairez plaisir de m'en faire part. Si vous avez une analyse pour resoudre ce problème, vous me ferez plaisir de me l'envoyer. Invenire tria triangula rectangula, quorum areæ faciant tria latera trianguli rectanguli (2). Mr de Fermat a donné un canon pour ce probleme, mais point d'analyse. Ainsy je demande une analyse, et rien autre chose. Le tout à votre loisir.

## 3. LETTRE 29.

1er NOVEMBRE 1677.

..................................................................

et c'est de cela que je voulois vous entretenir dans ma dernière lettre à l'occasion d'une semblable question que Mr de Fermat propose sans solution : Invenire quadratum, qui cum suis partibus aliquotis faciat quadratum. Qui trouvera que ce quarré est 81. De même il propose cette question : Invenire quadratum, cujus partes aliquotæ faciant quadratum. J'ay trouvé par une voye démonstrative que ce quarré est 9, et par hazard qu'un tel quarré est encore 2401, dont les parties aliquotes font le nombre quarré 400. Pour moy je croy que Mr de Fermat n'a jamais résolu ces questions, bien qu'il les ayt proposé, comme s'il les savoit.

(1) *Œuvres de Fermat*, tome I, p. 308.

(2) *Œuvres de Fermat*, tome I, p. 321.

# NOTES MATHÉMATIQUES.

# NOTES MATHÉMATIQUES.

## I.

## SUR LA MÉTHODE « DE MAXIMIS ET MINIMIS ».

(Tome I, p. 133-179.)

J.-M.-C. Duhamel. — Mémoire sur la *méthode des maxima et minima* de Fermat, et sur la *méthode des tangentes* de Fermat et de Descartes (*Mémoires de l'Académie des Sciences*, t. 32, 1864, p. 269-330).

La méthode de Fermat, pour les recherches des maxima et des minima, repose sur un principe, *non démontré*, de Kepler : l'accroissement $F(x \pm e) - F(x)$ d'une fonction de la variable $x$ est infiniment petit par rapport à $e$. Pour trouver les valeurs de $x$ correspondant aux maxima ou aux minima de $F(x)$, Fermat égale à zéro l'accroissement $F(x+e) - F(x)$. Ceci revient à égaler à zéro le coefficient de la première puissance de $e$ et conduit, par conséquent, à notre procédé actuel.

Il faut toutefois remarquer que, s'il y a des dénominateurs ou des radicaux, les deux procédés ne conduisent plus à la même règle. De plus la méthode adoptée par Fermat ne permet pas de distinguer les maxima des minima, car il ne s'est pas préoccupé de rechercher quel était le signe de l'accroissement $F(x \pm e) - F(x)$ pour $+e$ et $-e$.

C'est précisément parce que Fermat n'a rien dit relativement au sens de l'accroissement que Descartes a cru trouver des cas où la règle était en défaut et a essayé de la corriger. De là résulte sa méthode des tangentes. Ce n'est pas une *rectification* de la règle de Fermat, mais une *découverte importante* n'ayant aucun rapport avec la méthode critiquée.

Huygens donne de la règle de Fermat la démonstration suivante :

Il fait d'abord cette remarque : à partir d'une valeur $x_0$ qui rend $F(x)$

maximum, la fonction $F(x)$ commence par décroître, quel que soit le sens de variation de $x$.

On peut donc trouver deux valeurs $x$ et $x+e$ comprenant entre elles la valeur $x_0$ et telles que

$$F(x) = F(x+e),$$

égalité qui est alors rigoureuse et qui conduit au même résultat que l'égalité de Fermat, qui, elle, n'était qu'approchée. Mais le principe en est différent, contrairement à l'opinion de Huygens qui ajoute : « et hœc est ratio methodi Fermatiani ».

*Méthode des tangentes de Descartes.* — Descartes a donné successivement trois méthodes pour la détermination des tangentes :

1° Une ligne courbe variable qui coupe une courbe fixe en un point fixe et en un point variable devient tangente à la courbe fixe lorsque le point variable vient coïncider avec le point fixe.

2° La tangente est considérée comme la position limite d'une sécante tournant autour du pied de la tangente jusqu'à ce que deux points d'intersection viennent se confondre.

$F(x, y) = 0$ étant l'équation de la courbe; $x$, $y$ désignant les coordonnées de N (*fig.* 26); celles de N′ seront $x+e$, $y+\frac{ey}{a}$.

On aura donc les deux équations simultanées

$$F(x, y) = 0 \qquad F\left(x+e, y+\frac{ey}{a}\right) = 0,$$

d'où l'on tire une relation déterminant la sous-tangente $a$.

3° La tangente est considérée comme la position limite d'une sécante tournant autour du point de contact jusqu'à ce que l'autre point d'intersection soit venu coïncider avec le premier.

Fig. 26.

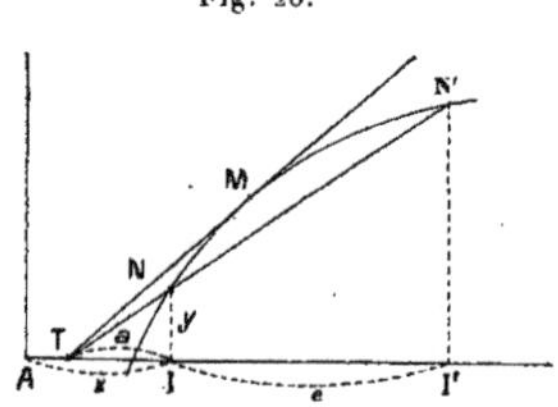


Inutile de remarquer que cette dernière définition est la meilleure.

*Méthodes des tangentes de Fermat.* — 1° Fermat ramène la recherche des tangentes à celle de maxima ou minima. Mais le procédé n'est pas général et ne s'applique qu'aux courbes dont l'équation est résolue par rapport à l'une des variables. Cette méthode lui est personnelle et absolument distincte de celle de Descartes.

2° Plus tard il en a donné une seconde, manifestement copiée sur la troisième de Descartes, mais établie avec moins de rigueur.

Il considère un point de la tangente différent du point de contact et écrit qu'il est sur la courbe, ce qui est inexact.

Fermat a essayé d'appliquer la méthode des maxima et minima à la recherche des centres de gravité (conoïde parabolique), bien que le sujet ne s'y prête pas. Il a d'ailleurs commis quelques erreurs.

M. H. Brocard nous communique sur le Mémoire de Duhamel ces intéressantes observations de M. A. Aubry, qui a bien voulu, sur notre prière, les développer dans la Note XXV :

« Le Mémoire de Duhamel présente des inexactitudes : par exemple, celles-ci : Archimède aurait étudié des infiniment petits du second ordre dans son Traité des hélices (spirales), ce qui n'est pas. Ensuite Duhamel attribue à Kepler la propriété de l'ordonnée maximum de ne varier qu'insensiblement : c'est Oresme qui a énoncé le premier cette importante vérité dans le *Tractatus de latitudinibus formarum*, publié pour la première fois en 1482 et réédité en 1486, 1505 et 1515 (M. Curtze). Il annonce, d'après la lettre à Mersenne (éd. Clerselier, t. III, p. 355) [1] que Fermat n'a pu trouver la tangente au folium; or, dans les lettres de Fermat retrouvées par M. Ch. Henry (*Recherches*, p. 186), Fermat donne ce calcul dans une importante lettre, où il explique sa méthode et où il dit d'ailleurs qu'il a reconnu « qu'elle avait son manquement » [2]. Il ne s'était pas en effet préoccupé des asymétries (radicaux) et c'est pourquoi Descartes lui avait proposé l'étude du folium à cause de son équation implicite qui, par suite, pensait Descartes, devait échapper à sa méthode appliquée seulement à la parabole, sujet trop simple et dont le résultat était connu. On reconnaît là la paresse naturelle dont s'accuse souvent Fermat. »

(1) *Correspondance*, éd. Ch. Adam et Paul Tannery, tome II, p. 313. *Voir* ci-dessus p. 60 et suiv.

(2) Tome II, p. 161.

## II.

## POUR LE PRINCIPE DE LA MOINDRE ACTION.

(Tome I, p. 173; Tome III, p. 151; Tome II, p. 356, 458.)

*Les manuscrits de Léonard de Vinci; les manuscrits* B *et* D *de la Bibliothèque de l'Institut* publiés par Ch. Ravaisson Mollien, Paris, 1883. Ms. D, fol. 4 recto.

J.-P. Richter, *The literary Works of Leonardo da Vinci*, t. I, p. 19, n° 22.

J. Boussinesq. — Justification du principe de Fermat sur l'économie du temps dans la transmission du mouvement lumineux à travers un milieu hétérogène, transparent et isotrope (*Comptes rendus*, t. **129**, 1899, p. 905-911).

La demi-force vive possédée par tout élément d'une onde au départ de celle-ci dans le milieu, se transmet intégralement avec l'onde même le long du rayon mené à partir de cet élément et normal aux positions successives de l'onde.

Les déviations élémentaires des rayons lumineux se calculent par la loi de Descartes ou des sinus, comme si les surfaces équiréfringentes étaient des surfaces de séparation de couches homogènes ou produisaient des réfractions proprement dites.

Or Fermat a obtenu les vraies lois de la réfraction en admettant comme point de départ que la lumière obéit, dans sa propagation, au principe de l'économie du temps.

Par conséquent la loi de minimum ou d'épargne de Fermat se trouve justifiée, du moins pour le cas de l'isotropie, en ce qui concerne le trajet des rayons lumineux à travers un milieu de réfringence graduellement variable.

J. Boussinesq. — Extension du principe de Fermat sur l'économie du temps au mouvement relatif de la lumière dans un corps transparent hétérogène, animé d'une translation rapide (*Comptes rendus*, t. **135**, 1902, p. 465-470).

L'intégration des équations du mouvement vibratoire de l'éther dans un corps transparent hétérogène a montré que le principe de Fermat avait été légitimement étendu, des rayons brisés par la réflexion ou la réfraction, mais composés de fragments rectilignes, aux rayons courbes que suit le mouvement lumineux dans les corps dont la constitution varie graduellement d'un point à l'autre.

Le même principe de l'économie du temps s'applique encore au mouvement relatif de la lumière dans un tel corps animé d'une vitesse V de translation un peu comparable à la vitesse même de propagation des ondes dans l'éther libre.

La loi de Descartes se trouvant vérifiée, le principe de Fermat s'applique donc bien comme si le corps était au repos.

Les équations du mouvement laissent entièrement arbitraire dans chaque onde la façon dont varie, d'un point à l'autre, le déplacement transversal, pourvu que ce mode de variation soit continu.

---

III.

## SUR UNE TRANSFORMATION IMAGINÉE PAR FERMAT.

(Tome I, p. 201, et Tome III, p. 173.)

Gino Loria. — Sopra una transformazione ideata da Fermat ([1]) (*Bibliotheca mathematica*, 3e série, t. 6, 1905, p. 343-346).

La curva $\Gamma_0$ rappresentata dall' equazione

$$y_0 = f(x) \tag{1}$$

si supponga passare per l' origine O delle coordinate (ortogonali) e se ne chiami $s_0$ l' arco compreso fra il punto O ed il punto P di ascissa $x$; sarà quindi

$$s_0 = \int_0^x \sqrt{1 + [f'(x)]^2}\, dx.$$

Si costruisca ora una nuova curva $\Gamma_1$ tale che l' ordinata $y_1$ del punto di essa corrispondente all' ascissa $x$ sia equale a $s_0$; $\Gamma_1$ passerà evidentemento per l' origine ed avrà per equazione

$$y_1 = \int_0^x \sqrt{1 + [f'(x)]^2}\, dx.$$

([1]) Note revue et corrigée par l'auteur.

$\Gamma_1$ si deduce quindi da $\Gamma_0$ col mezzo della trasformazione geometrica T individuata dalle equazioni seguenti :

$$x_1 = x, \qquad y_1 = \int_0^x \sqrt{1 + [f'(x)]^2}\, dx.$$

Detto $s_1$ l' arco di $\Gamma_1$, contato a partire dell' origine, si potrà similmente costruire una terza curva $\Gamma_2$ tale che, detta $y_2$ l' ordinata del suo punto di ascissa $x$, si abbia $y_2 = s_1$; $\Gamma_2$ è una curva passante per l' origine ed avente per equazione

$$y_2 = \int_0^x \sqrt{2 + [f'(x)]^2}\, dx;$$

essa può ritenersi dedotta direttamente da $\Gamma_0$, applicando a questa curva la trasformazione $T^2$. Similmente, applicando alla stessa $\Gamma_0$ la trasformazione $T^{n-1}$ si avrà una curva $\Gamma_{n-1}$, avente per espressione del suo arco

$$s_{n-1} = \int_0^x \sqrt{n + [f'(x)]^2}\, dx,$$

e quindi alla curva $\Gamma_n$ di equazione

$$y_n = \int_0^x \sqrt{n + [f'(x)]^2}\, dx. \tag{2}$$

Notisi che della trasformazione T esiste l' inversa $T^{-1}$ e che, applicandola $n$ volte di seguito alla stessa curva di partenza $\Gamma_0$, si giunge alla curva $\Gamma_{-n}$ avente per equazione

$$y_{-n} = \int_0^x \sqrt{-n + [f'(x)]^2}\, dx. \tag{3}$$

Le quadrature indicate nelle formole (2), (3) sono evidentemente tutte della stessa natura, eccezione fatta di quella per cui $n = 0$, che è sempre eseguibile; onde, se una di esse è effettuabile, tali saranno tutte le altre. Emerge da ciò che la trasformazione T è un metodo di derivazione che abilita a dedurre, da una curva rettificabile, infinite altre e quindi a scoprire relazioni notevoli fra curve differenti. Essa venne ideata da FERMAT, il quale ne fece applicazioni importanti; senza però presentarlo con la piena generalità sotto cui è così facile enunciarlo, giovandosi dei simboli e dei concetti moderni.

Una di tali applicazioni s' incontra fra le celebri *Ad Laloveram propositiones* (1) e merita di essera rilevata.

(1) *Œuvres de Fermat*, éd. P. Tannery et Ch. Henry, t. I, p. 201, et t. III, p. 173.

Si supponga che la curva $\Gamma_0$ sia la parabola

$$y^2 = 2px;$$

allora $\Gamma_{n-1}$ sarà la curva di equazione

$$y_{n-1} = \int_0^x \sqrt{n - 1 + \frac{p}{2x}}\, dx.$$

Ora è facile accertar si che, qualunque sia la costante $a$,

$$s_{n-1} = \int_0^a \sqrt{n + \frac{p}{2x}}\, dx = \frac{1}{\sqrt{n}} \int_0^{na} \sqrt{1 + \frac{p}{2x}}\, dx$$

quindi

$$(4) \qquad \frac{\displaystyle\int_0^{na} \sqrt{1 + \frac{p}{2x}}\, dx}{\displaystyle\int_0^a \sqrt{n + \frac{p}{2x}}\, dx} = \sqrt{n},$$

relazione che FERMAT enuncia in parole con piena generalità e precisione (¹). Ed aggiunge un teorema, concernente le aree generate dalla rotazione attorno a $Ox$ delle curve considerate, il quale esprime la seguente identità

$$(5) \qquad \frac{\displaystyle 2\pi \int_0^{na} (x - na) \sqrt{1 + \frac{p}{2(x - a)}}\, dx}{\displaystyle 2\pi \int_0^a (x - a) \sqrt{n + \frac{p}{2(x - a)}}\, dx} = \sqrt{n^3}.$$

Un' altra applicazione della trasformatione T, lievemente modificata, poggia ancora sulla supposizione che $\Gamma_0$ sia una parabola; ma l' equazione di questa devesi supporre posta sotto la forma

$$\left(\frac{x + l}{l}\right)^2 = \frac{y + m}{m}.$$

$\Gamma_0$ passa pel punto $(-l, -m)$, ha per parametro $p = -\frac{l^2}{2m}$ e per differenziale dell' arco

$$(6) \qquad ds_0 = \sqrt{1 + \left(\frac{x + l}{p}\right)^2}\, dx = \frac{1}{p}\sqrt{p^2 + z^2}\, dz,$$

essendo $z = x + l$. Volendo che $\Gamma_1$ si diparta del medesimo punto, porremo

$$y_1 + m = \int_{-l}^x \sqrt{1 + \left(\frac{x + l}{p}\right)^2}\, dx.$$

(¹) *Loc. cit.*

Ripetendo sopra $\Gamma_1$ la stessa operazione e così continuando si perviene alla curva $\Gamma_n$ di equazione

$$y_n + m = \int_{-l}^{x} \sqrt{n + \left(\frac{x+l}{p}\right)^2}\, dx;$$

per essa il differenziale dell' arco è

$$ds_n = \frac{1}{p}\sqrt{(n+1)p^2 + (x+l)^2}\, dx;$$

posto quindi

$$x + l = \frac{z}{\sqrt{n+1}}, \qquad p_n = (n+1)p,$$

si può scrivere

$$(6) \qquad ds_n = \frac{dz}{p_n}\sqrt{p_n^2 + z^2}.$$

Paragonando questa espressione a quella di $ds_0$ si vede subito essere $ds_n$ il differenziale dell' arco di una parabola avente per parametro $p_n = (n+1)p$, onde $\Gamma_n$ è rettificabile per mezzo di archi di parabola; altro risultato che Fermat pubblicò fra le succitate *Propositiones ad Laloveram* (1).

A Fermat sembra essere sfuggito [e ne venne vivamente rimproverato dal Wallis (2)] che la trasformazione T può guidare ad una curva $\Gamma_1$ identica a $\Gamma_0$ (3). Ciò accade quando $\Gamma_0$ è la parabola semicubica di equazione

$$x^3 = \frac{3^2}{2^2} p y_0^2.$$

Infatti, essendo in conseguenza

$$s_0 = \int_0^x dx \sqrt{1 + \frac{x}{p}} = \frac{2}{3}\left(\sqrt{\frac{(x+p)^3}{p}} - p\right),$$

come equazione della curva $\Gamma_1$ assumeremo

$$y_1 + \frac{2p}{3} = \frac{2}{3}\sqrt{\frac{(x+p)^3}{p}}$$

o anche

$$(x+p)^3 = \frac{3^2}{2^2} p \left(y_1 + \frac{2p}{3}\right)^2;$$

$\Gamma_1$ è pertanto una parabola semicubica identica a $\Gamma_0$. In generale $\Gamma_n$ avrà per

(1) *Loc. cit.*

(2) *Cf.* Zeuthen, *Bul. de l'Acad. des Sc. de Danemark*, 1895, p. 75.

(3) *Œuvres de Fermat*, t. I, p. 263, et t. III, p. 202.

equazione

$$(x + np)^3 = \frac{3^2}{2^2} p \left(y_n + \frac{2p}{3} n^{\frac{3}{2}}\right)^2,$$

che evidentemente non differisce della $\Gamma_0$ se non per la sua posizione rispetto agli assi di riferimento.

Questa svista (forse solo apparente) di FERMAT nulla toglie ai meriti insigni che lo fecero collocare in prima linea fra i geometri che, pur senza adoperare l' algoritmo del calcolo infinitesimale, ma solo applicando considerazioni del tipo di quelle inventate da ARCHIMEDE, seppero felicemente risolvere difficili questioni di rettificazioni, quadrature e cubature. Quanto precede porge notevoli esempi di trasformazioni di integrali definiti; ma non sono gli unici che si potrebbero addurre interpretando, al lume de' nostri concetti moderni, molti passi delle opere del sommo tolosano [1].

---

IV.

## LA QUADRATURE DE LA VERSIERA.

(TOME I, p. 281, note, et TOME III, p. 234.)

On considère (*fig.* 27) une circonférence C et une tangente AT; du point $o$ diamétralement opposé à A, on mène les sécantes $o$MN qui coupent la circonférence en M et la tangente en N.

La versiera est le lieu des points $m$ d'intersection des perpendiculaires MP et des parallèles N$m$ au diamètre fixe $o$A.

Son équation est

$$xy^2 = a^2(a - x),$$

$a$ désignant le diamètre.

L'aire comprise entre la courbe et son asymptote est

$$\pi a^2,$$

c'est-à-dire 4 fois celle du cercle générateur.

Dans son *Traité des courbes spéciales remarquables*, 1908, M. G. Teixeira,

(1) Per altro esempio veggasi la mia opera *Spezielle algebraische und transzendente ebene Kurven*, 1ª ed. (Leipzig, 1902), p. 475-476; 2ª ed., t. II (Leipzig, 1911), p. 89.

d'après M. Gino Loria ([1]), rappelle, t. I, p. 108, que la versiera a été considérée par Fermat (*Œuvres*, t. I, p. 279, et t. III, p. 233) qui avait remarqué que sa quadrature dépend de celle du cercle.

Dans une note, p. 386, M. G. Teixeira ajoute : nous croyons, avec M. A.

Fig. 27.

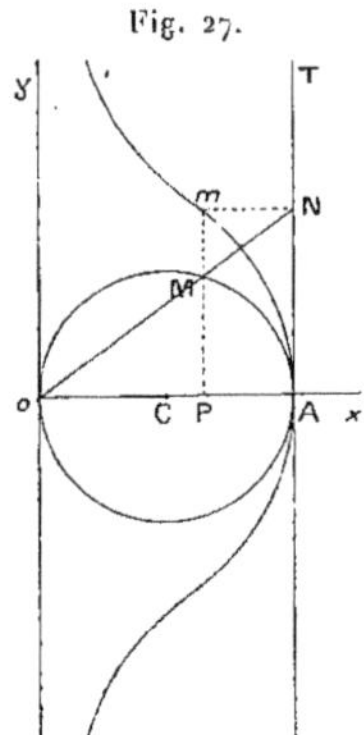


Aubry ([2]), que Fermat se rapporte à Lalouvère quand, en s'occupant de la quadrature de la versiera, il dit que ce problème lui avait été proposé par un géomètre érudit.

H. Brocard.

---

V.

## LE « DERNIER THÉORÈME » DE FERMAT.

(Tome I, p. 291; Tome III, p. 241.)

E.-E. Kummer. — Allgemeiner Beweis des Fermat'schen Satzes, dass die Gleichung $x^\lambda + y^\lambda = z^\lambda$ durch ganze Zahlen unlösbar ist, für alle diejenigen Potenzexponenten $\lambda$, welche ungerade Primzahlen sind und in den Zählern der ersten $\frac{1}{2}(\lambda - 3)$ Bernoulli'schen Zahlen als Faktoren nicht verkommen (*Journ. f. Math.*, t. 40, 1850, p. 130-138).

([1]) *Bibliotheca mathematica*, 1897, p. 33.

([2]) *Essai sur l'histoire de la géométrie des courbes* (*Annaes da Academia polytechnica do Porto*, t. IV, 1909, p. 85).

P. Mansion. — Remarques sur les théorèmes arithmétiques de Fermat (*Nouvelle Correspondance mathématique*. t. V, 1879, p. 88-91 et 122-125).

Les quatre principaux théorèmes de Fermat seraient les suivants :

I. Si $p$ est un nombre premier qui ne divise pas $a$, il divise l'un des termes $a^k - 1$ de la suite

$$a - 1, \quad a^2 - 1, \quad a^3 - 1, \quad \ldots, \quad a^{p-1} - 1,$$

et $k$ est un diviseur de $p - 1$ (Brassinne, *Précis des Œuvres de Fermat*, p. 143). Euler a généralisé comme il suit le théorème de Fermat (Cf. *Nouvelle Correspondance mathématique*, t. IV, p. 72-76) : $a^{\varpi} - 1$ est divisible par $p$ quand $p$ est un nombre quelconque, premier avec $a$; $\varpi$ est le nombre qui indique combien il y a d'entiers premiers à $p$ et non supérieurs à $p$.

II. L'expression $2^k + 1$ où $k = 2^m$ ne renferme que des nombres premiers (*Précis*, p. 142-143).

Euler a montré l'inexactitude de cette proposition pour $m = 5$.

Éd. Lucas a énoncé que, pour $m = 12$, on trouve

$$2^{4096} + 1 = 114689 \times \text{nombre entier};$$

il montre de plus que 641 est le plus petit diviseur de $2^{32} + 1$, et 114689 le plus petit diviseur de $2^{4096} + 1$ (*Atti della R. Accademia delle Scienze di Torino*, 27 janvier 1878).

III. Tout nombre est égal à la somme de $p$ nombres de la forme

$$n + \frac{n(n-1)}{1.2}(p - 2),$$

ou de $p$ nombres polygonaux de $p$ côtés (*Précis*, p. 156).

Pour $p = 4$ on a donc le théorème suivant :

*Un nombre quelconque est la somme de quatre carrés dont quelques-uns peuvent être* 0 *ou* 1.

Démonstration par Lagrange en 1770 (*Mémoires de Berlin*, p. 123), d'après Gauss (*Disquisitiones*, § 293).

Démonstration simplifiée d'Euler, dans Legendre, *Essai sur la théorie des nombres*, 1^re édition, 2^e Partie, § IV, p. 198-204.

Pour $p = 3$ on a la proposition suivante :

Tout nombre est la somme de trois nombres de la forme $\frac{n(n+1)}{2}$, c. à d.

trois nombres triangulaires (GAUSS, *Disquisitiones*, § 288-293). — Démonstration de la proposition générale : CAUCHY, *Exercices de Mathématiques*, t. 1, p. 265-296.

IV. Il est impossible de résoudre en nombres entiers l'équation

$$x^m + y^m = z^m,$$

sauf pour $m = 2$ (*Précis*, p. 53).

Ce théorème a été démontré seulement pour quelques cas particuliers :

Par Euler pour $m = 3$, $m = 4$ (*Algèbre*, dernière section, Chap. XIII et XV. — *Voir* LEGENDRE, *Essai sur la théorie des nombres*, 4e Partie, § I, p. 401-410;

Par Legendre pour $m = 5$ (*Mémoires de l'Académie de Paris*, 1823);

Par Dirichlet pour $m = 14$;

Par Lamé pour $m = 7$;

Par Kummer pour une infinité de nombres premiers, en particulier pour ceux plus petits que 100 (¹).

É. LUCAS. — Théorèmes généraux sur l'impossibilité des équations cubiques indéterminées (*Bulletin de la Société mathématique de France*, t. 8, 1880, p. 173-182).

E. DE JONQUIÈRES. — Dernier théorème de Fermat (résumé) (*Comptes rendus*, t. 98, 1884, p. 863-864).

Théorème. — *L'équation* $a^n + b^n = c^n$ *ne peut être résolue par des nombres entiers pour* $n > 2$.

Ce théorème résume les trois propositions suivantes :

1° L'équation de Fermat est impossible si $a$ et $b$ sont des nombres premiers;

2° L'équation de Fermat est impossible si l'un des nombres mineurs $a$ et $b$ est premier, l'autre étant composé;

3° L'équation de Fermat est impossible si $a$ et $b$ sont deux nombres composés.

Relativement à 2°, E. de Jonquières démontre que si l'équation de Fermat est satisfaite, c'est toujours le plus petit des deux nombres mineurs $a$ et $b$

(¹) *Voir* plus loin, p. 158, le résumé du Mémoire de M. Mirimanoff et, ci-dessus, p. 152. Rappelons ici que ce théorème et plusieurs autres de Fermat ont été l'objet des efforts des mathématiciens de l'Oratoire, en particulier de Malebranche (CH. HENRY, *Recherches sur les manuscrits de Fermat*, 1879, p. 91; *Bullettino Boncompagni*, t. XII, 1879, p. 556 et suiv.)

qui est premier, et le plus grand qui est composé. Il ne peut de plus y avoir qu'une seule unité de différence entre les deux nombres majeurs $b$ et $c$, de sorte que la démonstration de la deuxième proposition dépend de celle-ci :

La différence des puissances $n^{\text{ièmes}}$ de deux nombres entiers consécutifs n'est jamais égale à la puissance $n^{\text{ième}}$ d'un nombre premier, si $n > 2$.

Cette question a attiré l'attention d'Abel. On lit en effet, dans le Tome II des *Œuvres complètes d'Abel* (2e édition, p. 254), le passage suivant d'une lettre adressée à Holmboe en 1823 :

« L'équation $a^n = b^n + c^n$ ($n > 2$) est impossible quand une ou plusieurs des quantités $a$, $b$, $c$, $a+b$, $a+c$, $b-c$, $\sqrt[q]{a}$, $\sqrt[q]{b}$, $\sqrt[q]{c}$, sont des nombres premiers.

» Copenhague, l'an $\sqrt[3]{6064321219}$ (en comptant la partie décimale 4 août 1823). »

S. Realis. — Sur une équation indéterminée (*Nouvelles Annales de Mathématiques*. (3), t. 2, 1883, p. 289-297).

Note sur la résolution en nombres entiers de l'équation

$$x^3 + k = y^2.$$

*Théorème.* — Tout nombre de l'une des formes $3a^2 \pm 8$, $3a^2 \mp 1$, ainsi que tout carré de la forme $(3a^2 - 1)^2$, est la différence entre un cube et un carré.

*Théorème.* — La somme du carré et du cube de tout nombre pair peut s'exprimer par la différence entre un carré et un cube.

*Théorème.* — Le carré de tout nombre triangulaire est en même temps la somme d'un carré et d'un cube, et la différence entre un carré et un cube.

*Théorème.* — L'unité peut être représentée, d'une infinité de manières, soit en nombres entiers, soit en nombres rationnels, par la différence entre une somme de deux carrés et une somme de deux cubes.

G.-B. Mathews. — Note in connexion with Fermat's last theorem (*The Messenger of Mathematics*, t. 15, 1885, p. 68-76).

E. Catalan. — Sur le dernier théorème de Fermat (*Bulletin de l'Académie royale des Sciences de Belgique*, (3), t. 12, 1886, p. 498-500).

E. de Jonquières a énoncé, relativement au dernier théorème de Fermat, la proposition suivante :

Soient trois nombres $a$, $b$, $c$ premiers entre eux deux à deux et vérifiant la relation

$$a^n + b^n = c^n.$$

Si $n$ est premier et $> 3$, $a$ et $b$ ne peuvent être simultanément premiers; si $a$, supposé plus petit que $b$, est premier, on a

$$c = b + 1$$

(*Atti dell'Accademia pontificia dei Nuovi Lincei*, 20 janvier 1884).

On peut, à cette proposition, ajouter les suivantes données sans démonstrations (dans les neuf premières propositions, $a$ est premier) :

1. $$a - 1 = \mathfrak{M}(n).$$
2. $$a^n - 1 = \mathfrak{M}(nb).$$

3. Tout diviseur premier de $c - a$ divise $a - 1$.
4. $a + b$ et $c - a$ sont premiers entre eux.
5. $2a - 1$ et $2b + 1$ sont premiers entre eux.
6. Le nombre premier $a$ (s'il existe) est compris entre

$$\sqrt[n]{nb^{n-1}} \quad \text{et} \quad \sqrt[n]{n(b+1)^{n-1}}.$$

7. $a$ et $b$ surpassent $n$.
8. Le nombre $b$, qui satisfait à l'équation

$$(b+1)^n - b^n = a^n,$$

est compris entre

$$a\sqrt[n-1]{\frac{a}{n}} \quad \text{et} \quad -1 + a\sqrt[n-1]{\frac{a}{n}}.$$

9. Soit $b$ un nombre entier $> n$; il y a au plus un nombre entier entre

$$\sqrt[n]{nb^{n-1}} \quad \text{et} \quad \sqrt[n]{n(b+1)^{n-1}}.$$

10. $a$ n'étant plus forcément supposé premier, aucun des nombres

$$a + b, \quad c - a, \quad c - b$$

n'est premier.

11. Chacun d'eux a la forme N ou la forme $\frac{1}{n}$ N, dans lesquelles N est un nombre entier.

12. Soit, s'il est possible,

$$a + b = c'^n,$$
$$c - a = b'^n,$$
$$c - b = a'^n;$$

ou a alors

$$c = \mathfrak{M}(n).$$

13.

1° $$(x+y)^n - x^n - y^n = nxy(x+y)P,$$

P étant de la forme

$$P = H_1 x^{n-3} + H_2 x^{n-4} y + H_3 x^{n-5} y^2 + \ldots + H_1 y^{n-3}.$$

2° Les coefficients sont donnés par la formule

$$H_p = \frac{1}{n}[C_{n-1,p} \pm 1],$$

le signe + correspondant au cas où $p$ est pair.

3° Le polynome P est divisible par $x^2 + xy + y^2$.

Il est divisible par $(x^2 + xy + y^2)^2$ si $n = \mathfrak{M}(6) + 1$ (Cauchy, *Journal de Liouville*, t. 5, 1840, p. 213).

14. La différence des puissances $n^{\text{ièmes}}$ de deux nombres entiers consécutifs $a$ et $a+1$ étant diminuée de 1, est divisible par

$$na(a+1)(a^2+a+1);$$

les facteurs $a$, $a+1$, $a^2+a+1$ sont premiers entre eux deux à deux.

15. Si, dans l'équation de Fermat, le nombre $a$ est premier, on a

$$a^n - 1 = \mathfrak{M}[nb(b+1)(b^2+b+1)].$$

16. Le nombre $c$ est compris entre

$$a+b \quad \text{et} \quad \frac{1}{2}(a+b).$$

P. Mansion. — Sur le dernier théorème de Fermat (*Bulletin de l'Académie royale des Sciences de Belgique*, t. 13, 1887, p. 16-17. Rectification, t. 13, p. 225).

Soit s'il est possible

$$x^n + y^n = z^n,$$

$n$ étant premier impair, $x$, $y$, $z$ trois nombres premiers entre eux et tels qu'on ait

$$x < y < z.$$

E. de Jonquières a montré que le nombre moyen $y$ est un nombre composé.

On peut compléter cette proposition et montrer que le plus grand des trois nombres $x$, $y$ et $z$ est lui aussi un nombre composé.

M. Martone. — *Dimostrazione di un celebre teorema di Fermat*. Catanzaro, Dastoli, 21 pages, 1887.

Borletti. — Sopra il teorema di Fermat relativo all' equazione

$$x^n + y^n = z^n$$

(*Reale Istituto Lombardo di scienze e lettere: Rendiconti*, 2e série, t. 20, 1887, p. 222-224).

B. Varisco. — Ricerche aritmetiche contenenti la dimostrazione generale del teorema di Fermat (*Giornale di Math.*, t. 27, 1889, p. 371-380).

D. Mirimanoff. — Sur l'équation $x^{37} + y^{37} + z^{37} = 0$ (*Journal de Crelle*. t. 111, 1893, p. 26-30).

Soit H le nombre des classes d'idéaux formés avec une racine primitive $\theta$ de l'équation $x^\lambda - 1 = 0$, $\lambda$ étant premier.

Dans un Mémoire inséré au tome 40 du même journal, Kummer a prouvé que l'équation

$$x^\lambda + y^\lambda + z^\lambda = 0$$

est impossible en nombres entiers, si H n'est pas divisible par $\lambda$.

Dans le cas où $H \equiv 0 \pmod{\lambda}$, l'équation est encore impossible (les $\lambda$ étant alors 37, 59 et 67) (¹).

M. Mirimanoff traite le cas particulier de $\lambda = 37$ en s'appuyant sur la théorie des unités complexes. (Cette dernière théorie est exposée dans le même journal, t. 109, 1892, p. 82-88.)

T. Pépin. — Sur l'équation indéterminée

$$x^2 + cy^2 = z^3$$

(*Memorie della pontificia Accademia dei Nuovi Lincei*, 1892, p. 42-72).

Les solutions de l'équation considérée se déduisent de la théorie des formes quadratiques.

(¹) *Abhandlungen der Berliner Akademie*, 1857.

A.-S. BANG. — Om en Sætning af Fermat $[x^n + y^n = z^n]$ (*Nyt Tidsskrift for Mathematik*, t. 4, 1893, p. 105-107).

DUTORDOIR. — Sur une généralisation possible du dernier théorème de Fermat (*Annales de la Société scientifique de Bruxelles*, t. 17, 1893, A, p. 81).

Relativement au dernier théorème de Fermat sur l'impossibilité de la relation $a^n + b^n = c^n$, M. Dutordoir croit que cette relation est encore impossible si l'on suppose $n$ rationnel et différent de 1 et 2; en particulier la relation $\sqrt{a} + \sqrt{b} = \sqrt{c}$ est impossible quand l'un des trois nombres $a$, $b$, $c$ n'est pas un carré parfait, et cette impossibilité résulte de cette proposition générale :

La relation $\sqrt{a} + \sqrt{b} = \sqrt{c} + \sqrt{d}$ est impossible si $c$ est différent de $a$ et de $b$, quand l'un des quatre nombres $a$, $b$, $c$, $d$ n'est pas un carré parfait (EUCLIDE, 10ᵉ Livre des *Éléments*, prop. XLII; éd. Heiberg, t. 3, Leipzig, 1886, p. 48-49).

G.-B. MATHEWS. — Note in connexion with Fermat's last theorem (*The Messenger of mathematics*, 2ᵉ série, t. 24, 1894, p. 97-99).

Soit $k$ un nombre entier positif et soit $r = e^{\frac{2\pi i}{k}}$. Le produit

$$P_k = \Pi(r^\alpha + r^\beta + r^\gamma)$$

étendu à tous les groupes distincts possibles $r^\alpha$, $r^\beta$, $r^\gamma$ des racines de l'équation $x^k - 1 = 0$, s'annule quand $k$ est divisible par 3; mais dans tous les autres cas, c'est un nombre entier différent de zéro.

Il est évident géométriquement, quand les racines sont représentées sur une circonférence de cercle, et quand $P_k$ ne s'annule pas, qu'on a

$$P_k = \pm U_k^k,$$

où $U_k$ est un nombre positif entier.

Supposons $k = 7$ et écrivons pour simplifier

$$r^\alpha + r^\beta + r^\gamma = (\alpha\beta\gamma),$$

alors P est le produit de 35 facteurs $(\alpha\beta\gamma)$ et peut être réduit à la forme

$$\begin{aligned} P_7 = {} & (012)^5(013)^4(014)^3(015)^2(016) \\ & (023)^4(024)^3(025)^2(026) \\ & (034)^3(035)^7(036) \\ & (035)^2(036) \\ & (056) \end{aligned}$$

c'est-à-dire

$$P_7 = (012)^7(013)^7(014)^7(015)^7(024)^7 = -2^7,$$

d'où

$$U_7 = 2.$$

Les valeurs correspondantes de $U_k$ pour

$$k = 4,\ 5,\ 7,\ 8,\ 10,\ 14$$

sont :

$$U_k = 1,\ 1,\ 2,\ 3,\ 11,\ 2^4.29.$$

Supposons $n$ entier et tel que

$$nk + 1 = q$$

soit premier. Alors les racines de la congruence

$$x^k - 1 \equiv 0 \pmod{q}$$

sont réelles et premières avec $q$, et la congruence

$$U_k \equiv 0 \pmod{q}$$

est une condition nécessaire pour que les trois racines distinctes $x_\alpha$, $x_\beta$, $x_\gamma$ satisfassent à la relation

$$x_\alpha + x_\beta + x_\gamma \equiv 0 \pmod{q}.$$

Si par exemple $k = 14$, la condition est

$$2^4.29 \equiv 0 \pmod{q}$$

et la seule valeur possible de $q$ est 29;

$$x^3 + y^3 + z^3 \equiv 0 \pmod{43}$$

est impossible, à moins que l'un des nombres

$$x^3,\quad y^3,\quad z^3,\quad y^3 - z^3,\quad z^3 - x^3,\quad x^3 - y^3$$

ne soit divisible par 43.

Quand $q = 29$ la congruence devient

$$x^2 + y^2 + z^2 \equiv 0 \pmod{29},$$

et ceci peut être vérifié par des valeurs de $x$, $y$, $z$, premières avec 29. Par exemple

$$x = 1,\qquad y = 2,\qquad z = 13.$$

Supposons que dans la relation $x^p + y^p + z^p = 0$, $p$ soit un grand nombre premier, et soit $k$ un nombre premier avec 3 et tel que $q = kp + 1$ soit premier. Si l'on suppose que $x$, $y$, $z$ est une solution entière de

$$x^p + y^p + z^p = 0,$$

il sera possible de choisir $k$ d'une infinité de manières, telles que $kp + 1$ soit premier et non un facteur de $x$, $y$, $z$ ou de $y^p - z^p$, $z^p - x^p$, $x^p - y^p$; et telles que $k$ soit premier avec 3. Ceci étant, nous avons

$$U_k \equiv 0 \quad (\bmod q).$$

Si l'on pouvait montrer que, quand $p$ est donné, il y a une infinité de nombres premiers $kp + 1$ pour lesquels la congruence

$$U_k \equiv 0 \quad (\bmod q)$$

n'est pas satisfaite, le théorème de Fermat serait démontré.

G. Korneck. — Beweis des Fermat'schen Satzes von der Unmöglichkeit der Gleichung $x^n + y^n = z^n$ für rationale Zahlen und $n > 2$ (*Archiv d. Mathematik und Physik*, 2e série, t. 13, 1894, p. 1-9).

G. Korneck. — Nachtrag zu dem Beweise des Fermat'schen Satzes (*Ibid.*, 2e série, t. 13, 1894, p. 263-267).

É. Picard et H. Poincaré. — Rapport verbal concernant une démonstration du théorème de Fermat sur l'impossibilité de l'équation $x^n + y^n = z^n$ (*Comptes rendus*, t. 118, 1894, p. 841).

La démonstration proposée par M. Korneck ne peut être acceptée, car elle s'appuie sur un théorème *inexact* :

*Théorème.* — Soient des nombres $n$ et $k$ premiers entre eux ($n$ étant supposé impair) et non divisibles par un carré. Si l'on a, en nombres entiers,

$$nx^2 + ky^2 = z^n,$$

$x$ est divisible par $n$.

Il est facile de voir que la proposition est inexacte. Par exemple, pour

$$n = 3, \quad k = 1, \quad x = y = z = 4,$$
$$n = 5, \quad k = 3, \quad x = 1, \quad y = 3, \quad z = 2, \quad \ldots$$

E. DE JONQUIÈRES. — Sur une question d'algèbre qui a des liens avec le dernier théorème de Fermat (*Comptes rendus*, t. 120, 1895, p. 1139-1143).

Soient $a$, $b$, $c$ des quantités non transcendantes et $>0$, $n$ un nombre entier $>0$, et $a=pq$.

Dans la formule

$$a^n = c^n - b^n$$

est-il possible d'exprimer $c$ et $b$ par des fonctions algébriques de $p$ et $q$ telles que l'identité littérale s'établisse finalement entre les deux membres ?

Dans le cas de $n>2$, le problème est impossible.

D. GAMBIOLI. — Memoria bibliografica sull' ultimo teorema di Fermat (*Periodico di Matematica per l'insegnamento secondario fondato da D. Besso*, (2), t. 3, 1901, p. 145-192).

D. GAMBIOLI. — Appendice alla mia memoria bibliografica sull' ultimo teorema di Pietro Fermat (*Periodico di Matematica* (2), t. 4, 1901, p. 48-50).

F. LINDEMANN. — Ueber den Fermatschen Satz betreffend die Unmöglichkeit der Gleichung $x^n = y^n + z^n$ (*Sitzungsberichte der mathemat.-physikal. Klasse der Kgl. Akademie der Wissenschaften zu München*, t. 31, 1901, p. 185-202 et 495).

A.-S. WEREBRÜSSOW. — Sur l'équation $x^5 + y^5 = Az^5$ (*Recueil math. moscovite*, t. 25, 1905, (en russe) p. 466-473).

E. MAILLET. — Sur les équations indéterminées $x^\lambda + y^\lambda = cz^\lambda$ (*Annali di Mat.* (3), t. 12, 1905, p. 145-178).

E. MAILLET. — Sur l'équation indéterminée $x^a + y^a = bz^a$ (*Comptes rendus*, t. 140, 1905, p. 1229-1230).

E. MAILLET. — Sur le dernier théorème de Fermat (*Toulouse, Mém.* (10), t. 5, 1905, p. 132-133).

A. BANG. — Nyt Bevis for at Ligningen $x^4 - y^4 = z^4$ ikke kan have rationale Løsninger (*Nyt Tids. for Math.*, t. 16, 1905, p. 35-36).

F. LINDEMANN. — Ueber das sogenannte letzte Fermatschen Theorem (*Münch. Ber.*, t. 37, 1907, p. 287-352).

L. SCHLESINGER. — Ueber ein Problem der diophantischen Analysis bei Fermat, Euler und Poincaré (*Deutsche Math. Ver.*, t. 17, 1908, p. 56-57).

Étant donnés cinq nombres entiers A, B, C, D, E, déterminer $x$ de telle façon que l'on ait

$$V(x) \equiv A + Bx + Cx^2 + Dx^3 + Ex^4,$$

$V(x)$ étant un nombre carré.

A.-S. Werebrüssow. — Sur l'équation

$$x^3 + y^3 + z^3 = 2u^3$$

(*Recueil mathématique moscovite*, t. 26, 1908, (en russe), p. 622-624).

A. Hurwitz. — Ueber die diophantische Gleichung

$$x^3y + y^3z + z^3x = 0$$

(*Math. Ann.*, t. 65, 1908, p. 428-430).

Résolution impossible en nombres entiers. L'auteur en déduit l'impossibilité de l'équation de Fermat

$$u^7 \pm v^7 \pm w^7 = 0.$$

L.-E. Dickson. — On the last theorem of Fermat (*Messenger* (2), t. 38, 1908, p. 14-32).

L.-E. Dickson. — On the congruence $x^m + y^m + z^m \equiv 0 \pmod{p}$ (*J. für Math.*, t. 135, 1908, p. 134-141).

L.-E. Dickson. — On the last theorem of Fermat (*Quart. J.*, t. 40, 1908, p. 27-45).

L. Best. — *Beweis der Fermatschen Satzes*, Darmstadt, Schlapp, 3 p. in-8°, 1908.

F.-J. Hahn. — *Einige Beweise des Fermatschen Satzes* $x^n + y^n \gtrless z^n$ $(n > 2)$. Hamburg, H. Seippel, 10 p. in-4° (d'après *Arch. d. Math. u. Phys.* (3), t. 15, p. 286; t. 16, p. 283, 1908).

W. Hess. — *Beweis dèn grossen Fermatschen Satzes, für ungerades* $n > 1$. Dresden, A. Köhler, 4 p. in-8°, 1908 (plus un supplément).

H. Hübner. — *Ueber den Fermatschen Satz*. Erlangen, Junge, 40 p. in-8°, (d'après *Arch.* (3), t. 15, 1908, p. 370).

N.-G.-K. Husberg. — *A treatise on Fermat's theorem and on division of angles*. Stockholm, Lindstahl, 26 p. (d'après *Arch.* (3), t. 14, 1908, p. 371).

K.-W. Jurisch. — *Beweis des Fermatschen Satzes*. Berlin, Carl Heymann, 4 p. in-8° (d'après *Arch.* (3), t. 14, 1908, p. 285).

J. Koch. — *Beweis des grossen Fermatschen Satzes.* Borna Noske (d'après *Arch.* (3), t. 14, 1908, p. 372).

J. Kübler. — *Id.*, Leipzig, Teubner, 18 p. gr. in-8° (d'après *Arch.* (3), t. 14, 1908, p. 284).

J.-E. von Metz. — *Id.*, Göttingen, C. Spielmeyer Nachf. 6 p. in-8°, 1908.

R. Penkmeyer. — *Id.*, München, J. Lindauer (d'après *Arch.* (3), t. 14, p. 285 ; t. 16, 1908, p. 280).

F. Pietzker. — *Id.* (*Unterrichtsbl. f. Math.*, t. 14, p. 48-52) (d'après *Arch.* (3), t. 14, 1908, p. 372).

K. Rubissov. — *Id.*, Kiew, 15 p. in-8° (en russe).

H. Rühl. — *Id.*, Darmstadt, Müller et Rühle, 4 p. in-8° (d'après *Arch.* (3), t. 14, 1908, p. 285).

P. Théodoroff. — *Id.*, Sofia, imprimerie Basaiteff. Juin, 7 p., septembre, 8 p. in-8° (d'après *Arch.* (3), t. 14, 1908, p. 284).

A. Turtschaninov. — *Id.* (*Spaczinskis Bote* Nr. 454, 1908, p. 194-200 (en russe)).

J. Umfahrer. — *Id.*, München, O.-Th. Scholl., 10 p. in-8° (d'après *Arch.* (3), t. 14, 1908, p. 285).

C. Vlachos. — *Id.*, Berlin, Gotheiner, 7 p. in-8°, 1908.

A. Walsleben. — *Id.*, Osterode, Selbstverlag, 4 p. in-4°, 1908 (d'après *Arch.* (3), t. 14, p. 284-285).

G. Weigelin. — *Id.*, Stuttgart, Enderlen, 16 p. in-8°, 1908.

É. Sageret. — *Théorème de Fermat* ($x^m + y^m = z^m$), Paris, L. Dulac, 38 p. in-8°, 1909.

A. Wieferich. — Zum letzten Fermat'schen Theorem (*Journ. f. Mathem.*, t. 136, 1909, p. 293-303). [Couronné par la Société royale de Göttingue.]

A. Gérardin. — Résolution en entiers positifs de $x^n + y^n + z^n = u^n + v^n$ (*Ass. fr. pour l'Av. des Sciences*, Lille, 1909, p. 143-145).

A. Gérardin. — Résolution en entiers positifs de $x^4 + y^4 + z^4 = u^4 + v^4 + w^4$ (*Ass. fr. pour l'Avancement des Sciences*, Toulouse, 1910, p. 44-55.)

A. Gérardin. — État actuel de la démonstration du grand théorème de Fermat

$$x^n + y^n = z^n$$

(*Ib.* p. 55-56).

B. Lindt. — Ueber das letzte Fermat'sche Satz (*Abhandlungen zur Geschichte der Mathematik*, Heft 26, 1910).

C. Egoroff. — *Le théorème de Fermat*, Saint-Pétersbourg, 18 p. in-8°, 1911.

J. Joffroy. — Lettre sur la résolution de l'équation $x^n + y^n = z^n$ (*Nouv. Ann. de Math.*, (4), t. 11, 1911, p. 282-283).

Fermat a trouvé une propriété arithmétique qui est traduite par l'égalité

$$a^p = mp + a.$$

Généralisée elle devient

$$a^{p+k(p-1)} = mp + a, \tag{1}$$

$p$ étant premier et les autres nombres entiers quelconques.

*Application de la formule* (1). — Soit

$$x^{37} + y^{37} = z^{37}; \tag{2}$$

(1) fournit aisément

$$x^{37} = \begin{cases} 2m + x, \\ 3m + x, \\ 5m + x, \\ 7m + x, \\ 13m + x, \\ 19m + x, \\ 36m + x. \end{cases}$$

Donc $x^{37} - x$, qui est multiple de 2, 3, 5, 7, 13, 19, 37, est multiple de leur produit et je puis écrire

$$\begin{aligned} x^{37} - x &= 2.3.5.7.13.19.37m = \text{P}m, \\ y^{37} - y &= \text{P}m', \\ z^{37} - z &= \text{P}m'', \\ x^{37} + y^{37} - z^{37} + \text{P}m_1 &= x + y - z, \end{aligned}$$

ou, en vertu de (2),

$$x + y - z = \text{P}m_1; \tag{3}$$

il est aisé de prouver que $Pm_1$ est positif; (3) donne

$$x = Pm_1 + (z - y)$$

et, si j'ai $x < y < z$, donne

$$x > P + 1 \qquad \text{ou} \qquad x > 1919191.$$

*Conclusion.* — Si l'équation (2) admet des solutions entières, elles sont supérieures à ce nombre, ce qui n'invite pas à penser que cette équation en admet.

*Remarque.* — De la formule

$$a^{p+k(p-1)} = mp + a$$

je tire aussi aisément

$$a^{85} = 2.3.5.7.13.29.85 = 6729450\,m + a,$$
$$a^{49} = 2.3.5.7.13.17.49 = 2274090\,m + a,$$

et j'en conclus comme ci-dessus pour les solutions entières de

$$x^{85} + y^{85} = z^{85},$$
$$y^{49} + y^{49} = z^{49},$$

supposées possibles, des nombres considérables.

La même remarque est applicable à autant d'équations de Fermat que l'on veut considérer.

## PRIX WOLFSKEHL.

En vertu des pouvoirs que nous a donnés M. le Dr Paul Wolfskehl, décédé à Darmstadt, nous fondons par les présentes un prix de cent mille marks sous le nom d'*Einhunderttausend Mark*, qui sera délivré à celui qui donnera le premier une démonstration du grand théorème de Fermat.

Dans un testament, M. le Dr Wolfskehl observe que Fermat (*Œuvres*, Paris, 1891, t. I, p. 291, observ. II) affirme *mutatis mutandis* que l'équation $x^\lambda + y^\lambda = z^\lambda$ n'a pas de solutions entières pour tous les exposants $\lambda$ qui sont des nombres premiers impairs. Il y a lieu de démontrer ce théorème soit en général, suivant les idées de Fermat, soit en particulier, conformément aux recherches de Kummer (*Journal de Crelle*, t. 40, p. 130 et suiv.; *Abh. der Akad. d. Wiss.*, Berlin, 1857), pour tous les exposants $\lambda$ pour lesquels il a, en somme, une valeur. Pour plus amples renseignements, consulter HILBERT, *Theorie der algebraischen Zahlkörper* (*Jahresbericht der deutschen Mathematiker-Vereinigung*, t. IV, 1894-1895, p. 172-173, et *Encyklopädie der mathematischen Wissenschaften*, Bd. I, Teil 2, *Arithmetik und Algebra*, 1900-1904, 1 C, 4*b*, p. 713).

La fondation du prix a lieu sous les conditions suivantes :

La *Königliche Gesellschaft der Wissenschaften in Göttingen* décidera en toute liberté à qui le prix doit être attribué. Elle refuse d'accepter tout *manuscrit* ayant pour objet de concourir à l'obtention du prix du théorème de Fermat; elle ne prendra en considération que les Mémoires mathématiques qui auront paru sous forme de monographie dans des journaux périodiques ou qui sont en vente sous forme de Volumes, en librairie. La Société prie les auteurs de pareils Mémoires de lui en adresser au moins cinq exemplaires imprimés.

Seront exclus du Concours les travaux qui seraient publiés dans une langue qui ne serait pas comprise des savants spécialistes désignés pour le jugement. Les auteurs de pareils travaux pourront y substituer des traductions dont la fidélité soit certaine.

La Société décline toute responsabilité au sujet du non-examen de travaux dont elle n'aurait pas eu connaissance, ainsi que des erreurs qui pourraient résulter du fait que le véritable auteur du travail ou d'une partie du travail était inconnu de la Société.

Elle se réserve toute liberté de décision pour le cas où plusieurs personnes s'occuperaient de la solution de la question ou pour le cas où cette solution résulterait de travaux combinés de plusieurs savants, en particulier en ce qui concerne le partage du prix, à son gré.

L'attribution du prix par la Société aura lieu au plus tôt deux ans après la publication du Mémoire à couronner. Cet intervalle de temps a pour but de permettre aux mathématiciens allemands et étrangers d'émettre leur opinion au sujet de l'exactitude de la solution publiée.

Dès que le prix aura été attribué par la Société, le lauréat en sera informé par le Secrétaire au nom de la Société et le résultat sera publié partout où le prix aura été annoncé pendant la dernière année écoulée. L'attribution du prix par la Société est inattaquable.

Le payement du prix sera fait au lauréat, dans l'intervalle des trois mois qui suivront son attribution, par la caisse royale de l'Université de Göttingue ou aux risques et périls du destinataire en un autre endroit qu'il aura désigné.

Le capital pourra être versé contre quittance, au gré de la Société, soit en argent comptant, soit par simple transmission des valeurs financières qui le constituent. Le payement du prix sera donc considéré comme effectué par la transmission de ces valeurs, lors même que le total de leur valeur au cours du jour n'atteindrait plus cent mille marks.

Au cas où le prix n'aurait pas été délivré au 13 septembre 2007, aucune réclamation ultérieure ne serait plus admise.

Le Concours pour le prix Wolfskehl est ouvert à la date de ce jour aux conditions énoncées ci-dessus.

GÖTTINGEN, 27 juin 1908.

*Die Königliche Gesellschaft der Wissenschaften.*

---

VI.

# UN PROBLÈME DE TRIANGLES RECTANGLES NUMÉRIQUES.

(TOME I, p. 321-325; TOME III, p. 261-263.)

P. TANNERY. — Sur un problème de Fermat (*Bulletin de la Société mathématique de France*, t. 14, année 1885-1886, p. 41-45).

1. Diophante ramène un de ses problèmes (V, 25) à la recherche de trois triangles rectangles en nombres [1] tels que le produit des trois hypoténuses par les trois hauteurs soit un nombre carré.

Il se donne ensuite l'un des trois triangles, soit (5, 3, 4); comme la hauteur de ce dernier, 4, est un carré, il reste donc à chercher deux triangles $(a_1, b_1, c_1)$, $(a_2, b_2, c_2)$, tels que

$$a_1 c_1 = 5 a_2 c_2. \tag{1}$$

Le reste du problème est corrompu.

Bachet a donné de la première des deux questions une solution assez élégante que Cossali a traduite depuis en langage algébrique, mais qui n'étant,

[1] On appelle ainsi un groupe de trois nombres $(a, b, c)$, *entiers* ou *fractionnaires* tels que $a^2 = b^2 + c^2$; $a$ est l'hypoténuse du triangle rectangle, $b$ sera la base; $c$ la hauteur.

bien entendu, nullement générale, ne s'applique point à la forme spéciale (1) à laquelle conduit le texte de Diophante.

Fermat s'est proposé la divination de la solution perdue, mais il y a été moins heureux qu'ailleurs ([1]). Au lieu de s'attacher au texte même, il a abordé le problème *a priori* d'une façon qu'on peut représenter comme suit :

Soit à traiter, en général, le problème

$$(2) \qquad a_1 c_1 = m a_2 c_2 ;$$

d'après la théorie des triangles rectangles en nombres, on peut poser

$$a_1 = p^2 + q^2, \qquad c_1 = 2pq,$$
$$a_2 = r^2 + s^2, \qquad c_2 = 2rs,$$

$p$, $q$, $r$, $s$ étant des indéterminées.

Si l'on suppose d'ailleurs $r = p$, l'équation (2) deviendra

$$(3) \qquad q(p^2 + q^2) = ms(p^2 + s^2),$$

d'où

$$p^2 = \frac{q^3 - ms^3}{ms - q}.$$

Dans ses transformations subséquentes, Fermat a commis une erreur de signe, en sorte qu'il résout le problème de rendre carré le nombre $\frac{q^3 - ms^3}{q - ms}$, et non pas le problème qu'il s'était posé. Il a reconnu ensuite son erreur et, sans donner d'autres explications, s'est contenté d'affirmer qu'il avait résolu généralement la question et d'en donner une solution particulière, pour $m = 5$, en nombres assez grands pour qu'on ne pût, dit-il, imputer leur découverte au hasard ([2]). Ces nombres sont les suivants :

$$a_1 = 48\,543\,669\,109, \qquad b_1 = 36\,083\,779\,309, \qquad c_1 = 32\,472\,275\,280,$$
$$a_2 = 42\,636\,752\,938, \qquad b_2 = 41\,990\,695\,400, \qquad c_2 = 7\,394\,200\,038.$$

2. Il est difficile de révoquer en doute l'affirmation de Fermat, qu'il a résolu généralement le problème; cependant il peut y être arrivé en abandonnant la

([1]) La solution de Diophante a été reconstituée d'après le texte de Bachet par le traducteur allemand Schultz (Berlin, 1822); elle repose sur un artifice tout particulier et ne peut conduire aux nombres indiqués par Fermat.

([2]) Quæstionem ipsam Diophanteam nos iterum examini subjicientes et methodum nostram sedulo consulentes, tandem generaliter solvimus. Exemplum tantum subjiciemus, confisi numeros ipsos satis indicaturos non sorti, sed arti solutionem deberi.

voie qu'il avait d'abord essayée et en retrouvant soit l'artifice de Diophante, soit quelque autre semblable.

Si en effet, dans l'équation (3), on substitue

$$q = mt(x+1), \qquad s = t(x+m^2), \qquad p = ty,$$

on arrive à l'équation indéterminée

$$(4) \qquad x^3 - 3m^2x - m^2(m^2+1) = y^2,$$

qui, sous sa forme générale, est incontestablement rebelle à toutes les méthodes de Diophante et de Fermat que l'on connaît.

Mais il est certain, d'un autre côté, que c'est au contraire en suivant sa première voie que Fermat a obtenu les nombres qu'il a donnés. Si l'on calcule en effet les nombres générateurs de ces triangles, il vient

$$p = r = 205703, \qquad q = 78930, \qquad s = 17973.$$

Ainsi nous retrouvons l'hypothèse fondamentale $p = r$, qui conduit à l'équation (4).

Il m'a paru intéressant d'appeler sur cette difficulté l'attention des mathématiciens.

En nous bornant d'ailleurs au cas spécial où $m = 5$, sur lequel ont porté les calculs de Fermat, l'équation (4) devient

$$(5) \qquad x^3 - 75x - 650 = y^2;$$

nous rencontrons une nouvelle complication.

Il est facile de voir que, dans ce cas, nous avons une solution immédiate ($p = r = 1$, $q = 2$, $s = 1$). A la vérité, elle ne permet pas de construire les triangles demandés par Diophante; mais, avec la méthode de Fermat, une première solution en donne une infinité d'autres par voie de dérivation successive.

Comme, en général,

$$x = m\frac{mq-s}{ms-q}, \qquad y = mp\frac{m^2-1}{ms-q},$$

cette solution immédiate correspond au couple de valeurs

$$x_1 = 15, \qquad y_1 = 40.$$

En substituant dans le premier membre de l'équation

$$x = 15 + x',$$

le terme constant devient le carré $(40)^2$, et l'équation transformée peut être traitée d'après la méthode de Diophante. On obtiendra ainsi une seconde valeur $x_2 = \frac{105}{4}$, d'où l'on pourra déduire les triangles suivants, satisfaisant au problème de Fermat :

$$a_1 = 87125, \quad b_1 = 7923, \quad c_1 = 86764,$$
$$a_2 = 46325, \quad b_2 = 32877, \quad c_2 = 32636.$$

Or ces nombres sont certainement déjà assez compliqués pour que Fermat les eût sans doute donnés, s'il avait fait la même déduction, d'autant qu'elle est une application d'une de ses méthodes. D'autre part, sa solution numérique n'a certainement pas été obtenue par cette voie; car, si l'on poursuit la recherche des solutions suivantes, on arrive presque immédiatement à des nombres beaucoup plus élevés que ceux qui correspondent aux triangles de Fermat.

La façon dont il a obtenu les nombres générateurs de ces triangles reste donc un mystère, et il peut être permis de penser que, quoi qu'il en ait dit, il aura été aidé par le hasard dans une certaine mesure.

Je ne prétends point au reste traiter la question à fond; je me bornerai aux quelques indications suivantes pour épargner des tentatives inutiles à ceux qui voudraient l'aborder.

Si (par une restriction spéciale) on pose

$$x = z^2 + \frac{1}{3},$$

en même temps que

$$y = z^3 + u,$$

l'équation (5) prend la forme

$$z^4 - Az^2 - B = 2uz^3 + u^2.$$

D'après les valeurs numériques et la solution de Fermat, $B + u^2$ se trouve un carré, et, si l'on pose

$$B + u^2 = v^2 z^2,$$

on trouve

$$v = 2.$$

L'équation proposée se ramène dès lors à

$$z^2 - 2uz - A - v^2 = 0,$$

où

$$u^2 + A + v^2 = w^2,$$

et l'on prendra

$$z = u + w.$$

Si l'on se donne $v = 2$, on trouvera d'ailleurs que, pour obtenir ainsi la solution, A et B sont soumis à une double condition; si au contraire on cherche à déterminer $v$ de manière à obtenir la solution en conséquence de cette détermination, on tombe sur une équation beaucoup plus complexe que la proposée.

S. Roberts. — Sur le 25ᵉ problème du 5ᵉ Livre de Diophante et la solution de Fermat (*Association française pour l'avancement des Sciences*, 15ᵉ Session : Nancy, t. 15, 2ᵉ Partie, 1886, p. 43-49).

1. Dans un Mémoire sur un problème de Fermat (*Bulletin de la Société mathématique de France*, séance du 2 décembre 1885), M. Paul Tannery rappelle l'affirmation de Fermat, qu'il avait découvert une solution générale du problème en question, dont il donne un résultat numérique et particulier à l'appui de sa déclaration.

D'après M. Tannery, on ne sait pas comment Fermat était parvenu à son résultat, encore moins le procédé dont il se servit dans le cas général.

En étudiant le travail de M. Tannery, j'ai retrouvé le résultat particulier et, de plus, un procédé que l'on peut appeler *général* et dont Fermat pouvait très probablement être en possession.

Comme un certain intérêt s'attache toujours à la vérification, non pas de la bonne foi, mais de l'exactitude des assertions de Fermat à l'égard d'énoncés de ce genre, j'ai pensé qu'il serait utile de mettre mes conclusions en évidence.

2. Diophante se propose de trouver trois carrés tels que, si l'on retranche successivement chacun d'eux du produit des trois, les restes soient des carrés. La question se réduit au problème de trouver trois triangles rectangulaires numériques tels que le produit des trois perpendiculaires, multiplié par le produit des trois hypoténuses, soit un carré. Jusqu'ici son raisonnement est facile. Il suppose, ensuite, un triangle rectangulaire donné dont les côtés sont 5, 4, 3, et se met à résoudre l'équation

$$(1) \qquad a_1 c_1 = 5 a_2 c_2,$$

où les deux hypoténuses sont désignées par $a_1$, $a_2$ et les deux perpendiculaires par $c_1$, $c_2$. Mais ici le texte devient corrompu à tel point que la méthode reste problématique.

Dans sa Note sur le problème, Bachet donne une solution

$$\begin{matrix} 5, & 4, & 3, \\ 13, & 12, & 5, \\ 65, & 63, & 16, \end{matrix}$$

où

$$65.16.13.12.5.3 = \square.$$

On peut obtenir d'autres solutions de cette sorte (par exemple 5, 4, 3; 13, 12, 5; 65, 60, 25). Mais elles ne satisfont pas à la condition imposée dans le texte.

3. Suppléant à la Note de Bachet, Fermat met, en effet, l'équation

$$q(p^2+q^2) = \frac{m}{n}s(p^2+s^2),$$

ou

$$\frac{q^3 - \frac{m}{n}s^3}{\frac{m}{n}s - q} = \square;$$

mais par erreur il résout

$$\frac{\frac{m}{n}q^3 - s^3}{\frac{m}{n}s - q} = \square,$$

équation résoluble en remplaçant $q$ par $X + m - n$, $s$ par $m - n$, puisqu'on aura

$$\{m(X + m - n)^3 - n(m-n)^3\}\{m(m-n) - n(X + m - n)\} = \square,$$

le terme constant étant un carré positif. Ayant reconnu son erreur, Fermat ajoute :

« *Quæstionem ipsam Diophanteam novo iterum examini subjicientes et methodum nostram seduli consulentes, tandem generaliter solvimus : exemplum tantum subjiciemus, confisi numeros ipsos satis indicaturos non sorti, sed arti solutionem deberi. In propositione Diophanti quærenda duo triangula rectangula ea conditione ut productum sub hypotenusâ unius, et perpendiculo ad productum sub hypotenusa et perpendiculo alterius habeat rationem quam 5 ad 1.*

« *En duo triangula, primum, cujus hypotenusa* 48543669109, *basis*

36083779309, *perpendiculum* 32472275580, *secundum, cujus hypotenusa* 42636752938, *basis* 41990695480, *perpendiculum* 7394200038. »

4. Reportons-nous au cas spécial $\frac{m}{n}=5$. Si nous posons

$$(q^3-5s^3)(5s-q)=(5s-q)^2p^2=\square,$$

les valeurs $q=2$, $p=s=1$ donnent le système évident

$$\begin{matrix} 5, & 4, & 3, \\ 5, & 4, & 3, \\ 2, & 2, & 0. \end{matrix}$$

Multipliant par $t^4$ et remplaçant $tq$ par $X+2$, $ts$ par $X+1$, on aura

$$-16X^4-48X^3-39X^2+3X+9=\square=\left(3+\frac{X}{2}+hX^2\right)^2,$$

donnant

$$h=-\frac{157}{24}, \qquad X=-\frac{199\times 24}{6773}.$$

Les valeurs que l'on en tire pour $tq$, $ts$, $tp$ sont

$$\frac{8770}{6773}, \quad \frac{1997}{6773}, \quad \frac{205703}{9\times 6773},$$

ou, en prenant $t=9\times 6773$,

$$q=9\times 8770, \qquad s=9\times 1997, \qquad p=205703,$$

nombres qui donnent la solution de Fermat.

Également on peut remplacer $tq$ par $aX+2$, $ts$ par $bX+1$; le résultat sera le même à un facteur commun près, mais il convient souvent de faire $b=0$, $a=1$.

5. Une solution distincte résulte quand on remplace $aX+2$ par $\frac{q}{s}$, $bX+1$ par $\frac{p}{s}$ dans l'équation

$$q(q^2+p^2)-5s(p^2+s^2)=0.$$

Le coefficient de X étant $13a-6b$, si l'on pose

$$a=6, \qquad b=13,$$

on aura

$$6(13^2+6^2)X+(6^3+12\times 13-3\times 13^2)=0,$$

d'où l'on tire

$$X = \frac{q}{2}, \qquad \frac{q}{s} = 6X + 2 = \frac{218}{82}, \qquad \frac{p}{s} = 13X + 1 = \frac{199}{82}.$$

M. Tannery a donné cette solution. Il y parvient en faisant usage de la transformée

$$x^3 - 75x - 650 = \square.$$

Il prend pour la forme du carré $(40 + hX)^2$. En prenant la forme

$$(40 + kX + hX^2)^2,$$

il aurait rencontré la solution de Fermat.

6. Maintenant, à propos de la déclaration par Fermat qu'il avait résolu la question généralement, il est possible qu'il n'avait pas l'intention de dire qu'il avait résolu

$$a_1 c_1 = m a_2 c_2,$$

$m$ désignant un nombre arbitraire, mais seulement en supposant que $m$ soit l'hypoténuse d'un triangle rectangulaire donné. En effet, celle-ci est l'idée de Diophante.

Supposons donc un triangle donné ayant les côtés

$$\lambda(\mu^2 + \nu^2), \quad 2\lambda\mu\nu, \quad \lambda(\mu^2 - \nu^2).$$

L'égalité

$$(a) \qquad \frac{2\lambda.2pq.2\lambda(p^2 + q^2)}{2\frac{p}{\mu}s\left(\frac{p^2}{\mu^2} + s^2\right)} = 2\lambda\mu\nu.\lambda(\mu^2 + \nu^2)$$

est satisfaite par les valeurs

$$p = \mu, \qquad q = \nu = s = 1.$$

Si $2\lambda\mu\nu$ est un carré $(4k^2)$, l'équation prend la forme

$$\frac{\lambda.2pq.\lambda(p^2 + q^2)}{k.2\frac{p}{\mu}s.k\left(\frac{p^2}{\mu^2} + s^2\right)} = \lambda(\mu^2 + \nu^2) = \text{hypoténuse}.$$

La résolution de $(a)$ se trouve ramenée à rendre carré

$$(2q^3 - ms^3)(ms - 2\mu^2 q) = \frac{p^2}{\mu^2} = \square,$$

où

$$m = \nu(\mu^2 + \nu^2).$$

Remplaçons $\frac{q}{s}$ par $X + \nu$ et supposons que la forme du carré soit

$$[\nu^3 - \mu^2\nu + (3\nu^2 - \mu^2)X + hX^2]^2 :$$

on aura

$$h = -\frac{3\nu^4 + 12\mu^2\nu^2 + \mu^4}{2(\nu^3 - \mu^2\nu)},$$

$$\frac{q}{s} = X + \nu = \frac{\nu\left\{\begin{array}{l}(3\nu^4 + 12\mu^2\nu^2 + \mu^4)^2 + 16\mu^2\nu^2(\nu^2 - \mu^2)^2 + 8\nu^2(\nu^2 - \mu^2)^2(\nu^2 - 7\mu^2) \\ + 4(\nu^2 - \mu^2)(3\nu^2 - \mu^2)(3\nu^4 + 12\mu^2\nu^2 + \mu^4)\end{array}\right\}}{(3\nu^4 + 12\mu^2\nu^2 + \mu^4)^2 + 16\mu^2\nu^2(\nu^2 - \mu^2)^2}.$$

Désignant par $a$, $b$, $c$ les côtés du triangle

$$\mu^2 + \nu^2, \qquad 2\mu\nu, \qquad \nu^2 - \mu^2,$$

on trouve

$$h = -\frac{4a^2 - 2c^2 + ac}{2\nu c};$$

$$\frac{q}{s} = \nu\frac{16a^3 + 13ac^2 + 24a^2c}{16a^3 - 11ac^2 + 8a^2c - 4c^3}.$$

De plus

$$-[\nu c + (a + 2c)X + hX^2] = \frac{ms - 2\mu^2 q}{\mu s^2}p,$$

$$X = \nu\frac{4c^3 + 24ac^2 + 16a^2c}{16a^3 - 11ac^2 + 8a^2c - 4c^3},$$

$$\frac{ms - 2\mu^2 q}{s} = \frac{q\nu ac^3}{16a^3 - 11ac^2 + 8a^2c - 4c^3};$$

d'où l'on tire

$$\frac{p}{s} = \frac{\mu\{128a^4 + 240a^3c + 136a^2c^2 + 33ac^3 + 8c^4\}}{3c\{16a^3 - 11ac^2 + 8a^2c - 4c^3\}}.$$

Si l'on traite l'équation

$$2q(p^2 + q^2)\mu^2 - \nu(\mu^2 + \nu^2)s(p^2 + \mu^2 s^2) = 0,$$

on a

$$\frac{q}{s} = \nu[(\nu^2 - \mu^2)X + 1], \qquad \frac{p}{s} = \mu[(\mu^2 + 3\nu^2)X + 1],$$

$$X = \frac{3(\nu^2 - \mu^2)(\mu^2 + \nu^2)}{2[\nu^2(\nu^2 - \mu^2)^2 + \mu^2(\mu^2 + 3\nu^2)^2]},$$

ou

$$\frac{q}{s} = \nu(cX + 1), \qquad \frac{p}{s} = \mu[(2a + c)X + 1],$$

$$X = \frac{3c}{4a^2 - 2c^2} = \frac{3c}{4b^2 + 2c^2}.$$

Les expressions ci-dessus données renferment la solution de Fermat et celle de M. Tannery.

7. J'ai dit que les mots de Fermat n'indiquent pas nécessairement qu'il prétendait avoir résolu l'équation (1) pour un nombre arbitraire $m$ entier ou fractionnaire. L'exemple numérique qu'il donne appartient au cas moins général.

Mais il convient de citer le problème dont il fait mention dans sa correspondance avec Mersenne (¹).

Trouver deux triangles rectangles, en sorte que le contenu, sous le plus grand côté de l'un et sous le plus petit du même, soit en raison donnée au contenu sous le plus grand côté et le plus petit de l'autre.

Voilà le problème nettement énoncé dans la forme la plus générale.

Pour le moment, nous mettons de côté la grandeur relative de la perpendiculaire.

Considérons l'équation

$$\frac{K^2 pq(p^2+q^2)}{L^2 rs(r^2+s^2)} = \frac{m}{n},$$

où $m$ peut être plus grand que $n$.

(¹) Cité par M. Marie, *Histoire des Sciences mathématiques, etc.*, t. IV, p. 109. Communiqué à l'Académie des Sciences, séance du 3 décembre 1882; je n'ai pas vu cette Note (S. R.).

Voici la Note à laquelle fait allusion M. S. Roberts et qui a été communiquée à l'Académie des Lincei :

C. Henry. *Sur quelques propositions inédites de Fermat* (Séance du 3 décembre 1882). — Les propositions suivantes sont extraites d'une Correspondance inédite de Fermat avec le Père Mersenne, possédée par M. le Prince Balthasar Boncompagni. Cette Correspondance renferme un grand nombre de problèmes proposés à Frenicle, à un M. de Saint Martin, à un M. de Sainte-Croix. Voici les propositions inédites :

I. *Théorème.* — Soient trouvés deux carrés desquels la somme soit carrée, comme 9 et 16. Soit chacun d'eux multiplié par un même nombre composé de 3 carrés seulement, comme 11. Ces deux produits seront 99 et 176 qui satisferont à la question, car chacun d'eux et leur somme sont composés de 3 carrés seulement; et ainsi par la même voie vous en trouverez infinis, car au lieu de 9 et 16, vous pourrez prendre tels autres 2 carrés que vous voudrez desquels la somme soit carrée et au lieu de 11 tel autre nombre que vous voudrez composé de 3 carrés seulement. Si vous prenez au lieu de 11 un nombre composé de 4 carrés seulement, comme 7, chacun des deux produits, ensemble leur somme, seront composés de 4 carrés seulement. — Que si vous voulez non seulement 2 nombres, mais 3 ou tel nombre que vous voudrez desquels un chacun, ensemble la somme de tous, soit composé de 3 ou 4 carrés seulement, il ne faudra que trouver autant de carrés que vous voudrez des nombres desquels la somme soit carrée et les multiplier chacun d'eux, *ut suprà*.

Ce théorème est vrai, même sans les restrictions qu'y apporte Fermat ; il n'est qu'un cas particulier de propositions trouvées postérieurement par lui. On sait en effet que

Dans sa Note au 24e problème du 5e Livre de Diophante (1), Fermat donne plusieurs solutions de l'équation

$$\frac{uv(u^2-v^2)}{wx(w^2-x^2)}=\frac{m}{n};$$

par exemple, il pose

$$u=2m+n,\quad v=m-n=x,\quad w=2+m,$$
$$u=6m,\quad v=2m-n,\quad w=4m+n,\quad x=4m-2n,$$
$$u=m+4n,\quad v=2m-4n,\quad w=4n,\quad x=m-2n.$$

Ces valeurs sont trouvées facilement, puisque nous avons les solutions

$$u=0,\quad w=x\quad \text{et}\quad u=v,\quad w=0.$$

Mais en remplaçant $p$, $q$ par $u^2-v^2$, $2uv$; $r$, $s$ par $w^2-x^2$, $2wx$, on trouve

$$\frac{pq(p^2+q^2)}{rs(r^2+s^2)}=\frac{2uv(u^2-v^2)(u^2+v^2)^2}{2wx(w^2-x^2)(w^2+x^2)^2},$$

en sorte que l'on peut faire

$$\frac{(w^2+x^2)^2pq(p^2+q^2)}{(u^2+v^2)^2rs(r^2+s^2)}=\frac{m}{n},$$

et les côtés des deux triangles sont

$$(w^2+x^2)(p^2+q^2),\quad (w^2+x^2)(p^2-q^2),\quad 2pq(w^2+x^2),$$
$$(u^2+v^2)(r^2+s^2),\quad (u^2+v^2)(r^2-s^2),\quad 2rs(u^2+v^2).$$

tout nombre entier qui, débarrassé de la plus grande puissance de 4 qui le divise, n'est pas de la forme $8x+7$, peut être mis sous forme ternaire $x^2+y^2+z^2$ et l'on sait de plus que tout nombre entier est la somme de quatre carrés ou d'un moindre nombre de carrés.

II. *Problèmes.* — Trouver deux triangles rectangles dont les aires soient en raison donnée, en sorte que les deux petits côtés du plus grand triangle diffèrent par l'unité.

Trouver deux triangles rectangles en sorte que le contenu sous le plus grand côté de l'un et sous le plus petit du même soit en raison donnée au contenu sous le plus grand côté et le plus petit de l'autre.

Trouver un triangle duquel l'aire ajoutée au carré de la somme des deux petits côtés fasse un carré. Voici le triangle: 205769, 190281, 78320.

Data summa solidi sub tribus lateribus trianguli rectanguli numero et ipsius hypotenusa, invenire terminos intra quos area constitit. Nec moveat additio solidi et longitudinis : in problematis enim numericis quantitates omnes sunt homogenæ, ut omnes fiunt.

Étant donné un nombre, déterminer combien de fois il est la différence de deux nombres dont le produit est un nombre carré. (H.)

(1) Note au tome I, p. 318-321 et au tome III, p. 259-261. (H.)

Mais aussi, on peut résoudre

$$\frac{uv(u^2-v^2)}{rs(r^2+s^2)}=\frac{m}{n}=\text{M}.$$

Car, si l'on pose

$$uv(u^2-v^2)-\text{M}rs(r^2+s^2)=0,$$

on aura, en remplaçant $r$, $s$ par X, 1; $u$, $v$ par $a\text{X}-1$, 1,

$$(a\text{X}-1)^3-(a\text{X}-1)-\text{MX}(1+\text{X}^2)=0,$$

d'où l'on tire

$$q=s \quad \text{et} \quad \frac{p}{2m^2+8n^2}=\frac{q}{m^2-8n^2}=\frac{r}{6mn}.$$

Par conséquent, en posant $u^2-v^2$ pour $p$, $2uv$ pour $q$, on peut avoir

$$\frac{pq(p^2+q^2)}{(u^2+v^2)^2rs(r^2+s^2)}=\frac{2uv(u^2-v^2)}{rs(r^2-s^2)}=\frac{m}{n},$$

en faisant

$$\frac{uv(u^2-v^2)}{rs(r^2-s^2)}=\frac{m}{2n}.$$

La condition spéciale du problème, comme énoncé dans la correspondance, sera satisfaite, si l'on a

$$p^2-q^2-pq=(u^2-v^2)^2-4u^2v^2-4uv(u^2-v^2)>0\ ;$$

cela arrivera pour $m$ assez grand, si le coefficient de la plus grande puissance de $m$ dans le premier membre de l'inégalité est positif.

Pour rendre $m$ assez grand, on peut écrire $mk^2$ pour $m$.

Par exemple, si l'on pose

$$u=8m^2+n^2,\qquad v=6mn,\qquad w=16m^2-n^2,\qquad x=3n^2,$$

on aura

$$\frac{4uv(u^2-v^2)}{wx(w^2-x^2)}=\frac{m}{n}.$$

Le coefficient de $m^8$, la plus grande puissance de $m$ dans chacune des expressions

$$(u^2-v^2)^2-4u^2v^2-4uv(u^2-v^2),$$
$$(w^2-x^2)^2-4w^2x^2-4wx(w^2-x^2),$$

est positif.

De la même manière, j'ai résolu d'autres problèmes de Fermat, par exemple ces deux-ci :

« Trouver un triangle duquel l'aire ajoutée au quarré de la somme les deux petits côtés fasse un quarré » (¹).

Voici le triangle

$$205769, \quad 190281, \quad 78320 \quad (^2).$$

« Trouver deux triangles rectangles dont les aires soient en raison donnée, en sorte que les deux petits côtés du plus grand triangle diffèrent par l'unité » (³).

---

## VII.

# THÉORÈMES SUR LES NOMBRES POLYGONES.

### A.

(Tome I, p. 341, XLVI.)

T. Pépin. — Théorème de Fermat sur les nombres polygones (*Atti dell'Accademia pontificia dei Nuovi Lincei*, t. 46, 1893, p. 119-131).

E. Maillet. — Extension du théorème de Fermat sur les nombres polygones (*Bulletin de la Société mathématique de France*, t. 23, 1895, p. 40-49).

Les nombres polygones d'ordre $m$ sont de la forme

$$\frac{m}{2}(x^2 - x) + x,$$

où $x$ est un entier quelconque.

Cauchy a démontré le théorème de Fermat sur les nombres polygones en s'appuyant sur le lemme suivant (⁴) :

*Lemme.* — Soient $k$ un nombre impair pris à volonté et $s$ un autre nombre impair compris entre les limites

$$\sqrt{3k-2}-1, \qquad \sqrt{4k}.$$

(¹) *Voir* t. II, p. 260, lettre de Fermat à < Saint-Martin >, 31 mai 1643. (H.).

(²) *Voir* t. II, p. 263, lettre de Fermat à Mersenne, août 1643. (H.).

(³) *Voir* t. II, p. 252, lettre de Fermat à Mersenne, 16 février 1643, avec invitation de proposer ce problème à M. de Saint-Martin. (H.).

(⁴) *Exercices de Mathématiques*, t. I, p. 273.

On pourra toujours résoudre simultanément en nombres entiers les deux équations

$$k = t^2 + u^2 + v^2 + w^2,$$
$$s = t + u + v + w.$$

Des théorèmes semblables ont lieu, plus généralement, pour des nombres de la forme

$$\frac{\alpha}{2}x^2 + \frac{\beta}{2}x + \gamma,$$

où $\alpha > 0$; $\alpha, \beta, \gamma$ entiers et où $\alpha$ et $\beta$ n'ont d'autre diviseur commun que 1 ou 2.

*Théorème I.* — Si $\alpha$ et $\beta$ sont impairs et premiers entre eux, tout nombre A, supérieur à une certaine limite fonction de $\alpha$ et $\beta$, est la somme de 4 nombres de la forme

$$\frac{\alpha}{2}x^2 + \frac{\beta}{2}x \qquad (\alpha > 0).$$

On peut assigner une limite inférieure de A telle que cette décomposition ait lieu de $p$ manières différentes, $p$ étant choisi arbitrairement.

*Théorème II.* — Ce théorème est semblable au théorème I, $\alpha$ étant impairement pair, quand A est impair et $\beta$ pairement pair, et quand A est pair et $\beta$ impairement pair $\left(\frac{\alpha}{2}\text{ et }\frac{\beta}{2}\text{ premiers entre eux}\right)$.

*Théorème III.* — Il est semblable au théorème I quand $\alpha$ est pairement pair, $\beta$ impairement pair et A impair $\left(\frac{\alpha}{2}\text{ et }\frac{\beta}{2}\text{ premiers entre eux}\right)$.

Des résultats analogues peuvent s'obtenir pour des nombres de la forme

$$\frac{\alpha}{2}x^4 + \frac{\beta}{2}x^2;$$

il suffit de s'appuyer sur un théorème dû à Liouville (Le Besgue, *Exercices d'Analyse numérique*, Paris, Leiber et Faraguet, 1859, p. 113).

E. Maillet. — Quelques extensions du théorème de Fermat sur les nombres polygones (*Journal de Mathématiques* (5), t. 2, 1896, p. 363-380).

*Théorème I.* — Si l'expression $\varphi(x) = ax^5 + a_1x^4 + \ldots + a_5$, où les coefficients $a, a_1, \ldots, a_5$ sont donnés et rationnels, est entière et positive pour toute valeur entière de $x \geqq \mu$, $\mu$ étant fini et de degré 2, 3, 4 ou 5, tout nombre entier supérieur à une certaine limite fonction de $a, a_1, a_2, \ldots, a_5$, est la somme d'un nombre limité (au plus 6 pour le degré 2, 12 pour le degré 3,

96 pour le degré 4, 192 pour le degré 5) de nombres positifs $\varphi(x)$, à un nombre limité d'unités près.

La démonstration se fait en 2 parties, la première correspond au cas où $\varphi(x)$ est de degré 2 ou 3, et la seconde au cas où $\varphi(x)$ est de degré 4 ou 5.

La première donne lieu à une application aux nombres pyramidaux et au théorème suivant :

*Théorème II.* — Tout nombre entier $\geqq 19272$ est la somme de 12 nombres pyramidaux au plus.

B.

(Tome I, p. 341, XLVII.)

G. Wertheim. — Fermat's Observatio zum Satze des Nikomachus (*Zeitschrift für Mathematik und Physik*, t. 43, 1898, p. 41-42 [Historisch-litterarische Abteilung]).

Proposition concernant la génération des cubes comme sommes de nombres impairs consécutifs.

---

VIII.

# PROBLÈME DE DÉCOMPOSITION D'UN RAPPORT EN UN PRODUIT DE K RAPPORTS DE MÊME FORME.

(Tome I, p. 397.)

P. Tannery a proposé à ce sujet la question 2376 dans l'*Intermédiaire des Mathématiciens*, t. 9, 1902, p. 170-171 :

« Fermat (*Œuvres*, t. 1, p. 397), dans un texte resté inédit jusqu'à ces derniers temps et qui ne paraît jamais avoir appelé l'attention des mathématiciens, a posé le problème suivant :

*De combien de manières peut-on décomposer le rapport* $\frac{n+1}{n}$ *en un produit de k rapports de la même forme?*

» Il a noté, comme à proposer à tous les mathématiciens de son temps, le cas

$$n = 8, \qquad k = 10.$$

» Le problème général ne semble pas susceptible d'une solution analytique; sur des nombres particuliers, il peut être résolu par un tâtonnement méthodique, puisque le nombre des décompositions est évidemment limité. Par exemple, pour l'exemple choisi par Fermat, ces décompositions sont comprises entre celles qui donnent les facteurs les plus voisins en valeur numérique :

$$\frac{9}{8} = \frac{90}{89} \times \frac{89}{88} \times \frac{88}{87} \times \frac{87}{86} \times \frac{86}{85} \times \frac{85}{84} \times \frac{84}{83} \times \frac{83}{82} \times \frac{82}{81} \times \frac{81}{80},$$

et celle qui donne les facteurs les plus éloignés :

$$\frac{9}{8} = \frac{9+1}{9} \times \frac{9^2+1}{9^2} \times \frac{9^4+1}{9^4} \times \frac{9^8+1}{9^8} \times \frac{9^{16}+1}{9^{16}} \times \frac{9^{32}+1}{9^{32}} \times \frac{9^{64}+1}{9^{64}} \times \frac{9^{128}+1}{9^{128}} \times \frac{9^{256}+1}{9^{256}} \times \frac{9^{512}}{9^{512}-1}.$$

» Mais déjà, dans ce cas, la longueur des calculs est excessive.

» Dans ces conditions, il me semble que ce serait un *sujet d'étude* neuf et intéressant que de rechercher les propositions générales qui sont applicables à ce mode de décompositions, et d'examiner en particulier les cas correspondant aux valeurs les plus faibles de $k$. »

Au tome **10**, 1903, p. 30-31, M. Padoa (Rome, actuellement Gênes) a montré comment on pourrait traiter le problème.

Nous transcrivons ici sa réponse :

» Soient $n$, $x$, $y$ des nombres entiers positifs, je vais démontrer que la condition

$$(1) \qquad \frac{n+1}{n} = \frac{x+1}{x} \frac{y+1}{y}$$

est équivalente à la condition

$$(2) \qquad (x-n)(y-n) = n(n+1).$$

» Si la condition (1) est vérifiée, puisque $\frac{n+1}{n}$ est irréductible, il existe un nombre entier positif $z$ tel que

$$(3) \qquad (x+1)(y+1) = (n+1)z$$

et

$$(4) \qquad xy = nz,$$

d'où

$$(5) \qquad x+y = z-1.$$

» Des égalités (4) et (5) on déduit

$$(6) \qquad (x-n)(y-n) = n[z-(z-1)+n],$$

d'où la condition (2).

» Réciproquement, si la condition (2) est vérifiée, il faut que $x-n$ ou $y-n$ soit divisible par $n$, et par suite aussi $x$ ou $y$; il existe donc un nombre entier positif $z$ qui vérifie la condition (4). Si la condition (2) est vérifiée, la condition (6) l'est aussi, quel que soit $z$. Des conditions (4) et (6) on déduit la condition (5); des conditions (4) et (5) on déduit la condition (3), des conditions (3) et (4) on déduit la condition (1).

» Par conséquent, si $n$ est donné, pour obtenir tous les couples de valeurs de $x$ et $y$ qui vérifient la condition (1), il est nécessaire et suffisant de déterminer tous les couples de nombres entiers positifs dont le produit est $n(n+1)$ et d'ajouter $n$ à tous les nombres calculés.

» Par exemple, si $n = 8$,

$$n(n+1) = 1\times 72 = 2\times 36 = 3\times 24 = 4\times 18 = 6\times 12 = 8\times 9;$$

par suite, les couples de valeurs de $x$ et $y$ sont

$$9,\ 80; \quad 10,\ 44; \quad 11,\ 32; \quad 12,\ 26; \quad 14,\ 20; \quad 16,\ 17,$$

c'est-à-dire que

$$\frac{9}{8} = \frac{10}{9}\,\frac{81}{80} = \frac{11}{10}\,\frac{45}{44} = \frac{12}{11}\,\frac{33}{32} = \frac{13}{12}\,\frac{27}{26} = \frac{15}{14}\,\frac{21}{20} = \frac{17}{16}\,\frac{18}{17}. \text{ »}$$

---

IX.

## LES PROBLÈMES DE STATIQUE.

(Tome II, p. 4, 14, 18, 23, 25, 26, 28, 31, 35, 58, 59, 87, 89, 92.)

*Voir* sur ces questions :

P. Duhem. — *Les origines de la Statique*, t. 2, Paris, 1906, Chap. XVI, p. 161 et suiv. Conclusion p. 289.

Disciple convaincu de la théorie inaugurée par Albert de Saxe, Fermat pousse celle-ci jusqu'à ses conséquences les plus inacceptables. D'où le long débat entre Fermat, Roberval, Pascal et autres, débat qui n'eut rien d'oiseux, qui contraignit, au contraire, les géomètres à passer au crible la théorie du centre de gravité, à séparer les vérités précieuses des inexactitudes auxquelles elles se trouvaient mêlées.

---

X.

## LES NOMBRES AMIABLES.

(Tome II, p. 20-21, 72; Tome IV, p. 65-68.)

Les nombres égaux à la somme de leurs parties aliquotes sont des *nombres parfaits*. Une formule qui en donne un grand nombre, la seule connue, est $2^n(2^{n+1}-1)$, le facteur $2^{n+1}-1$ étant premier (Euclide, *Éléments*, livre 9, proposition 36).

Les nombres *amiables* sont tels que chacun d'eux égale la somme des parties aliquotes de l'autre.

Une règle particulière, la plus ancienne et la plus simple pour trouver ces couples, peut se traduire par les deux formules

$$2^n(3.2^n-1)(3.2^{n-1}-1) \qquad \text{et} \qquad 2^n(9.2^{2n-1}-1),$$

les 3 facteurs entre parenthèses étant des nombres premiers.

Elle est de Thabit ben Korrah (F. Woepcke, *Journal asiatique*, année 1852, n° 12). *Cf.* Euler, *Opuscula varii argumenti*, t. 2, Berlin 1750.

Les nombres

$$220 = 2^2.5.11,$$
$$284 = 2^2.71,$$

cités par Stifel et par Mersenne et qui sont bien amiables puisque

$$220 = 1 + 2 + 2^2 + 71 + 142,$$
$$284 = 1 + 2 + 2^2 + 5 + 11 + 22 + 10 + 20 + 44 + 55 + 110,$$

répondent dans ces formules à $n = 2$.

*Voir* É. Lucas, *Théorie des nombres*, Paris, 1891, p. 374 et suiv.

A. Gérardin. — Sur la détermination des nombres amiables (*Mathesis*, (3), t. 6, 1906, p. 41-44).

A. Gérardin. — Nombres amiables (*Association française pour l'avancement des Sciences*, Congrès de Clermont-Ferrand, 1908, p. 36-48).

---

## XI.

# LES CARRÉS MAGIQUES.

(Tome II, p. 188.)

É. Lucas. — Les carrés magiques de Fermat restaurés et publiés sur des documents originaux et inédits (?) (*Journal de Mathématiques élémentaires*, 1885, p. 104-111, 130-136, 148-153, 176-180; 1887, p. 32-34).

On appelle *carré magique* l'ensemble des nombres égaux ou inégaux placés dans les cases d'un carré de telle sorte que la somme des nombres renfermés dans chacune des lignes, des colonnes et des diagonales soit toujours la même et égale à un nombre fixe appelé la constante du carré.

La question des carrés magiques est donc purement algébrique puisque, par exemple, pour le carré de 4, elle consiste à trouver 16 nombres assujettis à 10 conditions. Il est aisé de voir que les conditions du problème ne sont pas toutes distinctes et que l'une d'entre elles est conséquence des 9 autres.

### *Carrés magiques de trois. Rotation et symétrie.*

Si l'on fait tourner le carré magique ci-desssous (*fig.* 28), par exemple,

| | | |
|---|---|---|
| 2 | 9 | 4 |
| 7 | 5 | 3 |
| 6 | 1 | 8 |

Fig. 28.

autour de son centre, il reste magique, et cette rotation donne naissance à trois autres carrés (*fig.* 29-31).

| | | |
|---|---|---|
| 4 | 3 | 8 |
| 9 | 5 | 1 |
| 2 | 7 | 6 |

Fig. 29.

| | | |
|---|---|---|
| 8 | 1 | 6 |
| 3 | 5 | 7 |
| 4 | 9 | 2 |

Fig. 30.

| | | |
|---|---|---|
| 6 | 7 | 2 |
| 1 | 5 | 9 |
| 8 | 3 | 4 |

Fig. 31.

Le symétrique d'un quelconque de ces carrés par rapport à la ligne du milieu est encore magique. Donc :

Tout carré magique donne 8 solutions distinctes.

Dans le cas où l'on ne suppose pas qu'il soit nécessaire de prendre des nombres consécutifs à partir de *un*, ni des nombres tous distincts, les principes de rotation et de symétrie ne donnent que 4 solutions distinctes au lieu de 8.

Si tous les nombres du carré sont égaux, il n'y a plus qu'une seule solution.

*Carrés magiques de quatre* (*fig.* 32).

Un carré reste magique si l'on augmente ou si l'on diminue tous les éléments d'une même quantité.

| | | | |
|---|---|---|---|
| 1 | 15 | 14 | 4 |
| 12 | 6 | 7 | 9 |
| 8 | 10 | 11 | 5 |
| 13 | 3 | 2 | 16 |

Fig. 32.

Un carré reste magique lorsqu'on multiplie ou qu'on divise tous les nombres par une même quantité.

Le carré obtenu en ajoutant les nombres figurant dans des cases correspondantes de deux carrés magiques est encore un carré magique.

Tout carré pair (c'est-à-dire dont le nombre de cases sur le côté est pair) se divise en quatre quartiers par deux lignes médianes rectangulaires et l'on a la proposition suivante : tout carré pair reste magique, si l'on échange simultanément, sans les tourner, les quartiers opposés.

On a, pour les carrés impairs, la proposition suivante :

Tout carré impair reste magique, si l'on échange simultanément, sans les tourner, les quartiers opposés ainsi que les fragments opposés de deux rangées médianes.

Pour les carrés quelconques on a la proposition suivante :

Tout carré reste magique si l'on échange deux horizontales, puis deux verticales qui sont toutes les quatre à la même distance du centre.

*Quelques propositions sur les carrés de quatre.*

Théorème I. — *Dans tout carré de quatre, la somme des angles du carré extérieur, celles des angles du petit carré intérieur, les sommes des angles de chacun des deux rectangles médians sont égales à la constante.*

Théorème II. — *Dans tout carré de quatre, la somme des quatre boules noires de l'un des carrés* (*fig.* 33 et 34) *égale la somme des boules blanches du carré opposé par rapport au centre, et la somme de l'un de ces carrés augmentée du carré adjacent formé de croix ou de points vaut deux fois la constante.*

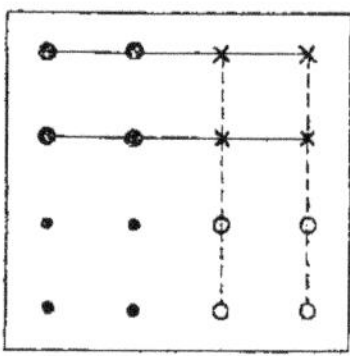

Fig. 33.

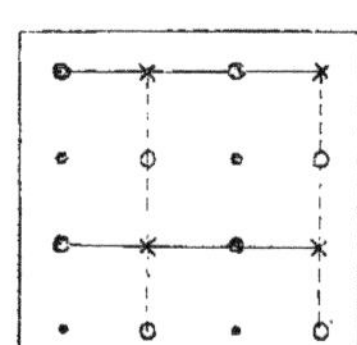

Fig. 34.

Théorème III. — *Dans tout carré de quatre, la somme des extrémités d'une rangée extérieure égale la somme des nombres intérieurs de la rangée extérieure opposée; la somme des extrémités d'une rangée intérieure égale la somme des nombres intérieurs de la rangée voisine et la somme des extrémités d'une diagonale égale la somme des nombres intérieurs de l'autre diagonale.*

*Corollaire.* — Pour former un carré avec 16 nombres pris au hasard, il faut, qu'en prenant les sommes de toutes les combinaisons des nombres deux à deux, on trouve dix sommes de deux nombres égales à dix sommes de deux autres nombres.

*Carrés à quartiers égaux.*

Ce sont des carrés dans lesquels la somme des angles de l'un des quartiers est égale à la constante.

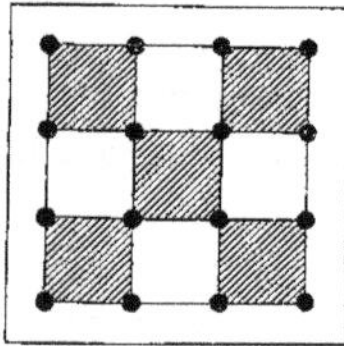

Fig. 35.

On a ainsi cinq petits carrés ombrés dont la somme est égale à la constante (*fig.* 35). Ces carrés permettent de trouver de 24 manières différentes, quatre nombres placés régulièrement, dont la somme est toujours égale à la constante.

### *La Table d'addition.*

Formons (*fig.* 36) avec quatre nombres quelconques $a$, $b$, $c$, $d$ et quatre autres nombres quelconques $p$, $q$, $r$, $s$ une Table d'addition, comme celle

| | $a$ | $b$ | $c$ | $d$ |
|---|---|---|---|---|
| $p$ | $ap$ | $bp$ | $cp$ | $dp$ |
| $q$ | $aq$ | $bq$ | $cq$ | $dq$ |
| $r$ | $ar$ | $br$ | $cr$ | $dr$ |
| $s$ | $as$ | $bs$ | $cs$ | $ds$ |

Fig. 36.

de Pythagore pour la multiplication, mais en adoptant cette notation que $ap$ signifie la somme de $a$ et de $p$.

Il est facile de voir qu'on peut obtenir ainsi, avec ces seize nombres, 1152 Tables d'addition. Ce nombre se réduit à 144, si l'on ne considère pas comme différentes les 7 Tables déduites d'une première par rotation ou par symétrie.

Dans ces Tables, la somme des termes de chacune des diagonales reste constante et égale à

$$a + b + c + d + p + q + r + s.$$

Toute Table générale d'addition de 16 nombres renferme toujours 24 sommes de quatre nombres égales à la constante, et 36 égalités de sommes variables entre 2 groupes de deux nombres.

### *Formule d'arithmétique.*

Si, dans le carré fondamental, on considère $ap$, $bq$, ... comme des produits et si l'on fait la somme des nombres de chaque ligne en donnant le signe —

aux nombres de la première diagonale, le carré des sommes obtenues donne

$$\begin{aligned}&[-ap+cs+dq+br]^2\\+&[+dr-bq+as+cp]^2\\+&[+bs+dp-cr+aq]^2\\+&[+cq+ar+bp+ds]^2\ ;\end{aligned}$$

en faisant la somme, on obtient

$$(a^2+b^2+c^2+d^2)(p^2+q^2+r^2+s^2).$$

Si l'on permute de toutes les manières possibles les lettres $p$, $q$, $r$, $s$, on obtient 24 formules.

La question de la décomposition du produit des sommes de 4 carrés en 4 carrés est donc inséparable de la théorie des carrés magiques à quartiers égaux.

*L'addition d'équidifférences.*

Reprenons la Table d'addition des 16 nombres, supposons $a, b, c, d$ et $p, q, r, s$ rangés dans l'ordre croissant et de plus

$$b+p<a+q,$$

de sorte que $ap$ et $bp$ sont les deux plus petits nombres de la Table. Si l'on échange la première ligne des quartiers de droite avec la seconde ligne des quartiers de gauche, on obtient une seconde Table; pour que ce soit une Table d'addition, il faut et il suffit qu'on ait les deux relations

$$\begin{aligned}a+d&=b+c,\\p+s&=r+q.\end{aligned}$$

Si l'on forme avec deux équidifférences $a.\ b:c.\ d$ et $p.\ q:r.\ s$, c'est-à-dire avec huit nombres différents, mais tels que

$$a+d=b+c,\qquad p+s=q+r,$$

trois Tables d'addition, on pourra former 3456 carrés magiques à quartiers égaux.

La somme des huit nombres, placés dans les deux diagonales, égale la somme des huit autres nombres.

Il en est de même de la somme des carrés et de la somme des cubes (¹).

(¹) *Cf.* du même auteur, *Récréations mathématiques*, t. IV, p. 89, et *Théorie des nombres*, t. I, 1891, p. 124.

## XII.

# PROPOSITION CONNUE SOUS LE NOM DE « THÉORÈME DE FERMAT ».

(Tome II, p. 209.)

É. Lucas. — Sur l'extension du théorème de Fermat généralisé (*Comptes rendus*, t. 84, 1877, p. 439-442).

Soient $a$ et $b$ les racines d'une équation quadratique à coefficients commensurables et premiers entre eux

$$x^2 = Px - Q.$$

Considérons les fonctions numériques simplement périodiques de ces racines :

$$U_n = \frac{a^n - b^n}{a - b} \qquad \text{et} \qquad V_n = a^n + b^n.$$

Soit $p$ un nombre premier, non diviseur de Q et $\Delta = (a - b)^2$. Les termes $U_n$ divisibles par $p$ ont un rang égal à tous les multiples d'un certain diviseur $\theta$ de $p + \left(\frac{\Delta}{p}\right)$; $\left(\frac{\Delta}{p}\right)$ désignant le reste de $\Delta^{\frac{p-1}{2}}$ par $p$; ce reste est égal à o, $+1$ ou $-1$, suivant que $\Delta$ est un multiple, un résidu quadratique ou un non-résidu quadratique de $p$. Le terme $U_n$ de rang $n = p^\lambda \theta$ est divisible par $p^{\lambda+1}$. (*Atti della R. Accademia delle Scienze di Torino*, 1876.)

Soit $m$ un nombre quelconque décomposé en ses facteurs premiers, qu'on ne suppose pas diviseurs de Q

$$m = p^\varpi r^\rho s^\sigma,$$

et

$$\psi(m) = p^{\varpi-1} r^{\rho-1} s^{\sigma-1} \ldots \left[p - \left(\frac{\Delta}{p}\right)\right]\left[r - \left(\frac{\Delta}{r}\right)\right]\left[s - \left(\frac{\Delta}{s}\right)\right]\cdots,$$

on a le théorème fondamental donné par la congruence

$$U_{\psi(m)} \equiv 0 \pmod{m}.$$

Les termes $U_n$ divisibles par $m$ sont ceux dont le rang $n$ est un multiple quelconque d'un certain diviseur $\mu$ de $\psi(m)$. Ce nombre $\mu$ est l'exposant auquel appartient $a$ ou $b$ par rapport au module $m$.

En faisant $b = 1$ on retrouve le théorème de Fermat généralisé par Euler.

Si $U_{p\pm 1}$ est divisible par $p$ sans qu'aucun des diviseurs de $p \pm 1$ le soit, le nombre $p$ est premier.

Théorème. — *Pour que le nombre* $p = 2^{4q+3} - 1$ *soit premier, il faut que la congruence*

$$3 \equiv 2 \cos \frac{\pi}{2^{2q+1}} \qquad (\bmod 2^{4q+3} - 1)$$

*soit satisfaite après la disparition des radicaux, et il suffit que le premier membre de cette congruence ne s'annule pas dans la première moitié de l'opération.*

C.-A. Laisant. — Quelques conséquences des théorèmes de Fermat et de Wilson (*Nouvelle Correspondance mathématique*, 1879, p. 156-160 et 177-182).

H. Picquet. — Sur une généralisation du théorème de Fermat (*Comptes rendus*, t. 96, 1883, p. 1136-1139).

On sait que les $3m$ points d'intersection d'une cubique plane avec une courbe de degré $m$, $C_m$, ne sont pas arbitraires. Si l'on se donne $3m - 1$ points, le dernier est bien déterminé. On peut supposer que la courbe $C_m$ ait en un point donné $3m - 1$ points confondus avec la cubique. $C_m$ rencontre la cubique en un certain point fixe bien déterminé. Si l'on opère sur ce point comme sur le premier et ainsi de suite, on obtiendra des espèces de polygones curvilignes fermés si le premier sommet est convenablement choisi, mais dont les sommets sont parfaitement déterminés; polygones qui sont à la fois inscrits et circonscrits à la cubique. Le nombre total des sommets des polygones de $n$ côtés répondant à la question,

$$N = [(3m - 1)^n - (-1)^n]^2,$$

se calcule à l'aide de la représentation elliptique des points de la courbe.

Dans le dénombrement des solutions étrangères que contient N intervient la fonction

$$\Sigma_n(x) = x^n - \Sigma x^{\frac{n}{a}} + \Sigma x^{\frac{n}{ab}} - \Sigma x^{\frac{n}{abc}} + \ldots \pm x^{\frac{n}{abc\ldots l}},$$

où $x$ et $n$ sont deux entiers quelconques, $a, b, c, \ldots, l$ les diviseurs premiers de $n$.

Si $n$ est premier,

$$\Sigma_n(x) \equiv x^n - x \equiv x(x^{n-1} - 1) \equiv 0 \pmod{n};$$

c'est la fonction de Fermat.

On généralise le théorème de Fermat en disant que

$$\Sigma_n(x) = x^n - \Sigma x^{\frac{n}{a}} + \ldots \pm x^{\frac{n}{abc\ldots l}} \equiv 0 \pmod{n},$$

quels que soient les entiers $x$ et $n$.

Pour le démontrer, il suffit de s'appuyer sur les propriétés de la fonction $\Sigma_n(x)$.

1° $\gamma$, $x$ et $\alpha$ étant trois nombres quelconques et $a$ un nombre premier, on a

$$\Sigma_{\gamma a^\alpha}(x) = \Sigma_\gamma(x^{a^\alpha}) - \Sigma_\gamma(x^{a^{\alpha-1}}).$$

2° Si $n$ ne renferme qu'un facteur premier, on a par définition

$$\Sigma_n(x) = x^{\frac{n}{a}}\left[x^{n\left(1-\frac{1}{a}\right)} - 1\right].$$

3° La quantité

$$\Sigma_n(x) - \Sigma_n(y)$$

est toujours divisible par $x - y$.

É. Lucas. — Sur la généralisation du théorème de Fermat (*Comptes rendus*, t. 96, 1883, p. 1300-1301).

Une première généralisation du théorème de Fermat donne, d'après M. Picquet,

$$x^n - \Sigma x^{\frac{n}{a}} + \Sigma x^{\frac{n}{ab}} - \Sigma x^{\frac{n}{abc}} + \ldots \pm x^{\frac{n}{abc\ldots l}} \equiv 0 \pmod{n}.$$

On peut ajouter que si A et B sont deux polynomes en $x$, dont les coefficients sont des nombres entiers inférieurs et premiers à $n$, l'expression

$$A(x^{\varphi(n)} - 1) + B(x - x_1)(x - x_2)\ldots(x - x_{\varphi(n)})$$

est divisible par $n$, quels que soient les entiers $x$ et $n$ supposés premiers entre eux, $x_1, x_2, \ldots, x_{\varphi(n)}$ désignant tous les nombres entiers premiers et inférieurs à $n$. La démonstration résulte immédiatement du théorème d'Euler qui sert de base à la théorie des congruences de module quelconque.

A. Pellet. — Sur une généralisation du théorème de Fermat (*Comptes rendus*, t. 96, 1883, p. 1301-1302).

Si l'on considère la fonction

$$\Sigma_n(x) = x^n - \Sigma x^{\frac{n}{a}} + \Sigma x^{\frac{n}{ab}} - \Sigma x^{\frac{n}{abc}} + \ldots \pm x^{\frac{n}{ab\ldots l}},$$

on vérifie qu'elle est divisible, quel que soit $x$, par la plus haute puissance $a^\alpha$ du facteur premier $a$ divisant $n$.

Il suffit de s'appuyer sur ce théorème de Fermat généralisé :

La quantité $y^{a^\alpha} - y^{a^{\alpha-1}}$ est divisible par $a^\alpha$ quel que soit $y$.

S. Kantor. — Sur une généralisation du théorème de Fermat (*Comptes rendus*, t. 96, 1883, p. 1423).

M. Picquet a démontré (*Comptes rendus*, t, 96, 1883, p. 1136-1139) que la fonction

$$x^n - \Sigma x^{\frac{n}{a}} + \Sigma x^{\frac{n}{ab}} - \ldots \pm x^{\frac{n}{ab\ldots l}},$$

où $x$ et $n$ sont deux entiers quelconques, est toujours divisible par $n$.

On peut généraliser ainsi cette proposition :

Le nombre

$$\sum_{\mu=0}^{\mu=\nu} \sum_{r=1}^{r=\nu} (-1)^\nu x^{\frac{N}{f_{r_1} f_{r_2} \ldots f_{r_\mu}}},$$

où $N = f_1^{m_1} f_2^{m_2} \ldots f_\nu^{m_\nu}$ et où $r_1, r_2, \ldots, r_\mu$ peut devenir chaque complexion de lettres différentes parmi 1, 2, ..., $\nu$, est toujours divisible par N.

H. Picquet. — Sur la généralisation du théorème de Fermat due à M. Serret (*Comptes rendus*, t. 96, 1883, p. 1424).

D'après M. Serret, qui a énoncé dans les *Annales* de Terquem (1855, p. 261) que la fonction $\Sigma_n(x)$ est divisible par $n$, le quotient $\frac{1}{n}\Sigma_n(x)$ est égal au nombre de congruences irréductibles de degré $n$, suivant le module premier $p$, pour $x = p$.

En rapprochant de ceci la Note relative à l'intersection d'une cubique plane et d'une courbe de degré $m$, on arrive à la conclusion suivante :

Quand $3m - 1$ est premier, le nombre des polygones réels à la fois inscrits et circonscrits à une cubique plane est égal au nombre des congruences irréductibles de degré $n$, suivant le module $3m-1$ s'il n'y a pas d'ovale. Il est égal au double du nombre de ces congruences s'il y a un ovale, sauf pour $m=1$, auquel cas il ne faut jamais doubler.

L. Gianni. — Il teorema di Fermat e alcune simplici sue consequenze (*Periodico di Matematica per l'insegnamento secondario* dir. da D. Besso, t. 2, 1887, p. 114-120).

É. Lucas. — Sur les théorèmes énoncés par Fermat, Euler, Wilson, Staudt et Clausen (*Mathesis* (2), t. 1, 1891, p. 9-12).

$a, b, c \ldots$ étant des nombres premiers inégaux deux à deux, posons

$$A=a^{\alpha}, \quad B=b^{\beta}, \quad C=c^{\gamma}, \quad \ldots,$$
$$q=ABC\ldots,$$
$$\lambda=\alpha+\beta+\gamma+\ldots.$$

S'il y a $\varphi(q)$ nombres premiers et inférieurs à $q$, pour tout entier $x$ premier à $q$, la différence

$$x^{\varphi(q)}-1$$

est un multiple de $q$ et par suite de A.

On en conclut que l'expression $x^{\lambda}(x^{\varphi(q)}-1)$ est un multiple de A, B, C, ...; et comme ces nombres sont premiers entre eux deux à deux, cette expression est divisible par $q$ pour toutes les valeurs de $x$.

On a, pour les nombres de Bernoulli, l'expression

$$B_n=A_n-\frac{1}{2}-\frac{1}{b}-\frac{1}{c}-\ldots-\frac{1}{l}$$

dans laquelle $A_n$ désigne un nombre entier et $2, b, c, \ldots, l$ tous les nombres premiers qui surpassent de 1 tous les diviseurs de $n$.

G. Vacca. — Prima dimostrazione di un teorema di Fermat (*Bibliotheca Mathematica*, pub. par G. Eneström (2), t. 8, 1894, p. 46-48).

Exposé de la première démonstration du théorème de Fermat $a^p-1\equiv 0 \pmod p$, donnée par Leibniz (*Mathematische Schriften*, éd. Gerhardt, t. 7, p. 154).

*Cf.* É. Lucas, *Théorie des nombres*, 1891, p. 422.

G. Cordone. — Sopra una generalisazione del teorema di Fermat (*Rivista di mat.*, t. 5, 1895, p. 25-30).

H. Moore. — A two-fold generalization of Fermat's theorem (*Bulletin of the American Mathematical Society*, t. **2**, 1896, p. 189-199).

R. Lipschitz. — Solution complète d'une question proposée par Fermat (*Bulletin des Sciences mathématiques* (2), t. **22**, 1898, p. 123-128).

Fermat a énoncé ainsi son théorème (*Œuvres de Fermat*, t. II, p. 209) :

« Tout nombre premier mesure infailliblement une des puissances — 1 de quelque progression que ce soit (c'est-à-dire géométrique) et l'exposant de ladite puissance est sous-multiple du nombre premier donné — 1 ».

Il ajoute : « Mais il n'est pas vray que tout nombre premier mesure une puissance + 1 en toute sorte de progressions. Car, si la première puissance — 1, qui est mesurée par ledit nombre premier, a pour exposant un nombre impair, en ce cas il n'y a aucune puissance + 1 dans toute la progression qui soit mesurée par ledit nombre premier .... En un mot, il faut déterminer quels nombres premiers sont ceux qui mesurent leur première puissance — 1 et en telle sorte que l'exposant de ladite puissance soit un nombre impair... »

La question proposée par Fermat peut être décidée absolument en faisant usage des racines primitives relatives à un nombre premier impair.

$a$ étant un nombre donné quelconque positif ou négatif, et $p$ un nombre premier impair, qui ne divise pas le nombre $a$, il s'agit de trouver la condition nécessaire et suffisante qui comporte l'impossibilité ou la possibilité de la congruence

$$a^x + 1 \equiv 0 \pmod{p}. \tag{1}$$

Soit $z$ le nombre le plus petit pour lequel on a

$$a^z - 1 \equiv 0 \pmod{p}.$$

Dans le cas où la congruence (1) est impossible, $z$ est impair ; dans le cas où la congruence (1) est possible, $z$ est pair.

Considérons la congruence

$$u^{2^\varkappa} - a \equiv 0 \pmod{p}, \tag{2}$$

où le nombre $u$ est nécessairement un non-résidu quadratique par rapport au module $p$.

Les nombres $p$, pour lesquels la congruence (1) est impossible, sont ceux et exclusivement ceux chez lesquels, dans la congruence (2), $u$ est un non résidu quadratique par rapport au module $p$, avec $\lambda \leqq \varkappa$, en désignant par $2^\lambda$ la plus haute puissance de 2 contenue dans $p-1$.

Les nombres premiers $p$, pour lesquels la congruence $a^x + 1 \equiv 0 \pmod{p}$ devient impossible, et qui ne sont pas embrassés par la règle de Fermat, sont les suivants :

Pour

$$\begin{array}{ll} a = 2, & p = 89,\ 337, \\ a = -2, & p = 281, \\ a = 3, & p = 13, \\ a = -3, & p = 37,\ 157,\ 61, \\ a = 5, & p = 109,\ 181, \\ a = -5, & p = 61,\ 29. \end{array}$$

J.-H. Jeans. — The converse of Fermat's theorem (*The Messenger of Mathematics* (2), t. 27, 1898, p. 174).

Le problème consiste à trouver un nombre $n$, non premier, tel qu'on ait

$$2^{n-1} - 1 \equiv 0 \pmod{n}.$$

Si $p$ est un facteur premier de $n$ on a

$$\begin{aligned} 2^{n-1} - 1 &\equiv 2^{n-1}\left[\left\{2(2^{p-1}-1)+2\right\}^{\frac{n}{p}-1} - 1\right] + 2^{p-1} - 1 \\ &\equiv \left[2^{p-1}\left(2^{\frac{n}{p}-1} - 1\right)\right] \pmod{p}, \end{aligned}$$

il suffit alors de satisfaire à la congruence

$$2^{\frac{n}{p}-1} - 1 \equiv 0 \pmod{p}$$

pour chaque facteur premier $p$ de $n$.

Dans le cas de deux facteurs premiers, pour des valeurs de $p$ variant entre 3 et 31, les seules solutions obtenues de $n$ sont 341, 1387, 4369, 4681, 10261.

Dans le cas général de plus de deux facteurs premiers, pour des valeurs de $p$ supérieures à 7, la seule solution connue est $n = 645$ (due à M. Kossett).

Donc, jusqu'ici, les deux seules solutions plus petites que 1000 sont 341 et 645.

Posant $f(p)$ pour $2^{2p}+1$, $n = f(p)$ est une solution évidente, si $p$ est un nombre entier tel que $f(p)$ ne soit pas premier; et

$$n = f(p)\,f(q)$$

est une autre solution, si $f(p)$ et $f(q)$ sont tous deux premiers avec $p > q > 2^p$, pour

$$2^{f(p)-1} - 1 \equiv 0 \quad [\bmod f(q)] \qquad \text{et} \qquad 2^{f(q)-1} - 1 \equiv 0 \quad [\bmod f(p)].$$

L.-E. Dickson. — A generalisation of Fermat's theorem (*Annals of Matematics* (2) t. 1, p. 32-36).

(Résumé dans *Comptes rendus*, t. 128, 1899, p. 1083-1085).

La fonction

$$F(a, N) = a^N - \Sigma a^{\frac{N}{r}} + \Sigma a^{\frac{N}{rs}} - \Sigma a^{\frac{N}{rst}} + \ldots \pm a^{\frac{N}{rst\ldots w}},$$

où $a$ est un entier quelconque et N un entier quelconque dont les facteurs premiers inégaux sont $r, s, t, \ldots, w$ a fait l'objet de nombreux travaux :

T. Schönemann, *Journal de Crelle*, t. 31, 1846, p. 269-325.

A. Pellet, *Comptes rendus*, t. 70, 1870, p. 328.

L.-E. Dickson, *Bulletin of the American mathematical Society*, 1897, p. 381-389.

J.-A. Serret, *Mémoires de l'Académie des Sciences*, 1865.

R. Dedekind, *Journal de Crelle*, t. 54, 1857, p. 1-26.

S. Kantor, *Annali di matematica*, (2), t. 10, 1880-1882, p. 64-73.

H. Picquet, *Comptes rendus*, t. 96, 1883, p. 1136.

É. Lucas, *Comptes rendus*, t. 96, 1883, p. 1300.

De toutes ces considérations, il résulte que la fonction $F(a, N)$ est divisible par N pour toutes les valeurs possibles de $a$ et de $n$.

M. Dickson démontre à nouveau cette proposition d'une façon plus simple, par exemple :

1° On pose

$$N = r^\rho s^\sigma t^\tau,$$

donc

$$F(a, N) = \left(a^N - a^{\frac{N}{s}}\right) - \left(a^{\frac{N}{r}} - a^{\frac{N}{rs}}\right) - \left(a^{\frac{N}{t}} - a^{\frac{N}{ts}}\right) + \left(a^{\frac{N}{rt}} - a^{\frac{N}{rst}}\right).$$

D'après le théorème de Fermat, chaque quantité entre parenthèse est divisible par $r^\rho$, $s^\sigma$ et $t^\tau$, donc par leur produit N.

2° La démonstration peut encore se déduire de la formule

$$F(a, gN) \equiv F(a, N)^g - F(a, N) \quad (\text{mod}\, g),$$

où $g$ est un nombre premier, $a$ et N deux nombres entiers quelconques. Donc $F(a, gN)$ est divisible par $g$.

Théorème. — *Si $\varphi(d)$ désigne combien il y a de nombres premiers à $d$ et non supérieurs à $d$, nous avons pour tous les entiers $a$ et N, N étant $> 1$, la formule*

$$\sum_d \varphi(d) = F(a, N),$$

*la somme étant étendue à tous les diviseurs* PROPRES *$d$ de $a^{N-1}$, c'est-à-dire que $d$ ne peut diviser $a^{m-1}$ si $m < N$.*

R. Bricard. — Démonstration du théorème de Fermat (traduction en esperanto) (*Nouvelles Annales de Mathématiques* (4), t. 3, 1903, p. 340-342).

J. Perott. — Sur le théorème de Fermat (*Bulletin des Sciences mathématiques* (2), t. 24, 1900, p. 175-176).

$p$ étant un nombre impair, en inscrivant dans chacune des $p$ cases rangées en ligne droite un des nombres

$$1, \quad 2, \quad 3, \quad \ldots, \quad a,$$

où l'on a $0 < a < p$, on obtient une certaine configuration. En le faisant de toutes les manières possibles, on aura en tout $a^p$ configurations.

Si l'on excepte les $a$ configurations où un des nombres $1, 2, 3, \ldots, a$ figure dans toutes les cases, toutes les autres configurations peuvent être distribuées en un certain nombre $h$ d'assemblages, de sorte que toutes les $p$ configurations d'un assemblage se réduisent à des permutations circulaires d'une d'entre elles.

On a donc

$$a + hp = a^p,$$

d'où

$$a^{p-1} \equiv 1 \quad (\text{mod}\, p).$$

K. Hensel. — Über einige Verallgemeinerungen des Fermatschen und des Wilsonschen Satzes (*Arch. der Mathematik und Physik*, gegründet durch Grunert, (3), t. 1, 1901, p. 319-332).

W.-F. Meyer. — Ergänzungen zum Fermatschen und Wilsonschen Satze (*Arch. der Mathematik und Physik*, (3), t. 2, 1901, p. 141-146).

G. Candido. — Sul teorema di Fermat (*Giornale di Matematiche* de Battaglini, t. 40, 1902, p. 223-224).

Théorème de Fermat. — *Si p est un nombre premier, l'un ou l'autre des nombres a, $a^{p-1}$ est divisible par p.*

Théorème de Kummer. — *Soit p un nombre premier impair, a et b deux nombres premiers entre eux; $a+b$ et $\frac{a^p+b^p}{a+b}$ n'ont aucun autre facteur commun que p; si $a^p+b^p$ est divisible par $p^q$, alors $a+b$ est divisible par $p^{q-1}$; même propriété quand un des nombres a, b devient négatif.*

Les deux propositions ci-dessus donnent lieu aux corollaires suivants :

*Corollaire* 1. — Si $p$ est un nombre premier qui ne divise pas $a-1$, le nombre $a^p-1$ n'est pas divisible par $p$.

*Corollaire* 2. — Si $p$ divise $a-1$, quels que soient les nombres $a$ et $p$, $p$ divise le nombre $a^{p-1}+a^{p-2}+\ldots+a^2+a+1$.

*Corollaire* 3. — Si $p$ divise $a-1$, le nombre $a^{p-1}$ est pour le moins divisible par $p^q$.

*Corollaire* 4. — Si $p$ est un nombre premier, un et un seul des nombres $a-1$, $a^{m-1}+a^{m-2}+\ldots+a+1$ est divisible par $p$.

*Corollaire* 5. — Si l'expression $a^p-a$, où $p$ est un nombre premier, est divisible par $p^q$, il en est de même d'un des nombres

$$a, \quad a-1, \quad a^{p-2}+a^{p-3}+\ldots+a+1.$$

*Corollaire* 6. — Si le nombre premier $p$ ne divise aucun des nombres $a$, $a-1$, $a+1$, il divise le nombre $a^{p-3}+a^{p-5}+\ldots+a^2+1$.

M. Lerch. — Zur Theorie der Fermat'schen Quotienten $\frac{a^{p-1}-1}{p}=\varphi(a)$ (*Math. Ann.*, t. 60, 1905, p. 471-490).

A. Baker. — Remark on the Eisenstein-Sylvester extension of Fermat's theorem (*Lond. M. S. Proc.* (2), t. 4, 1906, pp. 131-135).

M. Lerch. — Sur les théorèmes de Sylvester concernant le quotient de Fermat (*Comptes rendus*, t. 142, 1906, p. 35-38).

A. Aubry. — Étude élémentaire sur le théorème de Fermat (*Ens. Math.*, t. 9, 1907, p. 418-460).

## XIII.

# LA SÉRIE RÉCURRENTE DE FERMAT (NOMBRES DE LA FORME $2^n \pm 1$).

(TOME II, p. 205.)

É. LUCAS. — Sur la théorie des nombres premiers (*Atti della R. Accademia delle Scienze di Torino*, t. **11**, 1876, p. 928-937).

*Théorème* 10. — Le nombre $2^{31}-1$ est premier.

É. LUCAS. — Note sur l'application des séries récurrentes à la recherche de la loi de distribution des nombres premiers (*Comptes rendus*, t. **82**, 1876, p. 165-167).

D'après les théorèmes 10 et 11, le nombre $A=2^{127}-1$ est premier : c'est le plus grand nombre premier connu; mais les calculs n'ayant été faits qu'une fois par l'auteur, il y aurait lieu de les refaire pour établir en toute certitude ce résultat.

É. LUCAS. — Nouveaux théorèmes d'arithmétique supérieure (*Comptes rendus*, t. **83**, 1876, p. 1286-1288).

É. LUCAS. — Théorèmes d'arithmétique (*Atti della R. Accademia delle Scienze di Torino*, t. **13**, 1878, p. 271-284).

É. LUCAS. — Sur la série récurrente de Fermat (*Bullettino di Bibliografia e di Storia delle Scienze matematiche e fisiche*, pubblicato da B. Boncompagni, t. **11**, 1878, p. 783-798).

Formule de H. Le Lasseur :

$$2^{4n+2}+1=(2^{2n+1}+2^{n+1}+1)(2^{2n+1}-2^{n+1}+1).$$

On retrouve, par exemple, la décomposition suivante de M. Landry

$$2^{58}+1=5\times 107367629\times 536903681.$$

Les formules de Le Lasseur et Aurifeuille permettent la décomposition des nombres $2^n \pm 1$ en leurs facteurs premiers (*Atti della R. Accademia delle Scienze di Torino*, t. 8, 1871).

Après avoir donné le Tableau des diviseurs propres des différents termes de la série récurrente de Fermat, l'auteur rappelle que la décomposition de $2^{37} - 1$ a été donnée par Fermat, celle de $2^{41} - 1$ par Plana, celles de

$$2^{43} - 1, \quad 2^{47} - 1, \quad 2^{53} - 1, \quad 2^{59} - 1$$

par M. Landry.

Pour la recherche des diviseurs propres de $2^{4n} + 1$, on a avantage à appliquer le théorème suivant :

*Théorème.* — Les diviseurs de $2^{4n} + 1$ appartiennent à la forme linéaire $16\,nq + 1$.

On a les propositions semblables suivantes :

*Théorème.* — Les diviseurs propres de $a^{2abn} + b^{2abn}$ appartiennent à la forme linéaire $8\,abnq + 1$.

*Théorème.* — Les diviseurs propres de $a^{abn} + b^{abn}$ sont, pour $n$ impair, de la forme linéaire $4\,abnq + 1$, lorsque $ab = 4\,h + 1$; et ceux de $a^{abn} - b^{abn}$ sont, pour $n$ impair, de la forme linéaire $4\,abnq + 1$, lorsque $ab = 4\,h + 3$; etc.

R. Rawson. — Note on Mersenne-Fermat's problem (*Educational Times*, t. 71, 1899, p. 123-124).

A. Gérardin. — Décomposition des grands nombres (*Association française pour l'avancement des Sciences*, Congrès de Lille, 1909, p. 145-156).

---

XIV.

## LES « NOMBRES DE FERMAT » ($2^{2^n} + 1$).

(Tome II, p. 206.)

A. Cunningham. — On Fermat's numbers (*Report of the meeting of the British Association for the advancement of Science*, 1899, p. 653-654).

A. Cunningham et A. Western. — On Fermat's numbers (*Proceedings of the London mathematical Society*, (2), t. 1, 1904, p. 175).

*Tableau des résultats relatifs aux nombres de la forme* $2^{2^n}+1=F_n$.

| $n$. | Facteurs de $F_n$. | Trouvés par |
|---|---|---|
| 0—4 | $F_0, \ldots, F_4$, tous premiers. | " |
| 5 | $2^7.5+1=641$<br>$2^7.52347+1$ | L. Euler, 1732. |
| 6 | $2^8.9.7.17+1$ | Landry, 1880. |
| | $2^8.5.5256282914 9+1$ | Landry et Le Lasseur, 1880. |
| 9 | $2^{16}.37+1$ | A.-E. Western, 1903. |
| 11 | $2^{13}.3.13+1$<br>$2^{13}.7.17+1$ | A. Cunningham, 1899. |
| 12 | $2^{14}.7+1$ | É. Lucas et P. Pervouchine, 1878. |
| | $2^{16}.397+1$<br>$2^{16}.7.139+1$ | A.-E. Western, 1903. |
| 18 | $2^{20}.13+1$ | A.-E. Western, 1903. |
| 23 | $2^{25}.5+1$ | P. Pervouchine, 1878. |
| 36 | $2^{39}.5+1$ | Seelhoff, 1886. |
| 38 | $2^{41}.3+1$ | J. Cullen, A. Cunningham, A.-E. et F.-J. Western, 1903. |

T. Gosset. — On the factors of Fermat's numbers (*The Messenger of Mathematics* (2) t. 34, 1905, p. 153-154).

Chaque facteur réel (autre que le nombre lui-même quand $n<4$) peut être mis sous l'une des 4 formes suivantes:

(1) $$(16p\pm 4)^2+(64q\pm 25)^2,$$

(2) $$(32p\pm 8)^2+(256q\pm 31)^2,$$

(3) $$(64p\pm 16)^2+(256q\pm 127)^2,$$

(4) $$(32p)^2+(256q\pm 1)^2.$$

Le Tableau suivant donne une liste des facteurs premiers connus des nombres de Fermat avec leur décomposition en facteurs composés.

Le facteur composé avec le signe supérieur est, dans chaque cas, un facteur de

$$2^{2^{n-1}}+\sqrt{-1},$$

et celui qui est affecté du signe inférieur est un facteur de

$$2^{2^{n-1}}-\sqrt{-1}.$$

| Nombres de Fermat. | Facteur premier réel. | Forme. | Facteurs premiers composés. |
|---|---|---|---|
| $2^{2^5}+1$ ........... | 641 | 1 | $25 \mp 4\sqrt{-1}$ |
| » ........... | 6 700 417 | 1 | $2\,556 \pm 409\sqrt{-1}$ |
| $2^{2^6}+1$ ........... | 274 177 | 1 | $516 \mp 89\sqrt{-1}$ |
| » ........... | 67 280 421 310 721 | 1 | $8\,083\,111 \pm 1\,394\,180\sqrt{-1}$ |
| $2^{2^9}+1$ ........... | 2 424 833 | 3 | $1\,552 \mp 127\sqrt{-1}$ |
| $2^{2^{11}}+1$ ........... | 319 489 | 1 | $540 \mp 167\sqrt{-1}$ |
| » ........... | 974 849 | 1 | $985 \pm 68\sqrt{-1}$ |
| $2^{2^{12}}+1$ ........... | 114 689 | 1 | $260 \mp 217\sqrt{-1}$ |
| » ........... | 26 017 793 | 4 | $4\,672 \mp 2\,047\sqrt{-1}$ |
| » ........... | 63 766 529 | 3 | $7\,295 \pm 3\,248\sqrt{-1}$ |
| $2^{2^{18}}+1$ ........... | 13 631 489 | 1 | $3\,692 \mp 25\sqrt{-1}$ |
| $2^{2^{23}}+1$ ........... | 167 772 161 | 1 | $12\,455 \pm 3\,556\sqrt{-1}$ |
| $2^{2^{36}}+1$ ........... | 2 748 779 069 441 | 2 | $1\,640\,929 \pm 236\,920\sqrt{-1}$ |
| $2^{2^{38}}+1$ ........... | 6 597 069 766 657 | 2 | $2\,049\,336 \mp 1\,548\,319\sqrt{-1}$ |

J.-C. MOREHEAD. — Note on Fermat's numbers (*Bulletin of the American mathematical Society*, (2), t. 11, 1905, p. 543-545).

Fermat, dans la considération des nombres de la forme $F_n = 2^{2^n} + 1$ montra que $F_0, F_1, \ldots, F_4$ sont premiers. Il crut pouvoir conclure que $F_n$ est premier pour chaque valeur de $n$.

En 1732, Euler montra que $F_5$ possède le facteur 641 ; de 1878 à 1903, on trouva des facteurs appartenant aux huit nombres suivants de Fermat :

$$F_6, \quad F_9, \quad F_{11}, \quad F_{12}, \quad F_{18}, \quad F_{23}, \quad F_{36}, \quad F_{38}.$$

A cette liste on peut ajouter $F_7$. Pépin a démontré que la condition nécessaire et suffisante pour que $F_n$ soit premier est que

$$P_n = \alpha^{\frac{1}{2}(F_n - 1)} + 1 \equiv 0 \qquad (\operatorname{mod} F_n),$$

où $\alpha$ est un non résidu quadratique relatif à $F_n$.

A l'aide de $\alpha = 3$, l'auteur démontre que $F_7$ n'est pas un nombre premier.

J.-C. MOREHEAD. — Note on the factors of Fermat's numbers (*Amer. M. S. Bull.*, (2), t. 12, 1906, p. 449-451).

A. CUNNINGHAM. — On hypereven numbers and on Fermat's numbers (*Lond. M. S. Proceed.*, (2), t. 5, 1907, p. 237-274).

## XV.

# PROBLÈMES DE FERMAT SUR LES TRIANGLES RECTANGLES NUMÉRIQUES.

(Tome II, p. 231 et suiv.)

T. Pépin. — Solution de quelques problèmes numériques énoncés dans la Correspondance de Fermat (*Memorie della pontificia Accademia de' nuovi Lincei*, 1892, p. 84-108).

Dans une lettre adressée par Frenicle à Fermat (2 août 1641), on trouve l'énoncé des problèmes suivants, que Fermat avait proposés à son correspondant.

1° Choisir un nombre qui soit la somme des deux petits côtés de tant de triangles rectangles qu'on voudra et non plus.

2° Déterminer à combien de rectangles un nombre donné est la somme des deux petits côtés.

Frenicle fonde sa solution sur le principe suivant (et sa réciproque), savoir :

Tout nombre premier de l'une des deux formes $8l \pm 1$ est la somme des petits côtés d'un triangle rectangle.

Cette proposition pourrait être complétée de la façon suivante :

Le reste obtenu en retranchant deux unités à un carré n'est divisible par aucun nombre premier $8l + 3$ ou $8l + 5$.

Un cas particulier a été traité par Fermat.

Dans sa lettre du 6 septembre 1641, Frenicle propose à Fermat deux questions analogues aux précédentes.

1° Trouver le moindre nombre qui soit autant de fois qu'on voudra, et non plus, la somme de deux carrés.

2° Trouver un triangle, auquel le double du carré du petit côté étant ôté du carré de la différence des deux moindres côtés, il reste un carré.

Le premier de ces problèmes se résout au moyen d'une formule donnée par Legendre.

Soit $N = \alpha^{n} \beta^{n'} \gamma^{n''} \ldots$, $\alpha$, $\beta$, $\gamma$ étant des nombres premiers de la forme $x^2 + ay^2$.

Le nombre N sera autant de fois de la forme $x^2 + ay^2$ qu'il y a d'unités dans le produit

$$\frac{1}{2}(n+1)(n'+1)(n''+1)\ldots.$$

Cette formule permet aussi de résoudre un problème proposé par Fermat : Trouver combien de fois un nombre donné A est l'hypoténuse d'un triangle rectangle.

On trouve que ce nombre est

$$\frac{(2\alpha+1)(2\beta+1)\ldots(2\gamma+1)-1}{2},$$

ayant posé

$$A = a^{\alpha} b^{\beta} c^{\gamma} \ldots,$$

$a$, $b$, $c$ facteurs premiers de la forme $4l+1$.

*Problème de Fermat.* — Déterminer les triangles rectangles en nombres entiers, dont la somme des deux petits côtés est égale à un nombre donné A.

Le problème revient à résoudre en nombres entiers l'équation

$$(1) \qquad A = x^2 - 2y^2,$$

de manière à vérifier les inégalités

$$x > 2y > 0.$$

Le théorème suivant (reposant sur la théorie des formes quadratiques) montre qu'il y a toujours des solutions :

*Théorème.* — Parmi les solutions de l'équation (1) qui appartiennent à la même valeur N de $\sqrt{2}$ (mod A) ou à la valeur opposée $-N$, il y en a toujours une et une seule, qui vérifie la condition (il y a $2^{\mu-1}$ solutions telles que les côtés du triangle soient premiers entre eux)

$$x > 2y > 0,$$

$\mu$ désignant le nombre des facteurs premiers, inégaux, de l'une des formes $8l \pm 1$ qui entrent dans la composition de A.

Le nombre des triangles rectangles dont la somme des petits côtés est mesurée par $a^{\alpha}$, $a$ désignant un nombre premier $8l \pm 1$ est exprimé par la formule

$$\frac{(2\alpha+1)-1}{2}=\alpha.$$

Parmi ces triangles, un seul a ses côtés premiers entre eux.

Prenons $A=a^{\alpha}b^{\beta}$, $a$ et $b$ de la forme $8l\pm1$, ici $\mu=2$; il existe deux triangles rectangles dont les côtés sont premiers et dont la somme des petits côtés est égale à A.

Le nombre total de triangles est

$$\frac{(2\alpha+1)(2\beta+1)-1}{2}.$$

Dans le cas général $A=a^{\alpha}b^{\beta}\ldots c^{\gamma}$, le nombre total de triangles est

$$N=\frac{(2\alpha+1)(2\beta+1)\ldots(2\gamma+1)-1}{2}$$

*Exemple.* — Trouver le plus petit des nombres entiers qui sont 4 fois, et non plus, la somme des deux petits côtés d'un triangle rectangle.

En faisant $N=4$, on a à résoudre.

$$(2\alpha+1)(2\beta+1)\ldots(2\gamma+1)=2\times4+1=9,$$

dont les solutions sont

$$\alpha=\beta=1,\qquad 0=\ldots=\gamma,$$
$$\alpha=4,\qquad \beta=0,\qquad \ldots,\qquad \gamma=0.$$

On trouve ainsi

$$\begin{aligned} z&=101, & x&=99, & y&=20,\\ &=89, & &=80, & &=39,\\ &=91, & &=84, & &=35,\\ &=85. & &=68, & &=51, \end{aligned}$$

dont la somme des deux petits côtés est 119.

Une extension proposée par Frenicle (2 août 1641), relative au périmètre du triangle, conduit à la proposition suivante :

Le périmètre d'un triangle rectangle, dont les côtés sont mesurés par des nombres entiers, n'est jamais le double d'un nombre premier, ni le double d'une puissance de nombre premier.

## XVI.

# MÉTHODE DE DÉCOMPOSITION DES GRANDS NOMBRES.

(Tome II, p. 255.)

C. Henry. — Sur divers points de la théorie des nombres (*Association française pour l'avancement des Sciences*, 1880).

I. *Sur une méthode de décomposition des grands nombres.*

La méthode de décomposition indiquée par Fermat ne diffère pas du procédé que l'on trouve dans le *Dictionnaire des Mathématiques* de Montferrier (art. *nombre premier*).

Ce procédé repose sur le théorème suivant :

*Théorème.* — Si un nombre impair est premier, il est d'une seule manière la différence de deux carrés entiers.

Si $x$ et $y$ sont les deux carrés, on doit avoir

$$x^2 - y^2 = N,$$

d'où l'on déduit la condition

$$\left(\frac{N+1}{2}\right)^2 - \left(\frac{N-1}{2}\right)^2 = N.$$

(Ajoutons que Montferrier a consacré à cette méthode un article original dans la *Correspondance mathématique de Quetelet*, t. 5, p. 94.)

La même méthode fut appliquée par Le Lasseur et Aurifeuille, F. Landry (*Aux mathématiciens de toutes les parties du monde, Communication sur la décomposition des nombres en leurs facteurs simples.* Paris, Hachette, 1867, in-4°).

II. *Sur une formule de décomposition.*

La formule de décomposition dont il s'agit est la suivante, donnée par Le Lasseur et rappelée ci-dessus, p. 201 :

$$2^{4i+2} + 1 = (2^{2i+1} + 2^{i+1} + 1)(2^{2i+1} - 2^{i+1} + 1).$$

On trouve, dans un manuscrit de Sophie Germain (n° 9118 du fonds français de la Bibliothèque Nationale, p. 84) la proposition suivante :

« Aucun nombre de la forme $p^4 + 4$ excepté 5 n'est un nombre premier ».

Or on a

$$p^4 + 4 = (p^2 + 2)^2 - 4p^2 = (p^2 + 2 + 2p)(p^2 + 2 - 2p).$$

En prenant le développement plus général de la quantité $p^4 + 4q^4$ et en faisant $p = 1$ et $q = 2^i$ on trouve

$$2^{4i+2} + 1 = (2^{2i+1} + 2^{i+1} + 1)(2^{2i+1} - 2^{i+1} + 1).$$

On trouve dans les *Mémoires de l'Académie de Berlin* (1777, p. 249), avec d'autres notations, les identités suivantes dues à Nicolas de Beguelin :

$$\begin{aligned}
2^6 + 1 &= (2^3 + 2^2 + 1)(2^2 + 1),\\
2^{10} + 1 &= (2^5 + 2^3 + 1)(2^4 + 2^3 + 1),\\
2^{14} + 1 &= (2^7 + 2^4 + 1)(2^6 + 2^5 + 2^4 + 1),\\
2^{18} + 1 &= (2^9 + 2^5 + 1)(2^8 + 2^7 + 2^6 + 2^5 + 1);
\end{aligned}$$

il est à remarquer que ces identités sont des cas particuliers de celles de Le Lasseur.

Dans le cas de $i = 4$, on a en effet

$$2^{18} + 1 = (2^9 + 2^5 + 1)(2^9 - 2^5 + 1) = (2^9 + 2^5 + 1)(2^8 + 2^7 + 2^6 + 2^5 + 1).$$

Nicolas de Beguelin a consacré d'autres Mémoires à la théorie des nombres.

---

## XVII.

# UN PROBLÈME DE FRENICLE SUR LES TRIANGLES RECTANGLES EN NOMBRES.

(Tome II, p. 265.)

T. Pépin. — Solution d'un problème de Frenicle (*Atti dell'Accademia pontificia dei nuovi Lincei*, t. 38, 1880, p. 284-289).

Le problème de Frenicle dont il s'agit dans ce Mémoire : « Trouver deux triangles rectangles, tels que la différence des côtés de l'angle droit soit la même et que le plus grand côté de l'angle droit de l'un soit hypoténuse de l'autre ([1]) » revient à résoudre en nombres entiers le système des trois équations

$$(\text{I})\qquad \begin{cases} x^2+y^2=z^2, \\ u^2+v^2=x^2, \\ u-v\ =x-y \end{cases}$$

avec la condition $x>y$. Cette dernière exigeant la condition $u>v$, la deuxième équation doit être résolue de deux manières différentes

$$(1)\qquad u=a^2-e^2,\qquad v=2ae,\qquad x=a^2+e^2,$$
$$(2)\qquad u=2ae,\qquad v=a^2-e^2,\qquad x=a^2+e^2,$$

suivant que $u$ est impair ou pair. La troisième équation du système (I) donne

$$y=2e(a+e)\qquad\text{ou}\qquad y=2a(a-e).$$

En substituant dans la première équation les valeurs de $x$ et $y$, on obtient l'une des deux équations

$$z^2=a^4+5e^4+6a^2e^2+8ae^3,$$
$$z^2=5a^4+e^4+6a^2e^2-8ae^3,$$

suivant le système adopté pour $u$ et $v$.

Le problème se trouve ramené à la résolution de ces deux équations en nombres entiers et positifs, satisfaisant en outre à la condition $a>e$.

La première équation détermine les solutions où le plus grand des deux côtés de l'angle droit du plus petit triangle est mesuré par un nombre impair. La deuxième équation détermine celles où ce même côté est mesuré par un nombre pair.

---

## XVIII.

## L'ÉQUATION DITE « DE PELL ».

(Tome II, p. 335, 433.)

A. Marre. — Communication à l'Académie des Sciences d'une copie d'une lettre inédite du marquis de L'Hospital, qui fait partie de sa correspondance, conservée à la Bibliothèque nationale, fonds français, n° 25308.

([1]) Ch. Henry, *Recherches sur les manuscrits de Fermat*, p. 171.

Cette lettre est relative à la solution de l'équation

$$Ax^2 + 1 = y^2$$

proposée par Fermat (*Comptes rendus*, 13 février 1879). (H. Brocard.)

A. Genocchi. — Il carteggio di Sofia Germain e Carlo Federico Gauss (*Atti della reale Accademia delle Scienze di Torino*, t. 15, 20 giugno 1880).

Fermat, dans un manuscrit récemment publié par Ch. Henry (Cf. *Œuvres de Fermat*, t. II, p. 433), spécifie le caractère particulier des solutions données par Frenicle et par Wallis à l'équation ci-dessus.

H. Konen. — Geschichte der Gleichung $t^2 - Du^2 = 1$. Leipzig, Hirzel, 1901; 132 pages in-8° (résumée dans le *Bulletin des Sciences mathématiques*, Ire Partie, 1903, p. 45).

A. Boutin. — Développement de $\sqrt{N}$ en fraction continue et résolution des équations de Fermat (*Association française pour l'avancement des Sciences*, Clermont-Ferrand, 1908, p. 18-26).

Les équations en question sont

$$x^2 - Ny^2 = \pm 1.$$

---

## XIX.

## UN PROBLÈME DE WALLIS.

(Tome II, p. 348-351.)

« Dans la lettre 16 de son *Commercium epistolicum*, Wallis propose d'intercaler, dans la série

$$1, \quad \frac{5}{6}, \quad \frac{31}{30}, \quad \frac{209}{140}, \quad \frac{1471}{630}, \quad \frac{10625}{2772}, \quad \ldots;$$

un terme entre 1 et $\frac{5}{6}$, ce qui, d'après lui, fournirait la quadrature de l'hyperbole, de même que dans la série

$$1, \quad 6, \quad 30, \quad 140, \quad 630, \quad \ldots$$

l'intercalation d'un terme $\frac{8}{\pi}$, entre 1 et 6, fournit la quadrature du cercle. C'est, en effet, de cette façon que Wallis pose la question qui le conduit à son expression de $\pi$ sous forme de produit d'un nombre indéfini de facteurs (voir *Œuvres de Fermat*, t. II, p. 348).

» Quelle est la véritable loi de formation des termes de la première série proposée ci-dessus? Les nombres donnés sont-ils exacts?

» Que représente, en fait, le terme dont Wallis propose l'intercalation? »

P. Tannery.

(Question 782 de l'*Intermédiaire des Mathématiciens*, t. 3, 1896, p. 57.)

Cette question n'a été résolue que dans le Volume de 1903. Voici l'élégante solution qui en a été donnée, t. 10, p. 78-79, par M. G. Vacca (Gênes) :

« Le terme moyen entre les deux premiers de la série

$$1, \quad \frac{5}{6}, \quad \frac{31}{30}, \quad \frac{209}{140}, \quad \frac{1471}{630}, \quad \frac{10625}{2772}, \quad \ldots$$

donne, ainsi que Wallis l'affirmait, l'aire d'un segment d'hyperbole. Voici comment les termes de la série peuvent s'écrire :

$$1, \quad \frac{1}{2}+\frac{1}{3}, \quad \frac{1}{4}+\frac{2}{5}+\frac{1}{6}, \quad \frac{1}{5}+\frac{3}{6}+\frac{3}{7}+\frac{1}{8}, \quad \frac{1}{6}+\frac{4}{7}+\frac{6}{8}+\frac{4}{9}+\frac{1}{10}, \quad \ldots$$

ou encore

$$\int_0^1 (x+x^2)^0\,dx, \quad \int_0^1 (x+x^2)^1\,dx,$$

$$\int_0^1 (x+x^2)^2\,dx, \quad \ldots, \quad \int_0^1 (x+x^2)^n\,dx, \quad \ldots.$$

» Le terme *moyen* entre les deux premiers est alors

$$\int_0^1 (x+x^2)^{\frac{1}{2}}\,dx,$$

qui donne l'aire d'un segment d'hyperbole. »

## XX.

# SUR UN PORISME DE FERMAT.

(Tome II, p. 406; Tome III, p. 317-318.)

Le porisme énoncé a fixé l'attention de Leonhard Euler qui a déclaré que Fermat en avait demandé inutilement à plusieurs mathématiciens la démonstration géométrique. Cependant c'est sous le nom d'Euler que ledit porisme fut signalé aux rédacteurs des *Nouvelles Annales de Mathématiques*, où ils le proposèrent comme question à résoudre ((2), t. 8, 1869, n° 957, p. 479-480); mais l'attribution à Fermat lui fut bientôt revendiquée par G. Dostor (*Ibid.*, p. 558). Voici, ajoute-t-il, ce que dit Euler à ce sujet dans les *Variæ demonstrationes geometricæ* (*Novi Commentarii Acad. Scient. Imp. Petropol.*, t. I, p. 49) :

*Reperitur in commercio epistolico* Fermatii *propositio geometrica, quam geometris demonstrandam proposuit, quæ etsi ad naturam circuli spectat, nihilque difficultatis primo intuitu involvere videtur, tamen a pluribus geometris frustra est suscepta, neque usque adhuc ejus demonstratio est tradita.*

La Rédaction reçut de plusieurs collaborateurs la solution géométrique désirée qui parut au cahier de janvier 1870 (t. 9, p. 41), et Gerono saisit

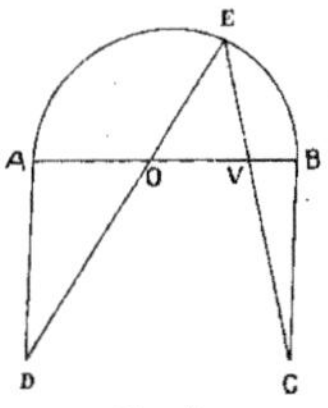

Fig. 37.

l'occasion de la résumer très simplement en ces termes (p. 42) (nous reprenons les notations de Fermat) :

« L'égalité à démontrer (*fig.* 37) $AV^2 + BO^2 = AB^2$ se réduit à $OV^2 = 2.AO.VB$

en y remplaçant respectivement AV, BO, AB par AO + OV, OV + VB, AO + OV + VB. Or, si l'on prolonge la perpendiculaire EP (*fig.* 38) jusqu'à

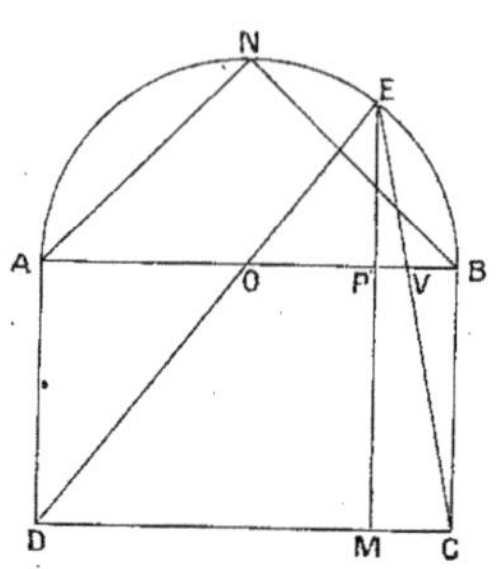


Fig. 38.

ce qu'elle rencontre la droite DC en un point M, la similitude des triangles EDM, AOD donnera

$$\frac{EM}{AD} = \frac{DM}{AO};$$

on aura de même

$$\frac{EM}{AD} = \frac{MC}{VB}.$$

» De là

$$\frac{EM^2}{AD^2} = \frac{DM.MC}{AO.VB} = \frac{EP^2}{AO.VB}.$$

» Mais

$$\frac{EM}{EP} = \frac{DC}{OV};$$

donc

$$\frac{\overline{DC}^2}{AD^2} = \frac{OV^2}{AO.VB},$$

ou

$$2 = \frac{OV^2}{AO.VB}.$$

C.Q.F.D. »

Au cahier d'avril du même Volume (p. 189-191), Lionnet publia une démonstration qu'il considérait comme rentrant mieux dans la pensée de Fermat. Nous transcrivons ici son article, en l'adaptant aux notations précédentes.

« Euler dit, avec raison, que Fermat, en proposant cette question aux géomètres de son temps, avait en vue un mode de démonstration exclusivement géométrique, à la manière des anciens qui rejetaient toute espèce de démonstration algébrique (*demonstrationes quæ analysin olent*). Sans cette explication, on aurait de la peine à comprendre qu'une question si facile à résoudre ait été proposée par Fermat, et qu'aucun des géomètres contemporains n'en ait donné la solution. Celle que nous proposons aux lecteurs des *Nouvelles Annales* nous paraît remplir toutes les conditions exigées par le célèbre géomètre toulousain.

» Menons (*fig.* 39) les droites EA, EB jusqu'à la rencontre de la direction CD en

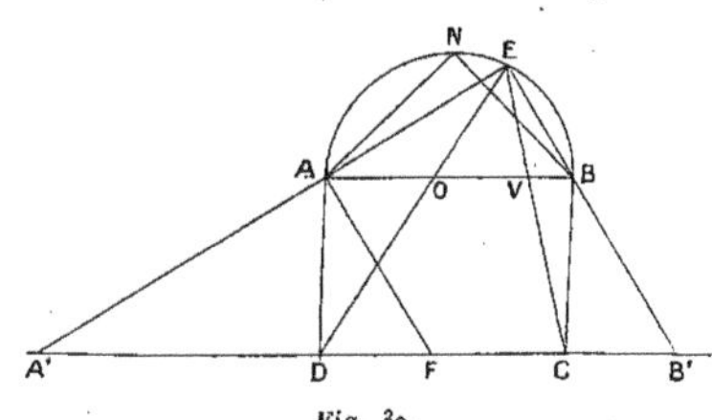

Fig. 39.

A', B', puis AF perpendiculaire à EA' jusqu'à la rencontre de A'B' en F. L'angle AEB inscrit dans un demi-cercle étant droit, les lignes AF, BB' perpendiculaires à EA' sont parallèles, et de plus, égales entre elles comme opposées dans un parallélogramme; donc les triangles rectangles ADF, BCB' ayant l'hypoténuse égale et un autre côté AD = BC, le troisième côté DF = B'C. De plus, les droites parallèles AB, A'B' étant divisées aux points V et C, O et D en segments proportionnels, on a

$$AB : A'B' = AV : A'C = OB : B'D;$$

donc le triangle ayant pour côtés les droites AB, AV, BO, dont la plus grande est moindre que la somme des deux autres, est semblable au triangle qui a pour côtés les droites A'B', A'C, B'D; donc pour établir l'égalité

$$(1) \qquad AV^2 + BO^2 = AB^2$$

il suffit de prouver que le dernier triangle est rectangle, ou, autrement, qu'on a

$$(2) \qquad A'C^2 + B'D^2 = A'B'^2.$$

Or la somme des carrés faits sur A'C et B'D, sommes des droites A'D, CD et CD, B'C, est égale à la somme des carrés faits sur A'D, CD, B'C, plus CD², plus deux fois la somme des rectangles (A'D, CD), (CD, B'C); et, d'autre part, le carré fait sur A'B' somme des droites A'D, CD, B'C, est égal à la somme des carrés faits sur ces trois droites, plus deux fois la somme des rectangles

(A′D, CD), (CD, B′C), (A′D, B′C); donc, pour démontrer l'égalité (2), il suffit de prouver qu'on a

$$CD^2 = 2\,\text{rect}(A'D,\ B'C),$$

ou

$$2\,AD^2 = 2\,\text{rect}(A'D,\ DF), \tag{3}$$

en observant que AD est égal au côté AN du carré inscrit dans le cercle, dont le diamètre AB = CD, et que B′C = DF. Mais chacune des lignes AA′, AF, A′F, dont la dernière égale A′D + DF, étant l'hypoténuse d'un triangle rectangle, on a

$$A'D^2 + DF^2 + 2\,AD^2 = A'D^2 + DF^2 + 2\,\text{rect}(A'D,\ DF),$$

ou

$$2\,AD^2 = 2\,\text{rect}(A'D,\ DF).$$

C. Q. F. D. »

On lit dans les *Exercices de Géométrie*, par F. G. M., 4e édit., 1907 (Tours, A. Mame fils; Paris, Ve Poussielgue), p. 592-593 :

Théorème de Fermat.

« Soient ABCD (*fig.* 40) un rectangle dans lequel AB = BC$\sqrt{2}$, E un point

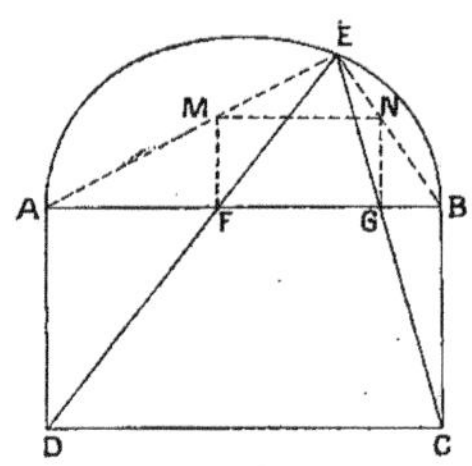

Fig. 40.

quelconque de la demi-circonférence décrite sur AB comme diamètre; on a la relation

$$AG^2 + BF^2 = AB^2.$$

(Fermat, question 957, *Nouvelles Annales*, (2), t. 8, 1869, p. 479 et 558; puis 1870, p. 189.)

» Soit

$$AF = a, \qquad FG = b, \qquad BG = c.$$

» Pour vérifier la relation, remplaçons chaque ligne par sa valeur en fonction des segments $a$, $b$, $c$.

» Il faut prouver qu'on a l'égalité suivante :

$$(a+b)^2+(b+c)^2=(a+b+c)^2. \tag{1}$$

» Développons et réduisons :

$$a^2+2ab+b^2+b^2+2bc+c^2=a^2+2ab+b^2+2ac+2bc+c^2.$$

» Tout se réduit à prouver qu'on a $b^2=2ac$.

» Élevons des perpendiculaires FM, GN, on obtient un rectangle semblable au rectangle donné.

» En effet,

$$\frac{FM}{AD}=\frac{EF}{ED}=\frac{EG}{EC}=\frac{GN}{BC}=\text{aussi}\,\frac{FG}{DC},$$

donc

$$FG^2 \quad \text{ou} \quad b^2=2\,MF^2.$$

» Les triangles rectangles AMF, NBG sont semblables, car ils sont équiangles; donc

$$\frac{a}{MF}=\frac{NG}{c}, \qquad \text{d'où} \qquad MF^2=ac;$$

donc l'égalité hypothétique (1) est vérifiée, et le théorème est démontré.

» *Note.* — Catalan, dans ses *Théorèmes et Problèmes de Géométrie*, 6e édition, 1879, donne deux démonstrations, p. 168-169. La solution donnée par les *N. A.*, 1870, p. 190, est de Lionnet, ancien professeur à Louis-le-Grand, auteur de nombreux articles aux *Nouvelles Annales*, de 1868 à 1885. »

---

## XXI.

## LA MÉTHODE DE LA « DESCENTE INFINIE OU INDÉFINIE ».

(Tome II, p. 431.)

A. Genocchi. — Sur un manuscrit de Fermat récemment publié [1] (*Mathesis*, t. 4, 1884, p. 106-108).

Fermat énonce les applications de la méthode dénommée par lui « la descente infinie ou indéfinie ».

[1] Ch. Henry, *Recherches sur les manuscrits de Fermat*, p. 213.

Le raisonnement s'appuie sur un principe employé déjà par Euclide au sujet des nombres entiers, savoir *Nullum numerum in infinitum posse diminui.*

La manière adoptée par Euler et Lagrange pour exposer la méthode de Fermat semble inexacte, puisqu'ils supposent qu'il est nécessaire d'essayer, par des substitutions effectives de petits nombres, de voir si pour ceux-ci la proposition est vérifiée.

(Euler, t. 2, art. 210, p. 259, 244, 302, 351, 359.)

(Lagrange, *Mémoires de l'Académie de Berlin*, 1777, p. 140.)

La même méthode a été appliquée aussi par Campanus de Novare, contemporain de Léonard Fibonacci : aucun nombre ne peut rationnellement être divisé en moyenne et extrême raison.

Lagrange s'est servi de la méthode de Fermat, non pour démontrer l'impossibilité de certaines équations, mais pour trouver les solutions les plus simples en nombres entiers d'équations possibles.

*Cf.* Legendre, *Théorie des nombres*, 3e éd., t. 2, p. 1-12; Lejeune Dirichlet, *Journal für die reine und angewandte Mathematik*, t. 3, 1828, p. 354-375; V. Lebesgue, *Journal de Mathématiques pures et appliquées*, t. 8, 1843, p. 49-70, et t. 18, 1853, p. 73-86; Ed. Lucas, *Bullettino di Bibliografia e di Storia delle Scienze matematiche e fisiche*, t. 10, 1877, p. 178-193, 239-258.

---

## XXII.

## UN THÉORÈME SUR LES NOMBRES PREMIERS DE LA FORME $4q+1$.

(Tome II, p. 432.)

S. Realis. — Scolies pour un théorème de Fermat (*Nouvelles Annales de Mathématiques*, (3), t. 4, 1885, p. 367-372).

Le théorème de Fermat dont il s'agit est le suivant :

*Théorème.* — Si le nombre $p$, compris dans la forme linéaire $4q+1$ est premier ou composé de facteurs premiers de cette forme, $p$ est la somme de deux carrés.

Euler donne une démonstration de ce théorème dans les *Nouveaux Commentaires de Pétersbourg* (t. 4, p. 3 et t. 5, p. 3) et il ajoute le corollaire suivant :

*Corollaire.* — $p$ étant de la forme précédente, le nombre $q = \frac{p-1}{4}$ est la somme de deux nombres triangulaires (dont l'un peut être nul).

A ces deux théorèmes on peut ajouter les propositions suivantes :

I. Un nombre donné $p = 4q + 1$ étant la somme de deux carrés $x^2$ et $y^2$, on peut poser en nombres entiers $a$, $b$, $x$, $y$

$$a + b + 1 = x,$$
$$a - b = y,$$

et toutes les solutions entières de l'équation indéterminée

$$x^2 + y^2 = p$$

sont fournies par l'identité

$$(a + b + 1)^2 + (a - b)^2 = 4\left(\frac{a^2 + a}{2} + \frac{b^2 + b}{2}\right) + 1,$$

c'est-à-dire

$$(a + b + 1)^2 + (a - b)^2 = 2(a^2 + a + b^2 + b) + 1,$$

en attribuant à $a$ et $b$ des valeurs convenables, c'est-à-dire des valeurs entières telles que le deuxième membre de l'égalité se réduise à la valeur de $p$.

II. Si un nombre donné $p$ impair ou double d'un impair est décomposable en deux carrés premiers entre eux, en sorte que l'on ait

$$p = x^2 + y^2,$$

les racines $x$ et $y$ des carrés composants sont exprimées par le système de formules suivant :

$$x = p - \left(\frac{m^2 - m}{2} + \frac{n^2 - n}{2}\right),$$
$$y = p - \left(\frac{m^2 + m}{2} + \frac{n^2 + n}{2}\right),$$

$m$ et $n$ étant deux entiers convenablement déterminés.

III. Soit $p$ un nombre entier impair résultant de l'addition de deux carrés $x^2$ et $y^2$ premiers entre eux. Selon que le nombre considéré $p$ diminué de l'unité est ou n'est pas divisible par 3, l'un des carrés en lesquels se décompose $p$ est ou n'est pas divisible par 9.

S. Realis. — Développements nouveaux sur quelques propositions de Fermat (*Nouvelles Annales de Mathématiques*, (3), t. 5, 1886, p. 113-122).

---

## XXIII.

## UN THÉORÈME SUR LE NOMBRE 7.

(Tome II, p. 434.)

T. Pépin. — Sur un théorème de Fermat (*Atti dell' Accademia pontificia dei nuovi Lincei*, t. 36, 1883, p. 23-33).

De tous les nombres, 7 est le seul qui, étant le double d'un carré moins 1, soit la racine d'un carré de la même nature; 7 est double du carré 4 moins 1, c'est-à-dire égal à 8 — 1, et son carré 49 est le double du carré 25, c'est-à-dire 50, moins 1 (1).

L'assertion de Fermat revient à celle-ci : le système des deux équations

$$2y^2 - 1 = x,$$
$$2z^2 - 1 = x^2,$$

lorsque l'on exclut la solution évidente $x = y = z = 1$, n'admet qu'une seule solution en nombres entiers et positifs, savoir

$$x = 7, \qquad y = 2, \qquad z = 5.$$

Si un autre nombre que 7 vérifiait le théorème, il devrait dépasser l'unité suivie de 3848 chiffres.

A. Genocchi. — Démonstration d'un théorème de Fermat (*Nouvelles Annales de Mathématiques* (3), t. 2, 1883, p. 306-310).

(1) Ch. Henry, *Recherches sur les manuscrits de Fermat*, p. 176.

---

XXIV.

# VARIA.

P. Tannery. — Sur la date des principales découvertes de Fermat (*Bulletin des Sciences mathématiques*, 2e série, t. 7, 1883).

« L'époque de cette vie où le merveilleux génie d'invention du géomètre toulousain est dans toute sa plénitude d'activité peut se marquer de 1636 à 1641, entre trente-cinq et quarante ans. Après cette date, il ne poursuit guère que des applications particulières des méthodes générales et des théorèmes fondamentaux qu'il a découverts; ou bien il s'use sur des problèmes de détail, comme ses *Porismes* de Géométrie, sans plus rencontrer désormais d'idée rénovatrice et féconde. »

J.-P. Gram. — Nogle Bemœrkninger om Fermat's Taltheori (*Festskrift til H. G. Zeuthen fra venner og elever i anledning af hans 70 aars födselsdag, 15 februar* 1909, Köbenhavn, Kgl. Hofboghandel Andr. Fred. Höst & Sön, 1909, p. 48-62).

E.-N. Barisien. — Sur quelques formules de la théorie des nombres obtenues par des considérations géométriques (*Association française pour l'avancement des Sciences*, Lille, 1909, p. 101-107).

Les liaisons de toutes les parties de la Science mathématique entre elles sont telles que fréquemment des propriétés des nombres sont la conséquence de formules algébriques, lesquelles proviennent de considérations géométriques.

C'est ainsi qu'étudiant l'épicycloïde engendrée par un cercle de rayon $2a$, roulant extérieurement sur un cercle de rayon $a$, et comparant les équations paramétriques et cartésiennes, on trouve les théorèmes suivants :

1° L'expression $13 - 12t$, où $t = \frac{1-\theta^2}{1+\theta^2}$, est la somme de deux carrés.

2° 26 peut, d'une infinité de manières, être décomposé en une somme de quatre carrés, divisée par un cinquième carré de nombre entier.

3° Tout nombre de la forme $(\theta^2+1)^5$ est un rapport de deux sommes de quatre carrés, etc.

[Comme Fermat était passé maître en géométrie analytique, on peut se demander s'il n'a pas utilisé de semblables procédés pour la démonstration de quelques-uns de ses théorèmes. H.]

---

## XXV.

# SUR L'HISTOIRE DU CALCUL INFINITÉSIMAL PENDANT LES ANNÉES 1638-1639.

Par M. A. AUBRY.

Duhamel a donné, en 1864, dans le Tome 32 des *Mémoires de l'Académie des Sciences* une étude historique de la célèbre controverse qui eut lieu en 1638 entre Fermat et Descartes, au sujet de la méthode *de maximis*. Les importants manuscrits de Fermat découverts par M. Ch. Henry et publiés par lui d'abord dans le *Bulletin Boncompagni* 1879, ont permis de reconnaître quelques erreurs dans l'exposé de Duhamel, assez prolixe d'ailleurs. Aussi, pour ces deux raisons, et pour ne pas cependant perdre le fruit de ce consciencieux travail, il semble utile de reprendre ce récit en s'en inspirant et de le continuer pendant les deux années 1638 et 1639, les découvertes qu'elles ont vu naître ne le cédant guère à celles dont Duhamel s'est occupé.

Dans la *Géométrie* de Descartes, on voit pour la première fois une construction générale de la tangente à une courbe ; il coupe la courbe en deux points dont l'un est déterminé au moyen de son abscisse $a$, par une circonférence ayant son centre sur l'axe des $x$, et il cherche la relation qui définit les abscisses $a$ et $x$ de ces deux points : le rayon de la circonférence sera une normale à la courbe quand ces mêmes abscisses seront deux racines égales de la relation dont il vient d'être parlé. C'est à la recherche de telles racines que se réduit donc la construction des normales aux courbes, ce que Descartes détermine en égalant cette relation, supposée de la forme

$Ax^n + Bx^p + \ldots$, à un produit de la forme

$$(\lambda x^{n-2} + \mu x^{p-2} + \ldots)(x - a)^2,$$

$\lambda, \mu, \ldots$ étant indéterminés. De là, en développant et comparant les valeurs de $\lambda, \mu, \ldots$ en fonction de $x$ et de $a$, faisant ensuite $x = a$, on a la position du centre du cercle tangent, c'est-à-dire la normale au point d'abscisse $a$.

Descartes donne plusieurs applications de cette construction et remarque que, par la projection sur deux plans, elle peut s'appliquer aux courbes de l'espace.

A noter aussi, du même Ouvrage, cette remarque que la connaissance de l'équation d'une courbe algébrique suffit presque toujours pour permettre d'en déterminer la surface, ce qui fait penser que Descartes savait quarrer les courbes du genre parabolique $y = Lx^l + Mx^m + \ldots$. Il avait aussi, comme on le voit par la découverte de ses ovales, le sentiment de la possibilité de définir une courbe par les propriétés de ses tangentes, et des méthodes pour déduire, dans certains cas, l'équation de la courbe de la relation définissant la tangente.

L'année 1638 a été particulièrement féconde en acquisitions nouvelles à la science de l'infini. Bien que ces résultats n'aient été publiés que beaucoup plus tard, grâce à l'heureuse initiative de Mersenne de centraliser et communiquer aux savants les problèmes, les méthodes, les discussions et même les essais qui occupaient alors les esprits, leur influence sur les progrès futurs a commencé à dater de leur divulgation manuscrite et, en bonne justice, ils devraient figurer à cette date dans l'histoire de la science.

La théorie des tangentes de Descartes comprenait bien implicitement celle des maxima et des minima ; toutefois ce cas particulier, intéressant en lui-même, était, comme beaucoup de cas particuliers, susceptible de simplifications notables, qui en faisaient une théorie à part. Aussi Fermat crut-il devoir faire communiquer à Descartes une méthode générale sur ce sujet qu'il possédait depuis plus de sept ans et dont il déduisait une méthode des tangentes bien plus simple, en théorie et en pratique, que celle de Descartes.

La méthode *de maximis* de Fermat revient à substituer à la variable, dans la fonction considérée $F(x)$, cette même variable augmentée de $h$ ; ces deux expressions comparées constituent une presque égalité en $x$ et $h$ qui, développée et réduite, contiendra $h$ dans tous ses termes, ce qui permettra de la simplifier en divisant tous les termes par $h$. A cause du théorème d'Oresme-

Kepler [1] peut-être connu de lui, la supposition $h = 0$ donnera l'équation de condition du maximum. On voit que Fermat considère comme égales deux quantités qui ne diffèrent que d'un infiniment petit, idée qui a régné longtemps et empêché le principe de la méthode infinitésimale d'être admis par nombre de bons esprits.

Ainsi Descartes critique la comparaison de $F(x)$ avec $F(x+h)$, qui ne peut s'accorder avec la rigueur mathématique, et il propose de la remplacer par la recherche de la valeur de $x$ qui soit une racine double ; au fond, les calculs sont les mêmes, parce qu'il ne s'agit que d'infiniment petits du premier ordre ; mais Descartes les présente correctement, car, comme l'a plus tard démontré Huygens, sa méthode revient à considérer deux valeurs égales de part et d'autre du maximum [2] et à les faire rapprocher l'une de l'autre jusqu'à ce que leur différence s'annule. Descartes dit être en possession de cette méthode depuis plus de vingt ans.

La méthode de Fermat était d'ailleurs mal présentée, et Descartes montra que, prise à la lettre pour la recherche des tangentes aux courbes, elle pouvait donner lieu à des absurdités. Aussi Fermat a-t-il fait connaître de quelle manière il s'en servait pour la même question, laquelle consistait à chercher le maximun du rapport de l'ordonnée de la courbe à l'ordonnée correspondante de la tangente en un point voisin du point de contact supposé donné, ce qui détermine l'inclinaison de la tangente. Il ajoute qu'on peut s'en servir pour reconnaître la concavité ou la convexité d'une courbe ainsi que pour la détermination des points d'inflexion.

Descartes, voulant également corriger la méthode des tangentes de Fermat, en proposa deux autres, indépendantes de la théorie des maxima : la première fait tourner une sécante autour d'un point de l'axe des $x$ et l'on examine ce que devient, d'après l'équation de la courbe, l'inclinaison de la droite joignant les deux points sécants quand leurs abscisses tendent vers une valeur commune ; la deuxième est celle qui a été adoptée depuis pour la définition et la recherche des tangentes, c'est-à-dire qu'il cherche la position limite vers laquelle tend une sécante tournant autour d'un point fixe de la courbe, à mesure que le deuxième point sécant se rapproche du premier : la solution consiste donc à considérer la sous-sécante $s$ définie par la relation

$$\frac{s}{\Delta x} = \frac{y}{\Delta y},$$

(1) Aux environs du maximum d'une fonction, l'accroissement et le décroissement varient infiniment peu.

(2) Peut-être était-ce une réminiscence du μοναχός λόγος καί ἐλαχιστὸς de Pappus.

d'où, tirant la valeur de $\Delta y$ et le mettant dans l'équation $F(x+\Delta x, y+\Delta y)=0$ et simplifiant à l'aide de cette autre équation $F(x, y)=0$, il vient une égalité contenant $\Delta x$ dans tous ses termes; divisant par $\Delta x$ et faisant ensuite $\Delta x=0$, on a la valeur de la sous-sécante correspondant à cette valeur particulière de $\Delta x$, c'est-à-dire celle de la sous-tangente $t$.

C'est à propos de cette méthode que Descartes proposa la recherche de la tangente du folium, ce qui montre bien qu'il savait appliquer sa méthode aux courbes déterminées par des équations implicites.

Enfin Fermat présenta sa méthode de la manière qui suit : sa première idée, remontant à 8 ou 10 ans avant, avait été de chercher le maximum de la distance d'un point donné à la courbe, ce qui lui donnait la normale, mais nécessitait, comme celle de Descartes, la réduction des *asymétries* (radicaux); aussi il l'avait remplacée par une autre consistant à comparer les coordonnées du point de contact et celles d'un point de la tangente très voisin, c'est-à-dire d'égaler $F\left(x+dx, y+\frac{y\,dx}{t}\right)$ à $F(x, y)$. Il semble admettre ainsi, comme Kepler et Cavalieri, l'existence réelle des infiniment petits, et ce principe que deux quantités ne différant que d'un infiniment petit sont égales; tandis qu'au contraire Descartes se fonde sur la théorie des racines égales, c'est-à-dire, au fond, sur celle des limites.

Une autre controverse suivit de près la précédente : bien qu'il s'agît alors d'une courbe particulière, la cycloïde qui paraissait alors pour la première fois sur la scène mathématique, son étude soulevait des questions importantes, d'ordre général, et d'un genre nouveau. Roberval avait trouvé la quadrature de cette courbe, en la déduisant de celle de la sinusoïde [1], déduite elle-même de la sommation faite par Archimède des sinus d'arcs en progression arithmétique. Descartes proposa le tracé de la tangente à la cycloïde, tracé au sujet duquel il imagina sa célèbre théorie du centre instantané de rotation [2], et Roberval, celle non moins remarquable des mouvements composés [3]. Fermat, qui avait déjà traité, dès 1636, de courbes transcendantes, entre autres de la spirale $\rho^2=\omega$, qu'il avait quarrée probablement d'après la méthode d'Archimède, savait apparemment déjà utiliser sa méthode *de*

(1) Descartes et Torricelli ont déterminé l'aire de la cycloïde à l'aide de considérations qui reviennent à ramener cette quadrature à celle de la sinusoïde, laquelle est immédiate, à cause de la forme même de la courbe.

(2) Publiée en 1649, dans la première édition latine de la *Géométrie* de Descartes.

(3) Publiée en 1644 en même temps par Mersenne (*Cog. phys. math.*) et par Torricelli (*Op. Geom.*) qui l'avait trouvée également de son côté.

*maximis* pour mener des tangentes à de telles courbes; toutefois, si son procédé, pour la tangente à la cycloïde, est celui des *Varia Opera*, il a dû être remanié ou tout au moins rédigé après coup, car le résultat seul a été communiqué à Descartes, sans indication du principe utilisé par Fermat, la substitution d'infiniment petits, par exemple des cordes aux arcs; cette méthode de Fermat n'a guère servi aux progrès de la méthode et n'appartient pas à l'époque indiquée en tête de la présente Note (¹).

D'autres découvertes importantes marquent aussi cette même année 1639 : particulièrement la rectification de la spirale logarithmique, la détermination de la logarithmique à l'aide de son équation différentielle, et les premières discussions sur la nature de l'infini mathématique.

Descartes, consulté par Mersenne sur la véritable forme du plan incliné, répondit qu'il a pour génératrice une spirale formant partout avec ses vecteurs des angles égaux et des arcs croissant proportionnellement à ces mêmes vecteurs. C'est une nouvelle preuve de l'habileté de Descartes à revenir des propriétés des tangentes à celles des courbes qu'elles définissent.

Debeaune avait demandé à Descartes la courbe telle que la sous-tangente soit définie par une relation qu'on écrirait aujourd'hui $(y - x)\, dy = dx$. L'illustre philosophe répondit en déterminant cette courbe par une définition cinématique analogue à celle des logarithmes de Neper. Il ajoute que le problème de déterminer une courbe par les propriétés spécifiques de ses tangentes n'est pas toujours possible, et annonce avoir trouvé plusieurs théorèmes sur ce sujet; il observe que de semblables propriétés ne conviennent pas à des courbes différentes, ce qui revient à dire qu'une courbe est aussi bien caractérisée par une équation différentielle que par son équation en termes finis.

C'est également en 1639 que fut publié le *Brouillon proiect* de Desargues, qui semble avoir le premier, parmi les modernes, essayé d'utiliser en géométrie la considération de l'infini. Voici du reste ses paroles : « ... la raison essaye à connaître des quantités infinies d'une part, ensemble de si petites que leurs deux extrémités opposées sont unies entre elles et que l'entendement s'y perd, non seulement à cause de leur inimaginable grandeur ou petitesse, mais encore à cause que le raisonnement ordinaire le conduit à en conclure des propriétés dont il est incapable de comprendre comment c'est qu'elles sont.

(¹) A signaler le défi de Descartes à Fermat de construire la tangente à la courbe lieu des points dont la somme des distances à quatre points fixes donnés est constante, tangente que Fermat construisit facilement par sa méthode, que Descartes finit du reste par reconnaître comme plus commode que la sienne propre.

» Icy toute ligne droite est entendue allongée au besoin à l'infini de part et d'autre....

» Pour donner à entendre l'espèce de position d'une ou plusieurs droites en laquelle elles sont toutes parallèles entre elles, il est icy dit que toutes ces droites sont entre elles d'une même ordonnance, dont le but est à distance infinie, en chacune de part et d'autre (1). »

Descartes avait pleinement approuvé ces idées de Desargues; mais il se sépare de lui quand il raisonne sur l'infini géométrique ou numérique. Ainsi Desargues lui ayant fait demander s'il était d'avis qu'une boule roulant sur un plan, la ligne décrite sur le plan après un tour complet ne peut être égale à la circonférence de la boule, puisqu'elle est formée des points de contact successifs et par suite qu'elle est discontinue; Descartes répondit qu'il ne saurait comprendre ce qu'on entend par points séparés d'un arc quand on le divise en ses parties. Une autre fois, Mersenne lui ayant fait remarquer que s'il y avait une ligne infinie, elle aurait une infinité de pieds et de toises, et que, par conséquent, le nombre des pieds étant six fois plus grand que celui des toises, ce dernier ne serait pas infini, car un infini ne peut être plus grand qu'un autre, Descartes répondit que rien ne s'oppose à cela et que l'infini cesserait de l'être si l'on pouvait le comprendre.

On peut conclure de ce qui précède, d'une part, que les idées sur l'infini étaient alors loin d'être élucidées, même dans ses propriétés les plus simples; en second lieu, que si Fermat a bien mieux compris que Descartes l'utilisation et la pratique du calcul de l'infini, ce dernier a sur lui l'avantage d'en avoir beaucoup mieux pénétré le principe et aperçu les écueils qu'on risque de rencontrer à chaque pas, quand on veut expliquer l'infini.

(1) Kepler avait déjà dit la même chose trente-cinq ans auparavant. C'est à lui qu'on doit le *principe de continuité*, qu'il applique au foyer de la parabole limite de l'ellipse et de l'hyperbole.

## XXVI.

# MÉTHODE DE FERMAT POUR LA QUADRATURE DES COURBES,

PAR M. A. AUBRY.

La première mention de la quadrature de la parabole $y = x^n$ se voit dans les *Cogitata* de Mersenne; elle est de Roberval, qui se servait vraisemblablement des formules

$$\frac{1}{a} + \frac{1}{n+1} > \frac{1^n + 2^n + \ldots + a^n}{a^{n+1}} > \frac{1}{n+1},$$

d'où

$$\lim_{a=\infty} \frac{1^n + \ldots + a^n}{a^{n+1}} = \frac{1}{n+1},$$

relations déjà données par Archimède pour $n = 2$, et que Roberval a énoncées le premier dans sa lettre à Fermat du 11 octobre 1636 (¹). Descartes et Fermat (²) en possédaient l'équivalent. Cavalieri découvrit cette quadrature peu après et en donna une démonstration peu élégante dans ses *Exercitationes geometricæ*. Wallis la démontre par induction, dans son *Arithmetica infinitorum* et en tire d'importantes découvertes. Pascal la démontre rigoureusement par la sommation des puissances semblables des termes d'une progression arithmétique. Enfin Fermat (³) donne la quadrature de la courbe $y = x^n$ d'après une méthode d'un genre nouveau, laquelle s'appuie sur cette propriété entrevue par Torricelli et mise dans tout son jour par Pascal : *dans une opération exécutée sur des infiniment petits, on peut remplacer ceux-ci par d'autres infiniment petits qui soient dans un rapport fini avec les premiers*. Cette méthode a l'avantage de

(¹) *Œuvres de Fermat*, t. II, p. 75.

(²) *Œuvres de Fermat*, t. I, p. 255; t. III, p. 216.

(³) Fermat n'utilisait-il pas dans ses premières recherches une formule de la théorie des nombres figurés, telle que la suivante :

$$1.2\ldots n + 2.3\ldots(n+1) + 3.4\ldots(n+2) + \ldots + a(a+1)\ldots(a+n-1) = \frac{(a-1)a\ldots(a+n-1)}{n}?$$

pouvoir s'appliquer à un exposant fractionnaire quelconque supérieur à l'unité; elle se réduit en principe à insérer des moyennes géométriques entre l'origine et une abscisse donnée; les rectangles élémentaires formés par les ordonnées correspondantes forment une progression géométrique aisée à sommer. Peut-être Fermat fut-il amené à cette considération d'abscisses croissant géométriquement par la découverte qu'avait faite peu auparavant G. de Saint-Vincent de cette belle propriété de l'hyperbole $xy = 1$, que, *si les abscisses croissent en progression géométrique, les rectangles mixtilignes correspondants sont égaux*. (*Voir* t. II, p. 378 et t. III, p. 582.)

On a ainsi la formule fondamentale

$$\int_0^x x^n\,dx = \frac{x^{n+1}}{n+1}.$$

Ceci posé, à l'aide de la méthode d'*intégration par parties* due à Pascal et par des substitutions convenables, on ramènera les équations des courbes à celles d'autres courbes connues ou inconnues en évitant les embarras des radicaux.

Soit le *huit* $y^2 = x^2 - x^4$; en posant $y = ux$, d'où $u^2 + x^2 = 1$, il viendra

$$2\int y\,dx = 2\int ux\,dx = x^2 u - \int x^2\,du = x^2 u - \int (1 - u^2)\,du \quad (^1).$$

Cette courbe est donc absolument quarrable.

Pour le *folium* $x^3 + y^3 = xy$, on posera $y = ux^2$, d'où $u^3x^3 = u - 1$, et de là

$$3\int y\,dx = \int 3ux^2\,dx = \int u\,d(x^3) = ux^3 - \int x^3\,du = ux^3 - \int \frac{u-1}{u^3}\,du \quad (^2).$$

Conclusion analogue.

Dans la *versiera* $y^2x + x = 1$, changeons $x$ en $u^2$ et $y$ en $\frac{v}{u}$, d'où $v^2 + u^2 = 1$; il viendra

$$\int y\,dx = 2\int v\,du.$$

(1) La même substitution, dans l'équation de l'*anguinea* $y(1 + x^2) = x$, donne

$$2\int y\,dx = ux^2 - \int \frac{1-u}{u}\,du.$$

La quadrature de cette courbe s'obtient donc au moyen de celle de l'hyperbole.

(2) Cette substitution, dans l'équation de la *piriforme* $y^2 = x^3 - x^4$, montre que la quadrature de cette courbe se ramène à celle du cercle $u^2 + x^2 = x$.

La quadrature de cette courbe, qui lui avait été proposée probablement par Lalouvère, se ramène donc à celle du cercle $v^2 + u^2 = 1$. Fermat ajoute que la même méthode convient à la *dioclea* (¹).

La substitution $x = \frac{1}{u}$ dans $x^3 y^2 = x - 1$ conduit à $y\,dx = -\sqrt{1 - u^2}\,du$ (²).

Pour $x^2 y^2 - x^9 = y^3$, il écrit $y = x^2 u$.

Il enseigne de même à traiter l'expression $\int (1 - x^2)^{\frac{3}{2}} dx$.

Jean Bernoulli a traité de même les courbes $x^3 + y^3 = xy$, $x^2 y^2 - x^9 = y^3$ et $y^4 - 6y^2 + 4x^2 y^2 + 1 = 0$, à l'aide des substitutions

$$y = \frac{x^2}{u}, \qquad y = \frac{x^2}{u} \qquad \text{et} \qquad y = u + \sqrt{u^2 + 1};$$

et le marquis de l'Hospital, le *folium*, en posant $y = u x^2$.

A vrai dire, cette méthode de Fermat est plutôt propre à la recherche de courbes dont la quadrature se rattache, par des relations simples, à d'autres courbes données. Elle n'en est pas moins remarquable, et il est à croire que cet ingénieux procédé de substitution de variables, ainsi que le souci de Fermat d'éviter les radicaux, aussi bien dans le tracé des tangentes que dans les intégrations, ont eu une certaine influence sur Leibniz et sur la mise au jour de sa *Nova methodus*.

(¹) La *cissoïde*. La solution de Fermat est probablement la suivante : Dans $y^2(1 - x) = x^3$, faisons $y = x^2 v^{-1}$ ; il viendra $x - x^2 = v^2$, d'où, en différentiant, multipliant par $x$ et remplaçant $x - x^2$ par $v^2$,

$$x^2\,dx = v^2\,dx - 2vx\,dx,$$

d'où

$$\int y\,dx = \int v\,dx - 2\int x\,dv = vx - 3\int x\,dv.$$

La quadrature est ainsi ramenée à celle du cercle $x - x^2 = v^2$.

(²) Si l'on pose $x = u^m$, $y = vu^{-m+1}$, il viendra $y\,dx = mv\,du$. De là le moyen de déterminer une infinité de courbes dont la quadrature se ramène à celles de courbes connues.

## XXVII.

# LISTE DES PRINCIPALES INVENTIONS NUMÉRIQUES DE FERMAT (1),

PAR M. A. AUBRY.

Du *Commercium epistolicum*, de Wallis.

*Trouver, en outre de* 343, *un cube, lequel ajouté à ses diviseurs, fasse un carré* (*voir* t. II, p. 333 et t. III, p. 311 et 341).

*Trouver un carré, lequel, ajouté à ses diviseurs, fasse un cube* (*Id.*).

*L'équation* $x^2 - ay^2 = 1$ *a une infinité de solutions, si a n'est pas un carré. Les déterminer* (t. II, p. 334, 377, 405, 433; t. III, p. 312, 417). Cette célèbre équation, longtemps appelée du nom de Pell qui ne s'en est jamais occupé, a été résolue pour la première fois par Lagrange. Lejeune Dirichlet a donné une démonstration très simple de sa solubilité (*voir* Note XVIII).

*Partager la somme de deux cubes en deux autres cubes* (*fractionnaires*) (t. I, p. 297; t. II, p. 344, 346, 376; t. III, p. 247, 345, 417).

*Le seul carré qui, augmenté de* 2, *fasse un cube est* 25; *les seuls carrés qui, augmentés de* 4, *fassent des cubes, sont* 4 *et* 121 (t. I, p. 334; t. II, p. 345, 434; t. III, p. 269). Démontré par Euler.

(1) L'étude des nombres, comme celle de toute autre branche des Mathématiques, comprend : d'une part, un ensemble de théorèmes appelé *arithmétique* par Platon, Théon de Smyrne, Diophante, Fermat, Gauss, Ed. Lucas, *théorie des nombres*, d'après Legendre, *arithmologie, arithmotechnie, arithmonomie*, etc. par d'autres; et d'autre part, des applications et des problèmes dont la solution dépend de certains procédés particuliers constituant la *logistique* et l'*analyse indéterminée*.

Fermat, qui a excellé dans ces deux sciences, ne les a pas distinguées dans ses écrits; d'autant plus que ses théorèmes étaient, à ses yeux, non des buts immédiats, mais des moyens de recherche destinés à perfectionner la solution des problèmes numériques, et que ceux-ci ont amené ceux-là. Aussi, quel que soit l'avantage qu'il pourrait y avoir à donner séparément ces deux genres de questions, on les indiquera ici simplement suivant leur ordre de divulgation imprimée, faute de pouvoir leur assigner leur ordre de découverte ou même de divulgation manuscrite.

*Il n'y a aucun triangle (rectangle) dont l'aire soit un carré* (t. I, p. 340; t. II, p. 313, 376, 431; t. III, p. 271) Id.

*Aucun cube ne peut être la somme de deux cubes* (t. I, p. 299; t. II, p. 376, 433; t. III, p. 247) Id. Ce théorème était connu des Arabes.

*Le théorème admis par Diophante et énoncé par Bachet* (sur la possibilité de décomposer un entier quelconque en une somme de quatre carrés au plus) *est exact* (t. II, p. 403, 433; t. III, p. 314). Démontré par Lagrange.

*Tout nombre premier de la forme* $4x+1$ *est* (¹) *une somme de deux carrés* (²) (t. I, p. 293; t. II, p. 213, 221, 403, 432; t. III, 243, 315). Ce théorème, le plus beau peut-être de tous ceux de Fermat, se tire, d'après Euler, des deux suivants : *tout nombre premier de la forme* $4x+1$ *divise une somme de deux carrés premiers entre eux* (³); *les diviseurs d'une somme de deux carrés sont eux-mêmes des sommes de deux carrés* (⁴). On a en outre les démonstrations directes de Legendre (⁵) et de Smith, par les *fractions continues* et la démonstration graphique d'Ed. Lucas, qui y emploie la théorie des *satins carrés* (*Voir* Note XXII.).

*Tout nombre premier de la forme* $3x+1$ *est en même temps de la forme* $y^2+3z^2$ (t. II, p. 403, 431; t. III, p. 315). Démontré par Euler.

*Tout nombre premier de l'une des formes* $8x+1$ *ou* $8x+3$ *est en même temps de la forme* $y^2+2z^2$ (*Id.*) Id.

*Théorème sur les nombres polygones* (t. I, p. 305; t. II, p. 65, 403; t. III, p. 252, 287, 315). Démontré en général par Cauchy (*voir* Note VII).

*Tout nombre de la forme* $2^{2^x}+1$ *est premier* (t. I, p. 131; t. II, p. 206, 208, 212, 309, 404, 434; t. III, p. 120, 316). Reconnu inexact par Euler (*voir* la Note XIV).

*Le double de tout nombre premier de la forme* $8x-1$ *est une somme de trois carrés* (t. II, p. 405; t. III, p. 316). Il n'est pas nécessaire que ce nombre soit premier (*voir* plus loin).

(¹) Certains énoncés ajoutent : *d'une seule manière.*

(²) Certains énoncés ajoutent : *premiers entre eux,*

(³) Autrement dit, $-1$ *est résidu de tout nombre premier de la forme* $4x+1$. Fermat connaissait certainement ce théorème, car il indique des propriétés analogues du résidu 2. Il a été démontré par Euler à l'aide de la théorie des résidus et à l'aide du *théorème de Fermat;* par Lagrange, en utilisant le *théorème de Wilson;* par Legendre, en étudiant l'équation $x^2-ay^2=-1$; par Gauss, au moyen de la *descente infinie.*

(⁴) Ce théorème a été énoncé explicitement par Fermat (*voir* plus loin). Il a été démontré par Euler; incidemment par Lagrange, comme cas particulier de sa méthode de recherche des *diviseurs quadratiques;* et à l'aide des propriétés des fractions continues, par Hermite.

(⁵) Cette démonstration ne serait-elle pas celle de Fermat?

*Le produit de deux nombres premiers, de l'une ou de l'autre des deux formes* $20x \pm 3$, *est en même temps de la forme* $y^2 + 5z^2$ (t. II, p. 405; t. III, p. 317).

*Aucun triangulaire, sauf l'unité, ne saurait être un bicarré* (t. I, p. 340; t. II, p. 406; t. III, p. 272, 317). Démontré par Euler.

Du *Diophantus*, de S. Fermat.

*Construire un triangle avec trois nombres en progression arithmétique* (t. I, p. 291; t. III, p. 241).

*Pour n supérieur à 2, on ne saurait avoir* $x^n + y^n = z^n$ (*Id.*). Non démontré en général (*voir* Note V).

Il étend à quatre nombres les problèmes III, 10 et 11 de Diophante (t. I, p. 292; t. III, p. 242).

*Trouver, d'une infinité de manières, trois carrés tels que le produit de deux quelconques d'entre eux ajouté à leur somme fasse un carré. Même question pour quatre nombres quelconques* (t. I, p. 292; t. III, p. 241).

*Si p désigne un nombre premier de la forme* $4x + 1$, *les équations*

$$x^2 + y^2 = p^{2n-1} \quad \text{et} \quad x^2 + y^2 = p^{2n}$$

*ont chacune n solutions. Le produit* $(a^2 + b^2)^{2n-k}(c^2 + d^2)^k$ *est, de* $2n$ *manières différentes, la somme de deux carrés* (1) (t. I, p. 294; t. II, p. 213; t. III, p. 243).

*Déterminer de combien de façons un nombre donné peut être hypoténuse* (somme de deux carrés). *Trouver le plus petit nombre qui soit hypoténuse un nombre donné de fois* (t. I, p. 294; t. II, p. 214, 241; t. III, p. 244).

*Trouver deux cubes (fractionnaires) dont la différence soit égale à celle de deux cubes donnés* (t. I, p. 299; t. III, p. 248).

*Résoudre* $x^4 - y^4 = x - y$ (t. I, p. 300; t. III, p. 248).

*Les diviseurs non carrés de tout nombre* $x^2 + xy + y^2$ *sont de la forme* $3z + 1$ (t. I, p. 301; t. III, 249).

Il donne de nouvelles démonstrations, en les étendant le plus souvent, des problèmes suivants de Diophante : IV, 17, 18, 20, 21, 23, 35, 44; V, 3, 9, 19, 24, 25 (2), 30, 31; VI, 6, 7, 8, 9, 10, 11, 13, 14, 15, 17, 19 (t. I, p. 302; t. III, p. 250 et seq.).

(1) Connu de Fibonacci et peut-être de Diophante, pour $n = k = 1$. Ce cas particulier a été généralisé d'autres manières par Euler, Lagrange et Cayley.

(2) Ce problème a été résolu par P. Tannery et S. Roberts (*voir* Note VI).

*On peut déterminer une infinité de triangles de même surface* (t. I, p. 309; t. II, p. 248; t. III, p. 254).

*Aucun nombre de forme* $9x \pm 3$ *ne peut être somme de deux carrés, soit entiers, soit fractionnaires* (t. I, p. 312; t. III, p. 256).

*Pour que l'équation* $x^2 + y^2 = 2a + 1$ *soit résoluble, il faut que les diviseurs non carrés de* $a$ *soient de la forme* $4z + 1$ (t. I, p. 314; t. III, p. 256).

Il donne de même les conditions que doit remplir $a$ pour que l'équation $x^2 + y^2 + z^2 = 3a + 1$ soit possible (t. I, p. 314; t. III, p. 257).

*Trouver trois triangles dont les surfaces forment un triangle* (t. I, p. 321; t. II, p. 93, 229, 249, 277; t. III, p. 261). Ce problème paraît dû à Sainte-Croix (*voir* t. II, p. 63).

*La somme de deux bicarrés ne peut être un carré* (t. I, 327; t. III, p. 264).

*Si* $p$ *est une somme de deux carrés, on peut écrire* $px^2 - y^2 = 1$ (t. I, p. 328; t. III, p. 265).

*Trouver un triangle dont l'hypoténuse soit un carré, ainsi que la somme de ses cathètes* (côtés de l'angle droit) (t. I, p. 336; t. II, p. 261; t. III, p. 270). De Billy, Euler et Ed. Lucas ont retrouvé la solution même de Fermat; Lagrange a fait voir, par la descente infinie, qu'elle est bien celle qui demande les plus petits nombres (*voir* aussi t. IV, p. 82).

Méthode de la descente infinie pour la démonstration des théorèmes et la solution des problèmes (t. I, p. 340; t. III, p. 272) (*voir* Note XXI).

Formule donnant le $k^{\text{ième}}$ nombre figuré du $n^{\text{ième}}$ ordre (t. I, p. 341; t. II, p. 70, 84; t. III, p. 273, 291). Cette expression avait été donnée antérieurement par Briggs, et Pascal l'avait ensuite démontrée, sans savoir ce qui avait été découvert sur ce sujet avant lui.

*La somme des cubes des* $n$ *premiers entiers est supérieure au quart de* $n^4$ (t. I, p. 342; t. III, p. 274). De là probablement l'idée de la formule

$$\int x^n \, dx = \frac{x^{n+1}}{n+1}.$$

*Si l'on a trouvé une solution* $x = a$ *d'une équation indéterminée, on en déduira de même une suite indéfinie en changeant dans cette équation* $x$ *en* $x + a$ (t. III, p. 327) [*voir* t. II, p. 72, renvoi (1)].

Des *Varia opera*.

*Tout nombre composé de trois carrés ne peut l'être de deux, même en fractions* (t. II, p. 58).

*Le nombre* $2(x^2 + y^2 + xy)$ *ne peut être un carré* (t. II, p. 62).

Nombres aliquotaires (t. II, p. 72, 179, 248, 255, 257 et seq.; t. IV, p. 65 et seq., 84, 117).

*Aucun nombre de la forme* $4x - 1$ *n'est composé de deux carrés ni entiers, ni fractionnaires* (t. II, p. 203).

*La sommation des puissances semblables des termes d'une progression arithmétique s'obtient à l'aide de celle des nombres figurés* (t. II, p. 84). Jacques Bernoulli a agi de même pour trouver l'expression de $\Sigma x^n$.

*Aucun diviseur d'une somme de deux carrés premiers entre eux ne peut être de la forme* $4x - 1$ (t. II, p. 204). On peut tirer de là une méthode de recherche des diviseurs d'un nombre donné.

*Si, p étant premier,* $a^t$ *est la plus petite puissance de a qui soit* $\equiv 1 \pmod p$, *t est un diviseur de* $p - 1$ (¹). *Si t est impair, aucun nombre de la forme* $a^x + 1$ *n'est multiple de p. Si t est un nombre pair* $2\tau$, *on a* : $a^\tau + 1 \equiv 0$ (t. II, p. 209).

*Si p est de la forme* $4x - 1$, *et que* $a^{2n+1} \equiv b^2 \pmod p$, *on pourra écrire* : $a^y \equiv 1 \pmod p$ *avec y impair; et par suite il sera impossible de trouver z tel que* $a^z + 1 \equiv 0 \pmod p$ (²) (t. II, p. 210).

*Aucun diviseur de* $a^2 - 2$ *n'est de la forme* $x^2 + 2$ (t. II, p. 211).

*Déterminer un nombre qui soit la somme des cathètes d'un nombre donné de triangles, et de combien de triangles un nombre donné est la somme de leurs cathètes* (t. II, p. 221, 226, 231, 238).

*Trouver trois carrés en progression arithmétique* (t. II, p. 65, 234). Connu de Fibonacci et probablement des Arabes.

Études et extensions diverses sur les carrés magiques (t. II, p. 189, 197, *passim*).

*Les nombres de la forme* $2^{xy} - 1$ *sont composés* (t. II, p. 198).

*Si p est premier, les diviseurs de* $2^p - 2$ *sont de la forme* $2px$, *et ceux de* $2^p - 1$, *de la forme* $2px + 1$ (³) (t. II, p. 198). Démontré par Euler, étendu par Ed. Lucas.

Divers problèmes sur les triangles (t. II, p. 265, *passim*).

(¹) De là le *théorème de Fermat* (*voir* Note XII). L'exposant $t$ s'appelle, d'après Gauss, le nombre *appartenant* à $a \pmod p$, et, d'après Ed. Lucas, le *gaussien* de $a \pmod p$. On voit que cette dernière dénomination est injuste envers Fermat.

(²) Ce qui revient à dire que, $a$ étant résidu de $p = 4x - 1$, on ne saurait avoir

$$a^z + 1 \equiv 0.$$

Fermat sait donc que si $a$ est résidu de $p$ on a $\sqrt{a^{p-1}} \equiv 1$; et que, si pour $n$ impair on a $a^n \equiv 1$, on ne peut avoir $a^h \equiv -1$ pour $h < n$.

(³) C'est précisément à l'aide de ces théorèmes qu'Euler a démontré l'inexactitude de l'assertion de Fermat relative aux nombres de la forme $2^{2^x} + 1$.

Des *Œuvres de Pascal*.

*Le théorème des polygones est une conséquence de ce que tout nombre premier* $4x+1$ *est une somme de deux carrés* (t. II, p. 313).

$p$ *désignant un nombre premier de la forme* $4x+1$, *résoudre l'équation* $x^2+y^2=p$ (t. II, p. 222, 313). Solution due à Gauss et à Jacobi.

Des *Recherches*, de M. Ch. Henry.

*L'équation* $2x^2-1=(2y^2-1)^2$ *a une seule solution, laquelle est* $x=5$, $y=2$ (t. II, p. 434. 441) (*voir* Note XXIII).

*Le nombre* $2a+1$ *représente une différence de deux carrés autant de fois qu'il est décomposable en deux facteurs; et si les carrés sont premiers entre eux, les facteurs le sont aussi. De là une méthode générale de décomposition des nombres en leurs facteurs* (t. II, p. 256). Retrouvé par Montferrier ou peut-être par Wronski, comme l'a remarqué M. Ch. Henry (*Ass. fr. pour l'av. des sc.*, 1880, p. 202).

$p$ *désignant un nombre premier, le nombre* $\frac{2^p+1}{3}$ *est de la forme* $2px+1$.

*Le nombre* $2^k+1$ *est composé si* $k$ *n'est pas de la forme* $2^x$ (t. II, p. 205).

*La descente infinie sert pour démontrer : qu'aucun facteur de* $a^2+3b^2$ *n'est de la forme* $3x-1$; que *tout nombre premier* $4x+1$ *est une somme de deux carrés;* le théorème de Bachet; la solution de l'équation $x^2-ay^2=1$; l'impossibilité de l'équation $x^3+y^3=z^3$; la solution des équations $x^2+2=y^3$ et $x^2+4=y^3$; le théorème faux relatif au nombre $2^{2^x}+1$; la solution de l'équation $2x^2-1=(2y^2-1)^2$ (t. II, p. 431).

Il annonce diverses règles pour la solution de l'équation $ax^2+b=y^2$, ou la démonstration de son impossibilité. De même pour le système

$$ax+b=y^2, \qquad ax^2+c=z^2,$$

pour la décomposition des nombres en leurs facteurs, etc. (t. II, p. 434).

Il propose de définir *quel est le polygone que représente un nombre donné*, et de *trouver un nombre qui soit polygone un nombre donné de fois, et le plus petit de ceux qui satisfont à la question* (t. II, p. 435).

Des *Œuvres de Fermat*.

*Tout entier de forme* $8x-1$ *est une somme de quatre carrés, en entiers et en fractions* (t. II, p. 66; t. III, p. 287).

*Il n'y a pas de nombres parfaits de vingt ni de vingt et un chiffres* (t. II, p. 194).

$(2a)^{2^n}+1$ *représente un nombre premier lorsque cette expression n'est pas divisible par un nombre de la forme* $2^{2^x}+1$ (t. II, p. 213).

*Trouver combien de fois un nombre donné est de la forme* $x-\frac{y^2}{x}$ (t. II, p. 216).

*Tout nombre premier de l'un des quatre groupes de formes* $12x\pm 1$, $12x\pm 5$, $10x\pm 1$, $10x\pm 3$ *divise une expression de l'une des quatre suivantes* $3^y-1$, $3^y+1$, $5^y-1$, $5^y+1$ (t. II, p. 220).

En outre divers problèmes (t. II, p. 216, 223, 226, 252, 258, 263; t. IV, p. 56, 64 et seq., 70) [1].

---

## XXVIII.

# NOTES BIO-BIBLIOGRAPHIQUES SUR FERMAT.

Fermat (Pierre), mathématicien français, est né à Beaumont-de-Lomagne en août 1601 (baptisé le 20), mort à Castres le 12 janvier 1665. Fils de Dominique Fermat, bourgeois et second consul de Beaumont, et de Claire de Long, qui appartenait à une famille parlementaire, Pierre, après avoir reçu sa première éducation chez les Cordeliers de Beaumont, termina ses études à Toulouse en se destinant à la magistrature. Installé comme commissaire aux requêtes le 14 mai 1631, il épousait, le 1er juin, Louise de Long, cousine de sa mère. Sa nomination comme conseiller de la Chambre des enquêtes est du 30 décembre 1634; il obtint, assez difficilement, de passer dans la Chambre de l'édit en août 1648, et mourut à Castres, deux jours après y avoir

(1) Il serait intéressant, au point de vue historique, de donner ici une liste des travaux arithmétiques de Frenicle; on citera seulement le théorème et le problème suivants :

*Tout nombre premier de la forme* $8x\pm 1$ *est la somme des deux cathètes d'un triangle*, c'est-à-dire qu'il est de la forme $x^2-y^2-2xy$, ou de la forme $u^2-2v^2$.

*Décomposer en ses deux facteurs un nombre donné de forme* $4x+1$, *qu'on a pu mettre, de deux manières, sous la forme d'une somme de deux carrés.* La solution de ce problème est probablement celle qu'Euler a proposée pour la décomposition des grands nombres en facteurs (*voir*, par exemple, A. Aubry, *L'œuvre arithmétique d'Euler*, dans l'*Ens. math.*, 1909) et sans doute celle à laquelle il est fait allusion dans la Préface des *Divers Ouvrages de messieurs de l'Académie* (Paris, 1693), ainsi que dans l'*Hist. de l'Acad. des Scienc.*, 1705, p. 81.

rapporté un procès. Il laissa cinq enfants : Clément-Samuel; Jean, archidiacre de Fimarens; Claire, dont un petit-fils, Jean Gailhard, succéda comme conseiller à Jean-François, fils de Clément-Samuel; enfin Catherine et Louise, qui furent toutes deux religieuses. C'est seulement comme conseiller à la Cour que Fermat prit, suivant l'usage, la particule nobiliaire, qu'on ajoute assez souvent à son nom.

Tandis que sa carrière de magistrat s'écoulait obscurément, par sa correspondance avec quelques savants de son temps et par la communication en manuscrit de traités composés en latin, il s'acquit, dès 1637, le renom d'un géomètre hors de pair. Ses principales relations furent d'abord avec Despagnet (le fils), conseiller au parlement de Bordeaux; Carcavi, qui, d'abord son collègue à Toulouse, le mit en rapport, une fois à Paris, avec Beaugrand et Mersenne, et qu'il fit le dépositaire de ses écrits. Le minime fut un des agents les plus considérables de la propagation des travaux de Fermat; il l'engagea en 1637 dans une dispute célèbre avec Descartes sur l'explication de la réfraction, dispute qui s'étendit bientôt à la méthode *de maximis et minimis* dont Fermat était l'inventeur, et qui se termina par une réconciliation apparente. C'est également par Mersenne que Fermat connut Roberval et Frenicle. Plus tard, Carcavi le mit en rapport avec Blaise Pascal et probablement aussi avec Digby, lequel lui donna l'occasion du défi et du procès mathématique dont les pièces sont réunies dans le *Commercium epistolicum* de Wallis. Fermat, après avoir plusieurs fois entretenu Carcavi du projet de publier ses œuvres, sans y mettre toutefois son nom, mourut, n'ayant fait publier qu'une seule dissertation sous les initiales M. P. E. A. S., en 1660 (à la suite du traité de Lalouvère sur la cycloïde), où il démontrait, à la façon d'Archimède, la rectification de courbes géométriques. Pour une de ces courbes, il avait été devancé, sans qu'il le sût, par Neil et Van Heuraet; la rectification d'une autre (développée de l'hyperbole équilatère) lui appartient sans conteste. Son fils Samuel s'occupa de publier les écrits de son père, mais il éprouva les plus grandes difficultés, car, d'un côté, il n'était nullement mathématicien, d'autre part, Fermat n'avait pas l'habitude de conserver de papiers, même de copies de ses travaux, et Carcavi montra une mauvaise volonté peu explicable.

Samuel commença en tous cas par réimprimer, en 1670, l'édition gréco-latine du *Diophante* de Bachet de Méziriac, en y insérant les célèbres observations que son père avait consignées en marge de son exemplaire et le *Doctrinæ analyticæ inventum novum,* rédigé par le P. de Billy sur les lettres (perdues) que lui avait adressées Fermat à propos des problèmes d'analyse indéterminée. Neuf ans plus tard, Samuel était enfin parvenu à réunir la plupart des écrits latins de son père et un nombre suffisant de lettres inédites; laissant de côté celles qui avaient déjà été publiées par Clerselier dans la correspondance de Descartes, il fit imprimer l'in-folio connu sous le titre de *Varia opera,* qui a été, jusqu'à nos jours, le seul Volume où l'on ait pu étudier les travaux de Fermat, et dont les incorrections sont malheureusement excessives.

Le nom du géomètre de Toulouse est inséparable de la théorie des nombres dont il jeta les fondements en étudiant Diophante. Comme, de son temps, l'attention se portait beaucoup plus sur les solutions de problèmes que sur les théorèmes, et qu'après lui l'invention du Calcul infinitésimal absorba les esprits, ses propositions, généralement énoncées sans démonstration dans sa correspondance ou dans les observations du *Diophante,* restèrent inféconds jusqu'à Euler, et l'on ne peut être encore assuré d'en savoir sur ce sujet autant que lui. Si une de ces propositions (que $2^{2^n}+1$ soit un nombre premier) a été reconnue fausse, il en est surtout une autre (que $x^n+y^n=z^n$ soit impossible en nombres entiers, si $n>2$) qu'on suppose vraie, sans avoir pu, jusqu'à présent, la démontrer dans toute sa généralité. Quoiqu'il déclare formellement posséder la démonstration de cette dernière proposition (ce qu'il n'a jamais fait pour la première), eu égard à sa méthode de travail de tête, une erreur de sa part n'est pas impossible (ses écrits, même les plus travaillés, pourraient en donner des preuves). Elle ne diminuerait pas en tout cas la gloire d'un homme qui a le premier abordé des questions de cet ordre et trouvé des méthodes pour les résoudre. On fait aussi honneur à Fermat de l'invention du Calcul différentiel à propos de sa méthode des maxima et minima et des tangentes, qui, des procédés antérieurs, est en réalité le plus voisin de l'algorithme de Leibniz; on pourrait, avec autant de justice, lui attribuer l'invention du Calcul intégral; son traité *de Æquationum localium transmutatione,* etc. donne de fait la méthode d'intégration par parties, en même temps que des règles pour intégrer, en dehors des puissances quelconques des variables, leurs sinus et les puissances de ceux-ci. Il faut toutefois remarquer qu'on ne trouve pas dans ses écrits un seul mot sur le point capital, la relation entre les deux branches du Calcul infinitésimal. Mais ce que l'on néglige d'ordinaire de remarquer, c'est que Fermat partage avec Descartes l'invention de la Géométrie analytique; il l'a conçue à la même époque, d'une façon toute indépendante et sous une forme qui se rapproche plus de la classique que celle de Descartes (*Isagoge ad locos planos et solidos*). Il a corrigé son rival sur un point essentiel, la classification par degrés. Il a d'ailleurs le premier tenté de l'étendre à trois dimensions, dans un essai d'ailleurs malheureux (*Isagoge ad locos ad superficiem*), où, essayant de classer les surfaces du second degré, il ne reconnaît comme réglés que les cônes et les cylindres. En Algèbre pure, on lui doit en particulier la première méthode générale d'élimination. Il peut être regardé avec Pascal comme l'inventeur du Calcul des probabilités. Enfin, il a laissé, en Géométrie ancienne, des travaux remarquables, en particulier une restitution des Lieux plans d'Apollonius. En dehors de ses aptitudes mathématiques, Fermat possédait une érudition singulière; la philologie grecque et latine lui doit diverses corrections importantes, et il se plaisait à composer des vers latins. Son caractère, d'après sa correspondance, se montre affable, peu susceptible, sans orgueil, mais avec cette pointe de vanité que Descartes, son contraire à tous égards, caractérisait en disant : « M. de Fermat est gascon; moi, je ne le suis pas (1) ».

(1) Cet article substantiel a été publié par Paul Tannery dans la *Grande Encyclopédie* Nous le compléterons par ces indications bibliographiques :

Observations sur les méthodes *de maximis et minimis*, où l'on fait voir l'identité et la différence de celle de l'analyse des infiniment petits avec celle de MM. Fermat et Hudde, par Guisnée (*Mémoires de Mathématiques et de Physique de l'Académie des Sciences*, tome X, 1666-1699 [**1730**]; Histoire p. 51-55; Mémoires p. 24-51, 1 pl).

L'influence de Fermat sur son siècle, relativement aux progrès de la haute Géométrie et du Calcul, et l'avantage que les Mathématiques ont retiré depuis et peuvent retirer encore de ses Ouvrages : discours qui a remporté le prix double à l'Académie de Toulouse en 1783, par l'abbé Genty.

*Des manuscrits inédits de Fermat*, par Guillaume Libri (*Journal des savants*, 1839, p. 540-561; 1841, p. 267-279; 1845, p. 682-694).

*Fermat*, par Guillaume Libri (*Revue des Deux Mondes*, 1845, p. 679-707).

*Précis des œuvres mathématiques de Fermat*, par E. Brassinne, in-8, 88 p., Toulouse, 1853.

*Pierre Fermat*, par Louis Taupiac (*Biographie de Tarn-et-Garonne*, p. 468-514, Montauban, 1860.)

Gatien Arnoult, *Polémique de Descartes et de Fermat durant les années* 1637 *et* 1638 (*Mémoires de l'Académie des Sciences, Inscriptions et Belles-Lettres de Toulouse*, 7e série, t. II, 1870, p. 383).

# ADDITIONS ET CORRECTIONS.

# ADDITIONS ET CORRECTIONS.

**Tome I.**

Page XI, note 2. *Ajouter* : D'autre part, dans l'édition de 1659 de la *Geometria* de Descartes, Schooten (*Commentarii in Librum* II, p. 253) a appliqué la méthode de Fermat à la recherche de la normale à la conchoïde :

« Beneficio Methodi de Maximis et Minimis, cujus Author est Vir Clarissimus P. de Fermat, in Parlamento Tolosano Consiliarius, quam Herigonius in supplemento Cursus sui Mathematici exemplis aliquot illustravit atque ibidem etiam ad inveniendas tangentes adhibere docuit. »

» XVII, note 1 : *Après le n°* 74, *ajouter* 75.

» XXII, ligne 23. *Ajouter en note* : Ce manuscrit Arbogast-Boncompagni est actuellement à la Bibliothèque Nationale de Paris (français nouv. acq. 6862).

» XXVII, ligne 11 : *Au lieu de* 28, *lire* 25 *bis* [*cf.* T. II, XII].

» XXX, ligne 2 : *Au lieu de* 38, *lire* 38 *bis*.

» XXX, ligne 17 : *Au lieu de* 28, *lire* 25 *bis*.

» 34, ligne 7 : Après *latitudinem*, lire *rectam*.

» 46, ligne 16 : Au lieu de *quodlibet*, lire *quotlibet*.

» 87, note 1 : Le portefeuille 1848 I de la Collection Ashburnham est aujourd'hui le ms. fr. Nouv. acq. 2339 de la Bibliothèque Nationale.

» 88, ligne 4 : Au lieu de *vario*, lire *diverso*. Ms. fr 9556 Bibl. Nat., Paris.

» 89, ligne 3 : Au lieu de *reliquæ*, lire *rectæ* Ms. 9556.

Pages 87-89 :

*Loci ad tres lineas demonstratio.* — M. H. Brocard a trouvé de cette pièce une copie dans le ms. fr. 9556, f° 69. Ce ms. provient d'Antoine Lancelot, érudit (1675-1740), et les copies qu'il renferme paraissent dater du commencement du XVII^e^ siècle. M. H. Brocard, qui avait transmis une copie de cette pièce à Paul Tannery, nous communique les réflexions suivantes de Paul Tannery :

« Cette copie, qui contient plusieurs fautes, doit même avoir été directement faite sur la pièce qui m'a servi pour la publication et qui est actuellement dans le ms. fr. nouv. acq. 2339.

» Du moins il y a l'indice suivant : à la place d'un mot manquant en lacune dans le 2339, j'ai restitué page 88 (*voir* note 1) le mot *vario* : le n° 9556 porte *diverso* souligné, ce qui indique probablement que le mot est douteux. Or *diverso* est la restitution naturelle qui m'était venue à l'esprit et, si je l'ai écarté pour *vario*, c'est que la lacune est trop peu étendue pour *diverso*. Je crois qu'il est suffisamment prouvé par là que la pièce du 9556 a été copiée sur l'original, où le mot était déjà illisible, ou bien sur la pièce du 2339.

» Si l'on tient compte des variantes (fausses leçons) que j'ai indiquées (*Œuvres de Fermat*, t. I, p. 419), la coïncidence des textes des nos 2339 et 9556 est si complète que la seconde hypothèse paraît presque certaine.

» Je vous renvoie, suivant votre désir, la copie de M. Omont. Mais je crois la question élucidée : d'ailleurs, je considère la pièce du 2339 comme une copie faite par Beaugrand (ou par ses soins) pour Carcavi sur l'original de Fermat.

» Je remarque que, cette pièce portant les lettres de figure en minuscules, j'ai imprimé U alors que d'après les habitudes du temps pour les majuscules, habitudes que je ne connaissais pas encore bien, j'aurais dû imprimer V. »

Page 122, ligne 5 : Au lieu de *parabolæ*, lire *paraboles*.

» 125, ligne 16 : Au lieu de *jam inventarum*, lire *inventarum jam juncturum* (*Corr. de Huygens*, n° 848).

» 126, ligne 12 : Après *ita*, ajouter *esse* (*Corr. de Huygens*, n° 848).

» 131 : Un extrait fait à Paris, le 9 mai 1661, de ce Traité par Huygens porte la mention : Carcavius accepisse haec scribit 28 Martii 1660, autographum dedisse Marchioni de Sourdy.

» 144, ligne 7 : Au lieu de *residum*, lire *residuum*.

Pages 173-179, pièce IX :
Leçons du ms. 7050, n° 460, de la Bibliothèque impériale de Vienne :
Envoi par M. Fermat à M. de la Chambre en février 1662.

Page 173, ligne 6 : luminis (*omis*).

Page 174, ligne 9 : tempus] rationem temporis.

» 175, ligne 7 : proposuit] proponit ligne 15 : pure] pene.

» 176, ligne 4 : NV] NR ligne 12 : MN] NM ligne 17 : MN] NM ligne 18 : tanquam] tamquam ligne 20 : Quum] cum.

» 177, lignes 14, 17 et 18 : <sub> HN <in> NV] HNV.

» 178, ligne 11 : erit] ita erit ligne 12 : et vicissim ut MN ad NO, ita erit NI ad NV (*omis*) ligne 24 : NR] M.

» 191, note 1 : Poggendorff cite d'autres travaux de Huygens publiés avant 1661.

» 214, ligne 3 : Au lieu de *demonstrationes*, lire *demonstrationem*.

» 232, ligne 2 : Au lieu de *quo*, lire *quod*.

### Tome II.

Pages 116-125, pièce XXIV :
Ms. 7050, n° 452 de la Bibliothèque impériale de Vienne.
**1**, 1 M.] Monsieur 5 garant] garand 8 M.] Monsieur **3**, 1 M.] Monsieur **5**, 10 de haut en bas et de celle qui l'a fait aller (*omis*) **6**, 6 BI] BJ BG] BI 10 faisoit] ne faisoit **7**, 3 voici] voyez 6 a mis] avoit **9**, 4 par exemple (*omis*) 8 un (*omis*).

Page 121, ligne 5 ; composé (*omis*) **10**, 9 mouvement (*omis*) **14** D] B **11**, 3 comme auparavant *placé après* d'heure 4 sa] la.

Page 122, ligne 4 : conclurons] concluons ligne 14 : la ligne (*omis à la fin de la ligne*).

Page 123, ligne 17 : conclurez] concluerez.
**15**, 3 les lignes] la ligne.

Page 176, note 1 : Au lieu de XXXIII, lire XXXII.

Page 193, au 2ᵉ carré magique de 5 : 11, 24, 17, 10, 9 : Au lieu de 9, lire 3 (H. Brocard).

Pages 221-226, pièce XLVIII :
Ms. 7049, n° 195 de la Bibliothèque impériale de Vienne.
**2**, 10/11 seconds] premiers 16/18 *parenthèse omise* **4**, 5 16] 18 **5**, 1 5] 1.

Page 224, ligne 6 : entiers (*omis*).
**6**, 1, 6] 2 4 à la somme des] aux 5 tout] total 7 est] vient 8 20] le petit posé 20 10 qui sera : 119, 120, 169 (*omis*) 16 à l'infini] et ainsi à l'infini **7**, 1 7] 3.

Page 225, ligne 10 : cettui] celui.
**8**, 1 8] 4 3 Pour les former] De les trouver **9**, 1 9] 5 **10**, 1 10] 6 4 a et b] AB 7 et 10 seront] sont **11**, 1, 11] 7.

Pages 221-226, pièce XLVIII :
Ms. fr. Nouv. acq. 3252 de la Bibliothèque Nationale de Paris, Fol. 117. Fermat [Ecriture de Mersenne].

Page 222 :
**2**, 5 qui le composent] que l'on compose 7 12] double 11 qui sera par conséquent] qui est ainsi composé 14 sont] font.
**3**, 3 cette question] votre question se réduit] se résout.

Page 223, 3 que de tâtonner et l'ordre de la proposition] que le tastonner et la démonstration.
**4**, 2 sous] sur 5 15] 18 11 le] la 12 parce que] soit que 13 en] y approcher] appliquer 20 approcher] appliquer.
**5**, 1 qui se peuvent diviser en deux et subdiviser] qui se forment d'une avec (?) 2 et subdivisent 2 en 4.

Page 224 :
1 et ainsi tant] et aussi loin 1 des divisions] de division 2 commensurables] mesurables 4 se peut] on peut 6 entiers (*omis*) 8 soudre] faire.

Page 224 :
**6**, 2 lesquels] ceux-cy 3 un des termes] un d'eux trouvés 4 à la somme des] aux deux autres costés 5 fait le côté moindre] fait le moindre costé 7 je double 29, vient 58 côtés petits 8 savoir 41 (*omis*) auquel] à quoi ajoustez le petit costé 20 9 deux (*omis*) 10 qui sera : 119, 120, 169 (*omis*) 11 se fait] se forme. 13 autres (*omis*) 16 et de celui-cy on peut en tirer un autre et ainsi à l'infini 17 Mesme méthode pour trouver au triangle le dernier des moindres costés duquel 18 J'omets, etc. (*omis*) **7**, 1 d'autres triangles.

Page 225 :
1 ainsi composé 4 la qualité requise 7 Et s'il n'a pas les qualités dernières requises par la précédente 10 *après* satisfera, *ajouté en marge* : à la proposée, car 3, 4, 5 ne

satisfait qu'à la précédente et non à celle-cy, le premier, etc. 29, 20, 21 cettui-ci] celui-cy 8, 3 former] faire 11 seront] sont 9, 2 et un plus.

Page 226 :

10, 7. seront] sont 8 Car si] que si les] la 12, 1 en toute progression] en toute hypothèse 2 les puissances] la puissance.

Page 332, ligne 7-10 : On trouve dans Wallis (*Algebra*, 418) les leçons suivantes : *numerica* au lieu de *mathematica*; *insolubilia* au lieu de *indissolubilia*. Au lieu de *Regis Consiliario*... il y a *in suprema Tolosatum Curia Senatore;* enfin *Parisios* est omis. Boreel, d'après Wallis (*Ib.*) aurait tout d'abord communiqué ces questions à Frenicle en lui écrivant : « Monsieur de Fermat a voulu écrire ces questions qu'il n'a encore proposées à personne et vous êtes par ainsi le premier qui les pourra proposer à tous les mathématiciens de Paris, d'Hollande, d'Angleterre, etc. »

Pages 354-359, pièce LXXXVI :

Ms. 7050, n° 451 de la Bibliothèque impériale de Vienne.

1 *Le paragraphe est omis.*

Page 355 :

14-15 *parenthèse omise* 19 cela] de là 21 ce cas] cela trouvent] trouveront 25 qu'elle pratique] qu'elles pratiquent 31 m'étendrai] m'attendrai.

Page 356 :

5 *Après* préparés, *ajouter :* L'illustre M. Hobbes en a fourni depuis peu un fameux exemple en nous donnant une géométrie que le raisonnement tiré des mouvemens composés a rendu méconnaissable à tous les géomètres.

Page 357 :

6 et 8 fuit] fait 13-16 du rayon ... au passage (*omis*) 17 espaces] espèces 20 par la ligne CB, soit à la résistance au passage du rayon par la ligne (*omis*) 29 *ajouter après* CB : sera à la résistance par BA comme la ligne BC.

Page 358 :

11 jointes (*omis*) 19-20 ou bien que ... pareillement prises (*omis*) 31 sa] la

Page 359 :

7 autre (*omis*) 11 inspiré] infirmé 15 par l'intérêt] pour votre intérêt que vous y avez (*omis*) 18 et très affectionné (*omis*).

Pages 365-367, pièce XC :

Ms. 7050, n° 453 de la Bibliothèque impériale de Vienne.

Page 365, 9 M.] Monsieur 13 hais] hay.

Page 366, 14, 18 M.] Monsieur 23 (*lieu et date omis*).

Page 367, 4 <lettre>] lettre.

Pages 367-374, pièce XC *bis :*

Ms. 7050, n° 454 de la Bibliothèque impériale de Vienne.

1, 2 M.] Monsieur.

Page 368, 1 différend] différent 2 et 10 M.] Monsieur 3, 6 terre] toile.

Page 371 :

7-8 comme ... reste (*entre parenthèses*) 9 tout y] tout 26 temps] à temps 27 et 30 M.] Monsieur 5, 1 guet-apens] guet a pan.

Page 373, 18 M.] Monsieur.

Page 374, 2 et 7 M.] Monsieur 8 ma logique] et ma logique 11 ayez] aurez.

Pages 382-390, pièce XCIII :
Ms. 7050, n° 455 de la Bibliothèque impériale de Vienne.
Réponse de M. Clerselier à la ditte lettre A Paris, le 15 mai 1658.

Page 383, 16 M.] Mr 18 M.] Monsieur 30 M.] Mr.
**4**, 3 M.] Monsieur 9 M.] Mr 22 changer ou] rien 24 M.] Mr 25 au point B (*omis*) 26-27 en ce point-là (*omis*) 27 auparavant (*omis*) 32 ce côté (*omis*).

Page 386, 1-3 ce ... accorder (*parenthèses omises*) 3 M.] Monsieur 4 de temps] du temps.
**5**, 1 raisonnement] faux raisonnement 4 et 5 M.] Monsieur.

Page 387, 13-14 car ... toile (*sans parenthèse*) 14 pour faire (*omis*).
23-25 où elle visoit ... qu'elle eût fait *remplacé par :* droit à laquelle le toile n'est aucunement opposé en ce sens là et laquelle se doit et se peu accommoder la vitesse qui reste en la balle (car autrement la balle rejalliroit au lieu de penetrer pour faire en sort que sans deroger à la perte qu'elle a souffert et qu'allant moins vite elle ne laisse pas d'avancer autans vers le côté droit qu'elle eut fait.
26 après vitesse, *addition :* Mais peut-on dire la même chose de la détermination d'une balle, que l'on suppose tomber perpendiculairement sur la même toile à savoir que la superficie sur laquelle elle tombe ne lui est aucunement opposée en ce sens là et qu'en perdant la moitié de sa vitesse, il ne perd rien du tout de la quantité de la détermination qu'elle avoit à avancer vers le côté où elle visoit et que la vitesse qui lui reste se doit et se peut accommoder avec cette détermination, pour la faire avancer en un temps égal sur la même route autant qu'elle eut fait, si elle n'eut rien perdu de sa vitesse.
**6**, 1 du raisonnement (*omis*) 2 vient] revient.

Page 388 :
**5**, 11 M.] Monsieur 15 il dit] il a dit 29 que sa vitesse a reçue en B, et selon le rapport (*omis*).
**7**, 3 Révérend père] R. P. 5 M.] Monsieur 14 Père] P. 14, 15, 19 M.] Monsieur 19 autrefois contesté] contesté autrefois 20 dites vous] disie.

Page 390, 8 j'ai] ai 20 entièrement (*omis*) 24 lieu et date (*omis*).

Pages 391-396, pièce XCIV :
Ms. 7050, n° 456 de la Bibliothèque impériale de Vienne.

Page 391, 6 par M. Rohault] du 15 May 1658 par M. Rohault.
**3**, 21 plus ou (*omis*) 22 en cette troisième façon] dans cette troisième façon.
**5**, 3 de l'exemple (*omis*) 8 [étoit] (*omis*) 9 [en cela] (*omis*) 11 que la première, de même que dix écus sont une autre (*omis*).
**6**, 2 comme (*omis*) 5 dit-il (*entre parenthèses*) **7**, 2 ici (*omis*) **8**, 2 même (*omis*) **14**, 2 sa] la.

Page 396, 4 sa] la **16**, tiendrai] tendrai.

Pages 397-402, pièce XCV :
Ms. 7050, n° 457 de la Bibliothèque impériale de Vienne.
Copie de la lettre que M. de Fermat a écrite de Toulouse le 2 juin 1658, à M. Clerselier, en réponse de la sienne du 15 may 1658.

Page 397, 1, 6 M.] Mr 8 sa] la **2**, 11-12 en] dans.

Page 398, 26 M.] M^r 3, 1 sa] la.

Page 399, 4 M.] Monsieur 13 balle] balle AB 16 Car cette supposition est possible (*entre parenthèses*) 17-18 comme ... l'eau (*sans parenthèses*).

Page 400 :

2 M.] Monsieur 18 AC] à AC 21 ce point peut être désigné par la lettre O (*entre parenthèses*).

Page 401, 5, 8 M.] Monsieur 7 vouliez] veuliez 4, 10, CB] CE 11 vers la droite (*omis*).

Page 402, 6 M.] Monsieur.

Pages 408-411, pièce XCVII :

Ms. 7050, n° 458 de la Bibliothèque impériale de Vienne.

Copie d'une seconde lettre que Monsieur de Fermat a écrit de Toulouse à M. Clerselier le 16 juin 1658. Envoie en réponse de la sienne du 15 May 1658.

Monsieur (*omis*) 2, 2 laisse pas de (*omis*) à angles] pas moins à angles 4 [vue] (*omis*) 10 la balle étant au point B se réfléchit] se réfléchit la balle étant au point B.

Page 411, 7-8 ce que ... se réfléchit (*entre parenthèses*).

Pages 414-429, pièce XCIX :

Ms. 7050, n° 459 de la Bibliothèque impériale de Vienne.

A Paris, le 21 août 1658.

Copie de la lettre écrite par M. Clerselier à M^r de Fermat, en réponse des siennes des 2 et 16 juin 1658.

2, 1 tous trois] toutefois 3 veulent] voient 4, 8 d'A vers B] vers AB (*entre parenthèses*) 12 D] BD 13 mais qui ne s'oppose point à sa vitesse, sont incompatibles] sont incompatibles, mais qui ne s'oppose point à sa vitesse.

7, 7-11 mais ... perdre! (*entre parenthèses*).

Page 421, 8 rencontre] rencontre un 22 [suivant] (*omis*) 23 [et y arriveroit] (*omis*).

Page 422, 7 gDK] GDK BDG] BDL 10, 5 à droite] à la droite.

Page 424, 9 [de réflexion] (*omis*) 12 ni (*omis*).

Page 425, 5 [CBE] (*omis*). 14 suivant] selon 14, 5 laisse] reste 7 [vue] (*omis*).

Page 428, 10-11 pourvu que ... en cela (*entre parenthèses*) 16, 12 visibles] légères.

17, 1-2 qu'a faites ici M. Petit (*soulignés*) 3 M.] Monsieur.

Page 454, note 1 : Au lieu de p. 27, lire p. 37.

Pages 457-463, pièce CXII :

Ms. 7050, n° 461 de la Bibliothèque impériale de Vienne.

A Toulouse, le 1 de l'an 1662, à M. de la Chambre.

1, 7 n'a jamais démontré son principe (*soulignés*) car outre] qu'outre 10 durs] denses apparemment] apparamment 13 lettres à M. Descartes (*soulignés*) 14 écrites, à M. Clerselier (*soulignés*) M.] Monsieur.

2, 9 M.] Monsieur 10 trouver] découvrir 12 commun et si établi (*soulignés*).

Page 459, 2 O est moindre que celui qui les conduit de O en G (*soulignés*).

15 de CO, jointe à la totale contient plus (*soulignés*) 16 CF jointe à la totale (*soulignés*) 18 la mesure du temps de ces deux mouvements (*soulignés*).

4, 5 [qu] 'il] il.

Page 461, 16 [de] (*omis*).

Pages 462, 7 crois] voy 8-10 M.] Monsieur.

6, 6 rendre] rendre à lui 8 M.] Monsieur 9 les merveilles que M. Descartes a fait espérer avec raison de ses lunettes (*soulignés*).

Page 463 :

8 [et] (*omis*) 17 à mesure que les milieux changent. Car cette facilité ou cette résistance étant plus ou moins grande (*omis*) 21 tomber] toutes 24 tout] fort.

## Tome III.

Page 49 : Le traité des contacts sphériques a été traduit par Hachette (*Journal de l'École Polytechnique*, t. II, 7$^e$ et 8$^e$ cahiers, 1812, p. 279) [H. BROCARD].

» 311, ligne 6 remontant : Au lieu de *cube*, lire *carré*.

» 428, ligne 8 remontant : Au lieu de *cube*, lire *carré*.

Pages 433 et suiv.. Fermat n'a pas su comprendre cette idée de Wallis, aussi simple qu'ingénieuse, d'attribuer des valeurs non entières à la variable d'une formule trouvée et habituellement utilisée pour des nombres entiers, dans l'espèce, la formule des nombres figurés [1], idée qui devait ouvrir tant de vues nouvelles sur les propriétés de l'infini, et même trouver son utilisation dans la théorie des nombres [2].

De même, la découverte, par Fermat, de la célèbre équation $x^2 - ay^2 = 1$, laquelle, bien que dans un champ en apparence plus restreint, n'en est pas moins remarquable, fut méconnue par Wallis, qui crut l'avoir entièrement résolue [3] en indiquant comment une solution pouvait en amener une infinité d'autres, puis en fournissant le moyen d'arriver à une solution, et en donnant diverses abréviations que Lagrange a montrées illusoires. Il manquait à ces procédés la certitude qu'on doit ainsi arriver à une solution, que cette solution sera entière et celle qui demande les plus petits nombres; enfin que de cette solution primordiale se tirent toutes les autres : c'est ce qu'a démontré Lagrange de la façon la plus heureuse, en même temps qu'il signalait la haute importance de l'équation de Fermat.

Toutefois, il faut reconnaître que Wallis a donné la marche à suivre, et imaginé dans ce but la décomposition des racines carrées en fractions continues.

La différence des génies de Fermat et de Wallis se reconnaît dans ces deux productions : celui-ci, tout algébrique, se plaît tellement au milieu des symboles, qu'il oublie ou croit inutile de démontrer les théorèmes qu'il a découverts, d'autant plus que le fil de l'induction ne l'a jamais trompé, même dans ses conceptions les plus hasardées. Fermat, au contraire, arithméticien pur, dédaigne le symbolisme machinal de l'Algèbre ; et, habitué aux pièges qu'il trouve à chaque pas dans ses recherches numériques, il marche prudemment, de déduction en déduction, de manière à présenter non seulement des résultats exacts, mais encore des méthodes sûres.

De même, la quadrature des paraboles, traitée au moyen de la simple induction par Wallis, l'a été par Fermat de deux ou même peut-être trois manières différentes. Aussi

(1) Stirling et Euler ont étudié de même les expressions $H_x$ (série harmonique), $x!$, $C_{n,x}$, etc., où $x$ est fractionnaire. De là aussi, dans un autre ordre d'idées, les expressions $e^x$, $e^{x\sqrt{-1}}$.

(2) Par exemple, les formes énumérant les nombres premiers jusqu'à une limite donnée.

(3) *Voir* t. III, p. 433, 457, 464, 479, 490, la traduction de la méthode de Wallis, reproduite dans son *Algèbre* et dans le t. II de ses *Opera*.

Wallis n'éprouve-t-il aucune difficulté à généraliser la formule

$$\int x^n dx = \frac{x^{n+1}}{n+1}$$

en l'étendant à des exposants quelconques et à des polynomes de la forme $(Ax^n + Bx^p + \ldots)dx$; tandis que Fermat se contente des généralisations dont il peut prouver la légitimité. [A. AUBRY.]

Page 577, ligne 1 : Au lieu de XXVIII, lire XXXVIII.

## Tome IV.

Pages 39-47 : M. Ch. Adam a publié la lettre de Desargues à Mersenne (*Œuvres de Descartes*, t. XI, 1909. *Errata* pages II-VIII). Il imprime *z* où nous avons à tort parfois imprimé *s* dans les terminaisons des pluriels et lit *drete* au lieu de *droite*.

Page 40, ligne 3 : *supérieure* au lieu de *supra*.

» 42, ligne 2 : Intercaler « *dernière* » entre « *cette* » et « *façon* ».

Pages 55 et 59. Descartes paraît avoir, probablement par suite d'une lecture trop hâtive, mal saisi une question, qu'avait envoyée Fermat à Mersenne. Selon toute vraisemblance, Fermat demandait de démontrer les théorèmes relatifs à la décomposition en carrés des nombres *premiers* des formes $4x+1$ et $8x+1$. Descartes et Gillot ont cru qu'il s'agissait simplement de démontrer l'impossibilité, pour les nombres de forme $4x-1$, d'être des sommes de deux carrés, et le théorème analogue pour les nombres $8x-1$, impossibilités déjà connues des Anciens, comme on le voit chez Théon de Smyrne. [A. AUBRY.]

Pages 66-67. L'un des nombres 9363584, 4363584 (fin des articles 1 et 2) est faux, probablement le second. [A. AUBRY.]

Page 67. La suite du n° 2 se trouve reproduite dans les *Recherches* de M. Ch. Henry, pages 50-51. On y voit la première mention des nombres dits *de Mersenne*, c'est-à-dire des nombres de la forme $2^n - 1$, lesquels, jusqu'à $n = 257$, sont premiers, affirme-t-il, pour $n = 1, 2, 3, 4, 8, 10, 12, 29, 61, 67, 127, 257$, ce qui est à peu près prouvé aujourd'hui. Cette proposition semble due à Frénicle, qui le premier s'est occupé de la recherche des nombres parfaits de degrés élevés (*voir* t. II, p. 185 et 194).

Les nombres sous-triples et sous-quadruples donnés dans ce même n° 2 sont dus à Descartes (voir *Lettres de Descartes*, t. II, p. 388, ou *Œuvres de Descartes*, t. II, p. 247). [A. AUBRY.]

Page 73, fin du renvoi. Il y aurait lieu d'ajouter : voir CAVALIERI, *Exercitationes Geometricæ*, pages 314 et suivantes. Cette expression de *fuseau* est due à Kepler (*Stereometria Doliorum*).

Page 76, fin de la page. Pour la méthode de Beaugrand, ou plutôt envoyée par lui, voir les *Exercitationes Geometricæ* de Cavalieri, pages 283-296 ; ou, si l'on veut, l'*Histoire des Sciences mathématiques*, de Marie, Tome IV, page 85, ou le Tome II, page 771 de la *Geschichte* de M. Cantor.

Mersenne fait allusion, dans ses *Cogitata* (*Phænomena mechanica*, *Præfatio*), à cette question de Cavalieri et donne la quadrature, la tangente, le centre de gravité des paraboles quelconques, ainsi que la cubature des *conoïdes* qu'elles produisent par leur révolution. D'après une Note des errata, c'est Roberval qui lui aurait communiqué ces résultats; il y a lieu de remarquer que Descartes les lui avait également fait connaître, dans la lettre citée plus haut. [A. AUBRY.]

Page 80, ligne 13 : Au lieu de *quidquem*, lire *quidquam*.

» 80, ligne 17 : Au lieu de *ininucundum*, lire *iniucundum*.

Page 84. Dans une des préfaces des *Cogitata* (*Phænomena hydraulica*), Mersenne, après avoir parlé de sa solution du nombre de Platon, indique le nombre 5040 comme ayant 59 diviseurs, dont la somme est 29344. Il ajoute que le nombre 3779136000000 a mille diviseurs, et que le plus petit nombre ayant cent un diviseurs est 1267650600228229404196703205376, d'où il tire la manière de déterminer le plus petit nombre ayant un million de diviseurs. Ces résultats sont dus à Fermat, ce que ne mentionnent pas les *Cogitata*.

On voit que la question du nombre et de la somme des diviseurs des nombres était déjà posée et résolue, ainsi que la question inverse de la détermination des nombres ayant un nombre donné de diviseurs. Descartes connaissait également la formule

$$\int(ab) = \int(a)\int(b)$$

relative aux sommes des diviseurs et fondamentale dans cette théorie (voir CH. HENRY, *Recherches*, p. 189).

Schooten (*Exercitationes mathematicæ*, Leyde, 1657) donne la liste des plus petits nombres ayant respectivement 1, 2, 3, 4, ..., 100 diviseurs : il tenait probablement sa théorie des géomètres français. [A. AUBRY.]

Page 119, note (2) : Les problèmes en question, qui étaient au nombre de deux d'après la lettre de Carcavy à Huygens du 20 mai 1656, dont nous ne publions qu'un fragment, étaient sans doute, si l'on se réfère à la lettre de Mylon à Huygens du 15 avril 1656 (p. 118) : trouver un carré qui ajouté à ses parties aliquotes fasse un carré et trouver un carré dont les parties aliquotes fassent un carré.

Pages 151-152. *Sur l'origine de la versiera.* Roberval a imaginé une transformation des courbes, qui revient à poser

$$X = \frac{y\,dx}{dy}, \qquad Y = y,$$

d'où

$$X\,dY = y\,dx.$$

La quadrature de la courbe transformée se ramène ainsi immédiatement à celle de la courbe proposée. Aussi Roberval l'appelait la *quadratrix* de la première, nom que Torricelli a changé en celui de *linea robervalliana*.

Il est aisé de voir que la robervallienne du cercle est une *affine* de la versiera, et cependant Roberval ne signale pas cette application, pourtant bien naturelle, de son théorème.

Dans son livre *Quadratura circuli* (Toulouse 1651) où l'on trouve les premières notions de géométrie infinitésimale, Lalouvère généralise la méthode par laquelle Archimède a découvert la quadrature de la parabole. La distance $g$ du centre de gravité d'une aire plane se détermine à l'aide d'un calcul qu'on représenterait aujourd'hui par la formule

$$g\int y\,dx = \int xy\,dx,$$

de sorte que la transformée $X = x$, $Y = xy$, définie par sa quadrature $A = \int Y\,dY$, donne la relation de la quadrature de la courbe proposée et de son centre de gravité. Il appelle également *quadratrix* cette transformée : la quadratrix du cercle $y = \sqrt{1-x^2}$ est le *huit* $Y^2 = X^2 - X^4$, déjà remarqué par G. de Saint-Vincent.

Probablement que peu après Lalouvère aura trouvé la transformée $Y = \frac{\sqrt{1-X}}{X}$ du cercle $y = \sqrt{1-x^2}$, laquelle est une versiera.

Il est vraisemblable que Fermat aura été sollicité par Lalouvère de quarrer ces deux courbes et que c'est ce dernier qu'il désigne par les mots « érudit géomètre » (t. I, p. 281, et t. III, p. 234). Toujours est-il que Lalouvère donne dans son *De Cycloide* (Toulouse 1660) la définition géométrique de la versiera, qu'il appelle *locus asymptoticus*. On sait que c'est à la suite de ce dernier Ouvrage que Fermat a publié son *De lin. curv. cum rectis comp.*, qui semble avoir été écrit par suite de la découverte, alors récente, de la rectification de la semi-cubique, par Neil et Van Heuraet. Le *De Æq. loc. transm.* est la suite du précédent traité qui y est du reste rappelé (t. I, p. 263 et 281 ; t. III, p. 222 et 234) ; il a été certainement écrit après 1657, date de publication des *Ex. math.* de Schooten, qui s'y trouve cité (t. I, p. 276 ; t. III, p. 231) ; et les découvertes qu'il contient pourraient bien avoir été provoquées par la demande de Lalouvère, car nulle part auparavant, Fermat ne fait allusion à cet important perfectionnement des quadratures analytiques des courbes (t. I, p. 266 ; t. III, p. 224).

On terminera l'histoire de la versiera en rappelant d'abord que James Gregory (*Geom. pars univ.*, Padoue, 1668) l'a donnée comme application au cercle de la transformation de Roberval, retrouvée par lui, en montrant que la quadrature de la versiera se ramène ainsi à celle du cercle ; et qu'ensuite Ozanam et Leibniz en ont déduit la relation

$$Y\,dX = \frac{2\,dX}{1+X^2} = 2\,dX - 2X^2\,dX + 2X^4\,dX - \ldots,$$

d'où la célèbre série de Leibniz représentant la valeur du nombre $\pi$.

[A. AUBRY.]

Pages 153-154. A propos de cet article, volontairement sans doute incomplet et déjà ancien de M. Mansion, on doit observer que Legendre a seulement ébauché la démonstration du dernier théorème de Fermat dans le cas de $n = 5$ (la démonstration rigoureuse étant due à Lejeune Dirichlet) ; le même Legendre (*Théorie des nombres*, 2e supplément, 1816) a montré que si l'égalité $x^n + y^n = z^n$ est possible, elle ne peut être vérifiée que pour de très grands nombres ; il s'appuie sur ce théorème insuffisamment démontré de Sophie Germain : si $x^n + y^n = z^n$, l'un au moins des trois nombres $x$, $y$, $z$ est multiple de $n$.

Euler proposait de substituer à l'énoncé de Fermat celui-ci : pour $n > 2$, $x^n$ ne peut être égal à une somme de moins de $n$ puissances $n^{\text{ièmes}}$.

Pages 155, 158 et 162. Les Mémoires de S. Realis, de T. Pépin et de L. Schlesinger n'ont que des rapports lointains avec le théorème de Fermat ; en raison de leur intérêt, nous les avons groupés sous cette rubrique.

Page 166. Le *Bulletin* de la Librairie Gauthier-Villars, 1911, 3e trimestre, mentionne : E. LUSSAN, *Essai de démonstration générale du théorème de Fermat* $(x^n + y^n \neq z^n)\ n > 2$.

Page 182. Le *Poggendorff* (t. IV, page 1621) cite de G. Wertheim ces deux travaux : *Schlömilch, Zeitschr. Math.* : Schlussaufg. in Diophant's Schrift über Polygonalzahlen 6 p. (**42**, 1897). — Pierre Fermat's Streit mit John Wallis, zur Geschichte der Zahlentheorie, 21 p. (**44** Suppl. 1899).

Pages 201 et 208. La formule de H. Le Lasseur est due en réalité à Euler (*Correspondance math. et phys.*, tome I, p. 145, lettre à Goldbach); Euler n'en indique d'ailleurs aucune application.

Pages 203 et 204, lire « *facteurs complexes* » au lieu de « *facteurs composés* ».

Page 204. La Note citée de J. C. Morehead sur les facteurs des nombres de Fermat et une nouvelle Note du même et de A. E. Western, communiquée à la même Société le 9 avril 1909, traduites par Fitz Patrick, ont paru au *Sphinx Œdipe* de M. A. Gérardin, Nancy, 1911, pages 49-55.

Pages 205-207. Le P. Pépin a traité par la difficulté la jolie question de Frenicle (t. II, p. 229). Il est peu probable que Frenicle ait procédé ainsi. Il s'agit de trouver deux triangles

$$F^2 + G^2,\ F^2 - G^2,\ 2FG \quad \text{et} \quad f^2 + g^2,\ f^2 - g^2,\ 2fg,$$

*dont les deux grands côtés de chacun diffèrent autant que les deux petits de l'autre.* On peut supposer le triangle *primitif*, ce qui veut dire que les côtés sont des nombres premiers entre eux.

Aucune des plus petites cathètes n'est paire, car on aurait dans ce cas

$$2G^2 = (F^2 + G^2) - (F^2 - G^2) = \pm [(f^2 - g^2) - (2fg)];$$

$f$ et $g$ seraient donc de même parité et les côtés $f^2 + g^2$, $f^2 - g^2$, $2fg$ seraient tous pairs, contre l'hypothèse. Il faut donc écrire

$$(F^2 + G^2) - (2FG) = (2fg) - (f^2 - g^2) \quad \text{et} \quad 2FG - F^2 + G^2 = f^2 + g^2 - 2fg,$$

d'où, en additionnant et réduisant,

$$G = g, \quad \text{d'où} \quad (F + f)^2 - 2Ff = 2G(F + f);$$

ainsi $Ff$ est divisible par $F + f$. Soit $f = \theta F$, il viendra

$$\frac{Ff}{F + f} = \frac{f}{\theta + 1} = \theta\gamma,$$

d'où successivement

$$F = \gamma(\theta + 1), \qquad f = \gamma\theta(\theta + 1), \qquad G = g = \frac{\gamma}{2}(\theta^2 + 1),$$

$\gamma$ et $\theta$ pouvant être fractionnaires, pourvu que $\gamma\theta$ soit entier. L'application $\theta = \gamma = 2$ donne les triangles 169, 120, 119 et 61, 60, 11, de Frenicle.

[A. AUBRY.]

Page 224, ligne 6, lire « *Aussi* » au lieu de « *Ainsi* ».

» ligne 19, lire « *maximum* » au lieu de « *maximun* ».

# TABLES DES MATIÈRES ET DES AUTEURS CITÉS

DANS LES TOMES I A IV.

# TABLES DES MATIÈRES ET DES AUTEURS CITÉS

DANS LES TOMES I A IV.

## INDEX DES MATIÈRES.

# INDEX DES NOMS [1].



(1) Les indications biographiques sont tirées, en général, sauf mention contraire, de la *Grande Encyclopédie*; quelques-unes sont dues aux auteurs eux-mêmes.

(2) *Qui êtes-vous?* Paris, Delagrave, 1908.

(3) J.-C. Poggendorff, *Biographisch-Literarisches Handwörterbuch*, 2 vol.; le 3e est de B.-W. Feddersen et A.-J. von Œttingen; le 4e de A. von Œttingen. Nous désignerons, dans la suite de cet Index, ces sources par [P.].

(1) SOMMERVOGEL, *Bibliographie de la Compagnie de Jésus.*

(1) *Bibliotheca mathematica*, (3), IV, 1903, p. 65 (Gino Loria).

(1) *Dictionary of national Bibliography.*

(1) *Allgemeine deutsche Biographie.*

(1) *Bibliotheca mathematica*, (3), VIII, 1908, p. 325.

(1) *Dictionary of national Biography.*

(1) *Dictionary of national Biography*.

FIN DE L'INDEX DES NOMS.

PARIS. — IMPRIMERIE GAUTHIER-VILLARS,
40014 Quai des Grands-Augustins, 55.

ECCE · LABOR
CONTRISTARI
EX · NOLI

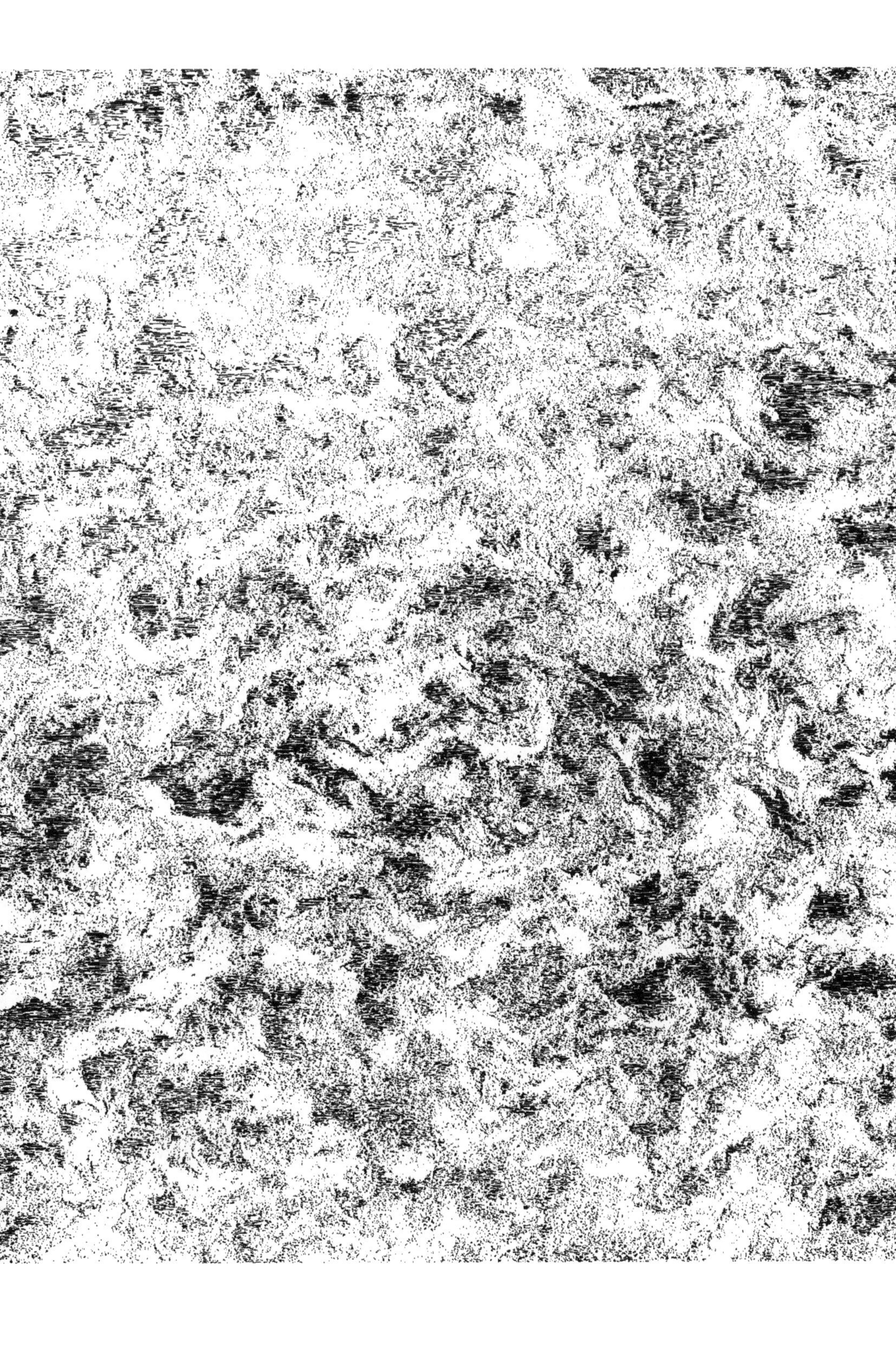

www.ingramcontent.com/pod-product-compliance
Ingram Content Group UK Ltd.
Pitfield, Milton Keynes, MK11 3LW, UK
UKHW020203250726
13967UKWH00003B/1229